Suzuki RF 600/900 R

Ein Wort zuvor

SUZUKI bietet mit ihrer RF-Baureihe vielseitige Allround-Sportler, die sowohl im Stadtgewühl, als auch auf «grosser Strecke» überzeugen können. Anders als die reisserischen GSX-R-Kraftpakete, die ihre Leistung protzig zur Schau stellen, wirken die RF 600/900 R angenehm unspektakulär. Dabei müssen sie sich leistungsmässig nicht verstecken, weder vor der Konkurrenz aus eigenem Haus, noch vor anderen «Klassenkameraden».
Die Modellgeschichte nimmt ihren Anfang 1993 mit der 600er-Version, in der Absicht Anschluss an die leistungsstarken Mitstreiter im begehrten Markt der sportlichen Mittelgewichte zu halten. Die Ansprüche der A-Lizenz-Supersportler konnten allerdings nicht erfüllt werden.
Die 1994 vorgestellte 900er-Version ist die logische und konsequente Weiterentwicklung in Richtung Tourentauglichkeit.
Die 1995 parallel angebotene 900er-Sonderversion RS 2 entsprach dem Wunsch vieler RF-Treiber nach straffer und individuell einstellbarer Gabelabstimmung. Ab1996 wird die Fahrwerksverbesserung auch in der «Normalversion» verbaut und die RS 2 entfällt logischerweise.
Die RF 900 steht heute mit an der Spitze des Motorradmarkts, wenn es darum geht, möglichst viel Motorrad für wenig Geld zu bekommen.
In eigener Sache: Dieser Band kann keine dreijährige Motorradmechaniker-Lehre ersetzen, setzt aber geübten Umgang mit Werkzeug und Materie voraus. Einzelne Arbeitsgänge, zu deren Durchführung Sonderwerkzeuge und umfangreicher Maschinenpark (spezielle Dorne, Hülsen und Pressen) benötigt werden, die Hobbymechaniker-Verhältnisse übersteigen, werden zur Durchführung der SUZUKI-Werkstatt empfohlen. Um sich und andere nicht zu gefährden, sind Arbeiten an der Bremsanlage ebenfalls versierten Fachkräften vorbehalten.

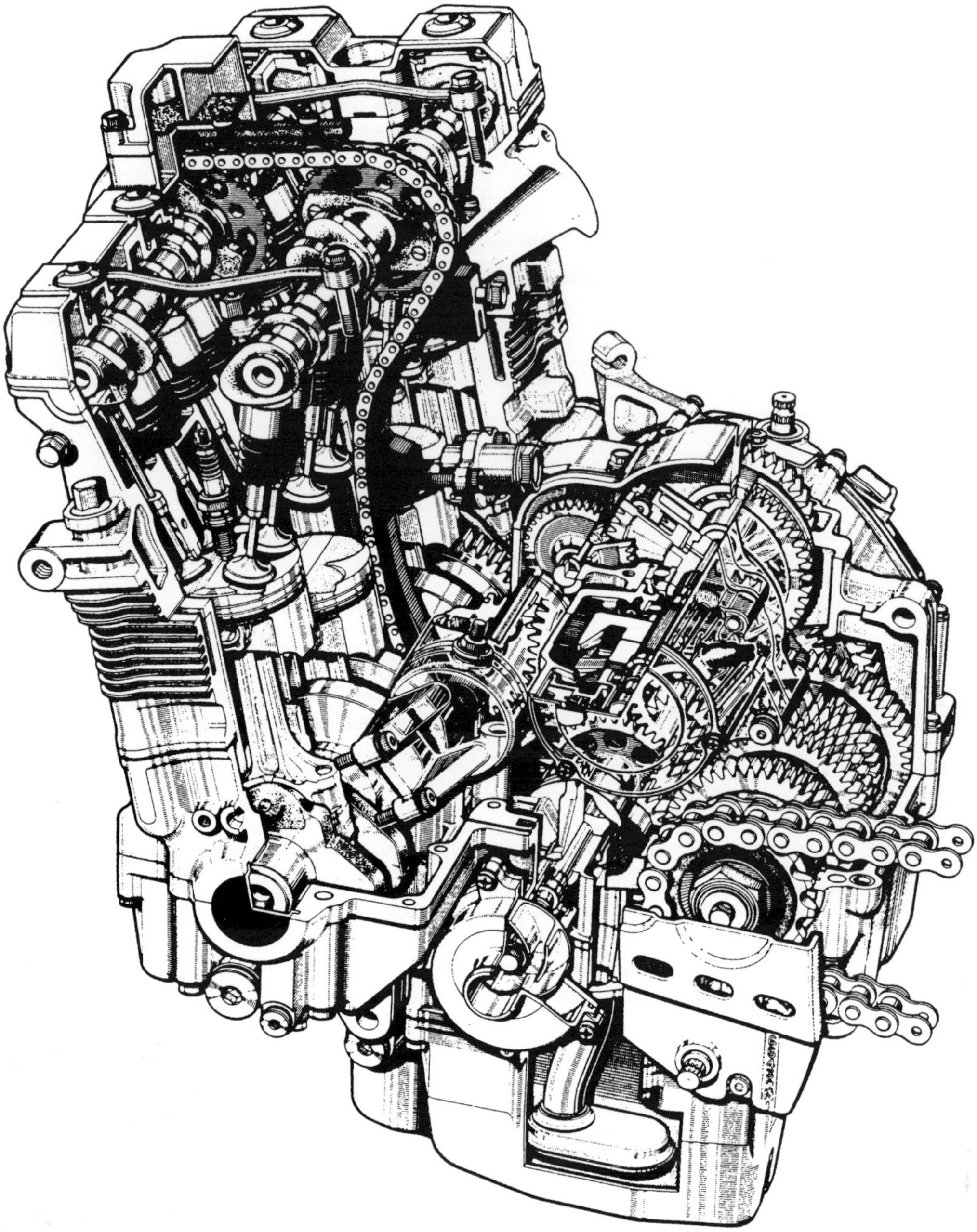

1 Werkzeug

Das mit der Maschine gelieferte Bordwerkzeug können wir für umfangreichere Wartungsarbeiten oder gar Motorüberholungen vergessen. Also muss passendes Qualitätswerkzeug selbst besorgt werden, mit dem der Freizeit-Mechaniker seine Maschine mit Spass bei der Arbeit in Schuss halten kann. Hier eine Aufstellung von Werkzeugen, über die der engagierte Hobby-Schrauber verfügen sollte:

1 Gabelschlüssel
(kompletter Satz ab 6/7 bis 30/32)
2 Ringschlüssel
(abgekröpft, kompletter Satz ab 6/7)
3 Steckschlüssel
(kompletter Satz ab 8/9 bis 20/22 und SW 30, 32)
4 Innensechskantschlüssel
(kompletter Satz 2 - 8 mm, abgewinkelt)
5 Schraubendreher für Schlitzschrauben
(ein kompletter Satz)
6 Schraubendreher für Kreuzschlitzschrauben
(ein kompletter Satz)
7 Schlosserhämmer
(200 g, 500 g, 1000 g)
8 Meissel
(ein Satz = Meissel, Durchtreiber, Körner)
9 Stroboskoplampe
(Zündungskontrolle)
10 Feilen und Ölstein
(je ein Satz)
11 Flachschaber
(verschiedene Klingenbreiten, im Durchschnitt 23 mm)
12 Dreikant-Schaber
13 Zangen
(Kombi-, Wasserpumpen-, kleine Flachspitz,- Rundspitz-, Innen- und Aussenseegerring- und Grip-Zange)
14 Isolierter Seitenschneider
15 Schlagschraubendreher
(mit Schlitz- und Kreuzschlitz-Einsätzen)
16 Knarre
(komplett mit allen Einsätzen)
17 Drehmomentschlüssel
(5 - 60 Nm/60 - 300 Nm, dazu alle nötigen Werkzeuge und Nüsse)
18 Gewindeschneid-Ausrüstung
(komplett mit Lehre und Schneider)
19 Helicoil-Ausrüstung
20 Elektrische Bohrmaschine
(komplett mit Ausrüstung, inklusive Ständer)
21 Schraubstock
22 Werkbank

Das *könnte* genügen, aber der sichere Mann treibt die Freude noch weiter und gönnt sich noch andere gute Sachen.

23 Verschiedene Abzieher, von denen der wichtigste ein einfacher zweiarmiger ist
24 Lötlampe mit verschiedener Ausrüstung
25 Elektrische Heizplatte (ca. 25 cm Durchmesser)
26 Schiebelehre (Messschieber) und Messuhr
(letztere komplett mit Halter)
27 Schraubzwingen zum Festhalten von Teilen
28 Ventilfeder-Spanner
29 Kolbenring-Spannzange
30 Lötkolben
(verschiedene Grössen – 30, 80, 150 Watt)
31 Für die Elektrik: Prüflampe, Ohm-Meter, Volt-Meter, Säureprüfer

Dermassen ausgerüstet, bereitet es auch keine Schwierigkeiten, sich aus den Beständen des nächstgelegenen Schrotthändlers Abzieher, Abdrücker oder Spezialdorne und -halter zu konstruieren. Nützlich ist in dem Fall auch noch ein Schleifbock. Eine Motorradhebebühne stellt ebenfalls eine nicht zu unterschätzende Arbeitserleichterung dar. Auf die Reifenmontage wird hier nicht eingegangen, da der Reifenhändler erstens die Räder Ihrer Suzuki schonender behandelt, als dies bei einem Reifenwechsel in Eigenregie vonstatten geht, und er zweitens auch für die richtige Auswuchtung (dynamisch) zuständig ist.

2 Störungssuche

Keine Klagen über die Zuverlässigkeit von SUZUKIs Vierventil-Vierzylinder! Störungen sind bei richtiger Pflege nicht zu erwarten, kommen aber natürlich dennoch gelegentlich vor.
Die folgende Liste soll helfen, Fehler zu lokalisieren. Jedoch ist die Liste nicht erschöpfend (leider!), da nicht jede mögliche Ursache für die aufgeführten Störungen angegeben werden kann. Sie kann lediglich als Hilfe zur Erleichterung der Störungssuche bei häufiger vorkommenden Störungen dienen.

2.1 Schmiersystem

2.1.1 Ölstand zu niedrig, hoher Ölverbrauch

- Öl läuft aus, Dichtungen lassen durch
- Kolbenringe verschlissen
- Ventilführungen abgenutzt

2.1.2 Öl verschmutzt

- Öl oder Ölfilter nicht rechtzeitig gewechselt
- Zylinderkopfdichtung schadhaft
- Kolbenringe verschlissen

2.1.3 Öldruck zu niedrig

- Ölstand zu niedrig
- Überdruckventil geöffnet oder festgeklemmt
- Ölpumpe verschlissen / Öl läuft aus

2.1.4 Öldruck zu hoch

- Überdruckventil geschlossen oder festgeklemmt
- Ölfilter, Öltunnel verstopft
- Falsche Ölviskosität

2.1.5 Kein Öldruck

- Ölstand zu niedrig
- Ölpumpe defekt
- InternesÖlleck

2.2 Kraftstoffsystem

2.2.1 Motor wird durchgedreht, springt aber nicht an

- Kein Kraftstoff im Tank
- Kraftstoff gelangt nicht zum Vergaser
- Motor mit Kraftstoff überflutet («abgesoffen»)
- Kein Funke an den Zündkerzen
- Kraftstoff-Filter verstopft
- Luftfilter zugesetzt
- Ansaugen von Nebenluft
- Falsche Choke / Gasdrehgriff-Betätigung

2.2.2 Motor springt schlecht an oder geht sofort wieder aus

- Falsche Choke-Betätigung
- Versagen der Zündanlage
- Vergaser defekt
- Kraftstoff verschmutzt
- Ansaugen von Nebenluft
- Leerlaufdrehzahl falsch eingestellt

2.2.3 Unruhiger Leerlauf

- Zündsystem / Vergaser-Einheit defekt
- Leerlaufdrehzahl falsch eingestellt
- Vergaser nicht synchronisiert
- Kraftstoff verschmutzt

2.2.4 Zündaussetzer beim Beschleunigen

- Zündsystem defekt
- Falscher Elektroden-Abstand der Zündkerzen

2.2.5 Fehlzündungen

- Zündsystem defekt

- Vergaser-Einheit oder Vergaser defekt
- Falscher Elektroden-Abstand der Zündkerzen
- Vergaser-Einheit zieht Neben- (Falsch-) Luft

2.2.6 Schlechte Leistung und hoher Verbrauch

- Kraftstoffsystem verstopft
- Zündsystem defekt
- Luftfilter verschmutzt

2.2.7 Zu mageres Gemisch

- Düsen verstopft
- Tank-Belüftung verstopft, Belüftungs-Schlauch eingeklemmt
- Kraftstoffschlauch eingeklemmt
- Ansaugen von Nebenluft

2.2.8 Zu fettes Gemisch

- Choke bei warmem Motor betätigt
- Luftfilter verschmutzt

2.3 Zylinderkopf, Ventile, Zylinder

2.3.1 Zu niedrige oder ungleichmässige Kompression

- Ventile falsch eingestellt
- Ventile verbrannt oder verbogen
- Falsche Ventilsteuerzeiten (Montagefehler)
- Ventilfeder gebrochen
- Zylinderkopfdichtung bläst durch
- Zylinderkopf verzogen oder gerissen
- Zylinder oder Kolbenringe verschlissen

2.3.2 Zu hohe Kompression

- Übermässige Ölkohlebildung im Brennraum

2.3.3 Starke Geräuschentwicklung

- Ventile falsch eingestellt
- Klemmendes Ventil oder gebrochene Ventilfeder
- Steuerkette zu locker oder verschlissen
- Steuerkettenspanner verschlissen oder beschädigt
- Kolben oder Zylinder verschlissen
- Übermässige Ölkohlebildung im Brennraum

2.3.4 Starke Rauchentwicklung

- Zylinder oder Kolben verschlissen
- Kolbenringe falsch montiert / gebrochen
- Kolben oder Zylinderwand mit Riefen oder Schrammen

2.3.5 Überhitzen

- Übermässige Ölkohlebildung im Brennraum

2.4 Kupplung, Schaltgestänge, Getriebe

2.4.1 Kupplung rutscht beim Beschleunigen

- Kein Spiel in der Betätigung
- Feder erlahmt oder zu schwach
- Kupplungsbeläge verschlissen

2.4.2 Kupplung rückt nicht aus

- Zuviel Spiel in Betätigung/im Seilzug
- Scheibe verzogen
- Druckmechanismus defekt
- Hydrauliksysteme undicht (900 R)
- Luft im Hydrauliksystem (900 R)

2.4.3 Kupplung rupft

- Kupplungskorb/-Nabe riefig (eingeschlagene Nuten)

2.4.4 Übermässig starker Hebeldruck

- Kupplungszug falsch verlegt, beschädigt oder verschmutzt
- Druckmechanismus beschädigt

2.4.5 Getriebe schwer schaltbar

- Falsche Kupplungseinstellung, zuviel Spiel in der Betätigung
- Schaltgabeln / Schaltwelle verbogen
- Schaltwalze beschädigt

2.4.6 Gänge springen heraus

- Schaltklauen verschlissen oder verbogen
- Schaltwelle verbogen
- Schaltwalzen-Anschlag defekt

2.5 Kurbelgehäuse, Kurbelwelle

2.5.1 Übermässig starkes Geräusch

- Kurbelwellenhauptlagerzapfen oder Lager verschlissen (Rumpeln)
- Pleuellager verschlissen (Klopfen)

2.6 Vorderbau

2.6.1 Lenkung schwergängig

- Lenksäulenmutter zu fest angezogen
- Lenkkopflager beschädigt
- Lenkkopflager defekt
- Reifenluftdruck zu niedrig

2.6.2 Motorrad zieht nach einer Seite

- Gabelbeine falsch mit Öl befüllt
- Standrohr verbogen
- Vorderachse verbogen
- Rad falsch eingebaut

2.6.3 Vorderrad flattert

- Rad verzogen
- Vorderradlager ausgeschlagen
- Reifen falsch montiert
- Reifen defekt
- Reifen unwuchtig
- Achsmutter nicht genügend angezogen

2.6.4 Federung zu weich

- Gabelfedern ermüdet
- Zu wenig Gabelöl
- Falsche Gabelöl-Viskosität

2.6.5 Federung zu hart

- Zu viel Gabelöl
- Falsche Gabelöl-Viskosität

2.6.6 Geräusche beim Einfedern

- Gleitrohr abgenutzt
- Führungsbuchsen abgenutzt
- Zu wenig Gabelöl
- Vorderradgabel-Befestigungsteile lose

2.7 Vorderradbremse

2.7.1 Schlechte Bremsleistung

- Luft im Hydrauliksystem
- Abgenutzte Bremsklötze
- Bremsklötze verschmutzt oder verglast
- Hydrauliksystem undicht

2.7.2 Handbremse rubbelt

- Bremsscheibe mit unzulässig hohem Schlag

2.7.3 Schlechte Bremsleistung

- Luft in der Bremsleitung
- Bremsbeläge abgefahren
- Bremsbeläge verglast

2.7.4 Nachlassende Bremswirkung unter starker Belastung

- Bremsflüssigkeit überaltert

2.8 Hinterrad, Bremse, Aufhängung

2.8.1 Trommeln oder seitliches Flattern des Rades

- Rad verzogen
- Radlager lose
- Reifen falsch montiert
- Reifen defekt oder unwuchtig
- Rad nicht festgezogen
- Schwingen-Lagerung zu viel Spiel / defekt

2.8.2 Bremshebel wippt

- Bremsklötze falsch montiert

2.8.3 Federung zu weich

- Federn ermüdet
- Stossdämpfer falsch eingestellt oder defekt

2.8.4 Geräusche beim Einfedern

- Stossdämpfergehäuse klemmt
- Befestigungsteile lose
- Schwingenlagerung verschlissen

2.8.5 Schlechte Bremsleistung

- Bremsbeläge verölt, verglast oder abgefahren

2.9 Batterie, Batterieaufladung

2.9.1 Kein Strom bei eingeschalteter Zündung

- Batterie leer / Zu niedriger Säurestand
- Zu geringe spezifische Dichte
- Störung im Ladekreis
- Batteriekabel abgetrennt
- Hauptsicherung durchgebrannt
- Zündschalter defekt

2.9.2 Schwacher Strom bei eingeschalteter Zündung

- Batterie nicht aufgeladen
- Zu niedriger Säurestand
- Zu geringe spezifische Dichte
- Störung im Ladesystem
- Batterieanschluss lose

2.9.3 Schwacher Strom bei laufendem Motor

- Batterie nicht ausreichend geladen
- Zu niedriger Säurestand
- Eine oder mehrere tote Zellen
- Störung im Ladekreis

2.9.4 Zeitweilig aussetzender Strom

- Lose Kabelanschlüsse (Wackelkontakte)
- Kurzschluss in der Anlage

2.9.5 Störung im Ladekreis

- Kabel oder Anschluss lose, gerissen oder kurzgeschlossen
- Regler / Generator defekt

2.10 Zündsystem

2.10.1 Motor wird durchgedreht und springt nicht an

- Kein Funke an den Zündkerzen
- Zündgeberspulen defekt
- Kabel zwischen Zündkerzen oder Zündgeberspulen und Zündbox/-Spule ungenügend angeschlossen, gerissen oder kurzgeschlossen

2.10.2 Kein Funke an den Zündkerzen

- Kurzschlussschalter auf Off
- Kabel schlecht angeschlossen, gerissen oder kurzgeschlossen zwischen Generator und Zündspule, Zündgeberspule und Kurzschluss-Schalter, Zündgeberspule und Zündspule, Zündgeberspule und Zündschloss oder zwischen Zündspule und Zündkerze
- Zündschloss defekt
- Zündspule / Zündgeberspule defekt

2.10.3 Motor springt an, läuft aber stotternd oder dreht nicht hoch

- Defekt im Primärzündstromkreis
- Zündspule / Zündkerze defekt
- Loses oder blankes Kabel
- Wackelkontakt oder loses Kabel in einem Schalter
- Defekt im Sekundärzündstromkreis
- Hochspannungskabel defekt
- Falscher Zündzeitpunkt
- Zündgeberspule defekt
- Defekt im Kraftstoffsystem

2.11 Starter

2.11.1 Startermotor dreht sich nicht

- Batterie entladen
- Zündschalter defekt
- Startknopf / Leerlaufschalter defekt
- Starter-Relaisschalter defekt
- Kabel lose oder abgetrennt

2.11.2 Startermotor dreht den Motor nur langsam durch

- Zu schwache Batterie
- Hoher Widerstand im Schaltkreis
- Startermotor klemmt, defekt

2.11.3 Startermotor läuft, ohne den Motor durchzudrehen

- Freilauf / Zwischenzahnrad defekt
- Zahnräder des Startermotors defekt

3 Wartung

- ⚠ – Wenn besondere Vorsicht angezeigt ist
- TIP – Wenn ein Fingerzeig gegeben wird
- – wenn Inaugenscheinnahme erforderlich ist
- – wenn genaues Messen erforderlich ist

3.1 Tabelle für periodische Wartung

Bezeichnung	km Monate	1000 2	6000 12	12 000 24	18 000 36	24 000 48
Auspuffrohrschrauben		–	T	T	T	T
Luftfilter		–	I	I	R	I
Stösselspiel		–	–	I	–	I
Zündkerze		–	I	R	I	R
Motoröl		R	R	R	R	R
Motorölfilter		R	–	R	–	R
Kraftstoffleitung		–	I	I	I	I
		Alle 4 Jahre erneuern				
Kraftstoffilter		–	–	C	–	C
Motorleerlaufdrehzahl (vergaserseitig)		I	I	I	I	I
Gaszugspiel (vergaserseitig)		I	I	I	I	I
Kupplungszugspiel		–	I	I	I	I
Antriebskette		I	I	I	I	I
		Alle 1000 km schmieren				
Kühlerschlauch/Kupplungsschlauch (900 R)		–	I	I	I	I
		Alle 4 Jahre erneuern				
Kühlmittel		Alle 2 Jahre erneuern				
Bremse		I	I	I	I	I
Bremsleitung		–	I	I	I	I
		Alle 4 Jahre erneuern				
Bremsflüssigkeit/Kupplungsflüssigkeit (900 R)		–	I	I	I	I
		Alle 2 Jahre erneuern				
Reifen		–	I	I	I	I
Lenkung		I	–	I	–	I
Teleskopgabel		–	–	I	–	I
Hinterradaufhängung		–	–	I	–	I
Fahrgestellschrauben und -muttern		T	T	T	T	T

I: Inspektion und ggf. einstellen, reinigen, schmieren bzw. erneuern
C: Reinigen R: Erneuern T: Anziehen

Wer lange Freude am zuverlässigen Funktionieren seiner Maschine haben will, kommt um regelmässige Wartungsarbeiten nicht herum. Die RF 600R/900R-Modelle sind jedoch einfach im Grundaufbau, so dass die Pflegedienste keinen grossen Werkzeug- und Zeitaufwand erfordern.

Die Wartungsintervalle 3.1 müssen bei normaler Fahrweise nicht sklavisch eingehalten werden. Während einer Urlaubsfahrt kann die fällige Inspektion auch einmal um 500 Kilometer hinausgeschoben werden.

Anders sieht es bei häufigem Kurzstreckenverkehr oder bei dauernden Regenfahrten aus. Eine Fahrerin oder ein Fahrer mit Durchblick werden erkennen, ob sie ihre Maschine erschwerten Bedingungen aussetzen und die höher beanspruchten Baugruppen deshalb vorzeitig überprüfen.

Auch bei Wartungsarbeiten gilt: Ohne gutes Werkzeug in den benötigten Grössen fängt man mit dem Schrauben gar nicht erst an. Arbeiten an der hydraulischen Scheibenbremse sollten allerdings aus Sicherheitsgründen nur bei entspre-

Bild 1
Seitenansicht von rechts
1 Bremsflüssigkeitsbehälter vorn
2 Zündimpulsgebergehäuse
3 Kupplung
4 Bremsflüssigkeitsbehälter hinten
5 Kraftstoffpumpe

Bild 2
Seitenansicht von links
1 Luftfiltergehäuse
2 Kühlmittel-Ausgleichsbehälter
3 Generator
4 Wasserpumpe
5 Kühler

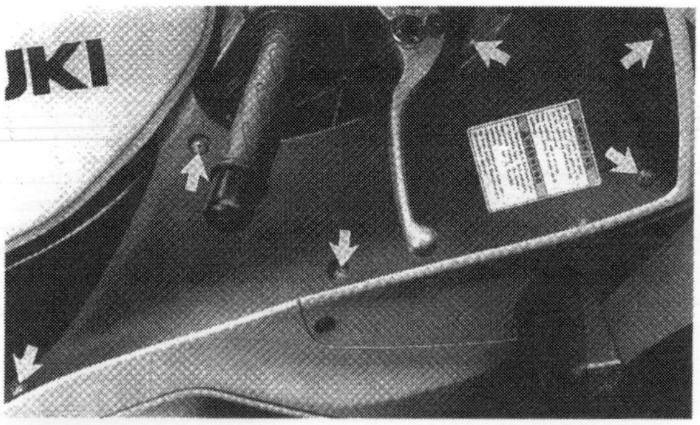

Bild 3
Befestigungsschrauben der Innenverkleidung

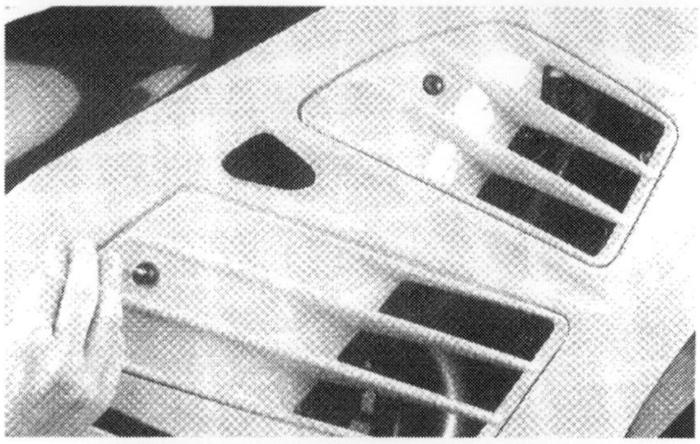

Bild 4
Befestigungsschraube der Wartungsabdeckung

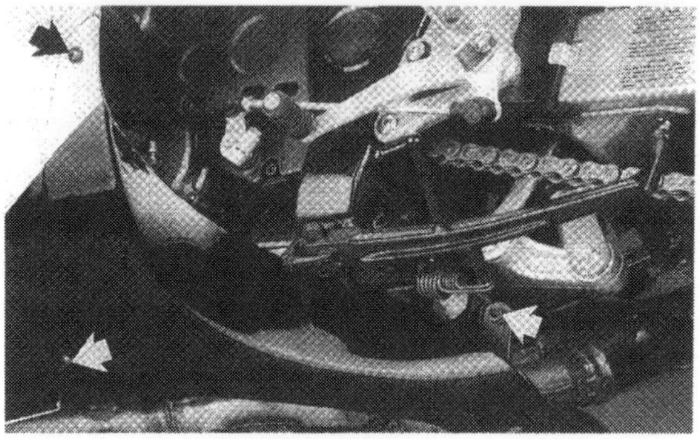

Bild 5
Befestigungsschrauben und -Mutter der unteren Verkleidung

Bild 6
Befestigungsschrauben und Muttern der Seitenverkleidung

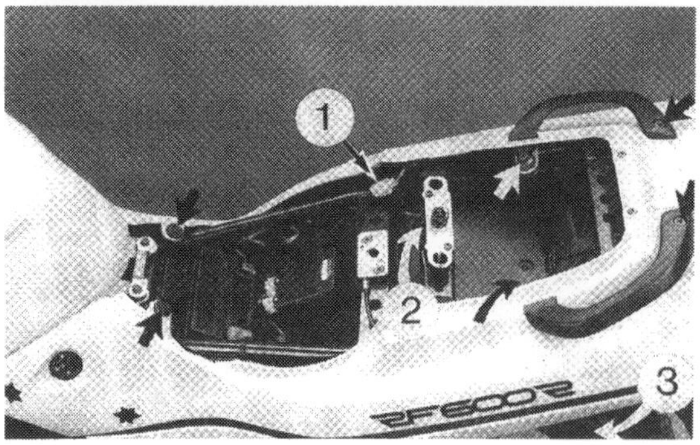

Bild 7
Befestigungsschrauben der Heckverkleidung
1 Stecker für Rücklicht
2 Rücksitz-Verriegelung
3 Sitzbankschloss

chenden Vorkenntnissen selbst durchgeführt werden, ansonsten ist das Motorrad in einer Fachwerkstatt besser aufgehoben.

● Bilder 1 und 2 zeigen Seitenansichten der Maschine, die letzte Unklarheiten darüber ausräumen, wo sich was befindet.

3.2 Sitzbank-, Verkleidungs- und Tank-Ausbau

● ⚠ Ausbau dieser Teile ist nicht grundsätzliche Voraussetzung zu jeder Wartungsarbeit. Die betreffenden Abschnitte enthalten einen Verweis auf dieses Kapitel.
Demontageanweisungen gelten sinngemäss für linke und rechte Seite.

● Verkleidungsoberteil abnehmen:
● Innenverkleidung nach Ausdrehen der Befestigungsschrauben abnehmen (Bild 3).
● Wartungsabdeckung nach Ausdrehen der Befestigungsschraube abnehmen (Bild 4).
● TIP Pappe o.ä. unter Verkleidungskiel legen, um Lackschäden zu vermeiden.
● Befestigungs-Schrauben und -Mutter ausdrehen und untere Verkleidung abnehmen (Bild 5).
● Befestigungs-Schrauben und -Muttern ausdrehen und Seitenverkleidung abnehmen (Bild 6).
● Mit Zündschlüssel Sitzbankschloss ③ Bild 7 öffnen und Fahrersitz (bei 900 R Sitzbank) nach oben abnehmen. Rücksitzbefestigung ② Bild 7 entriegeln (nur 600 R) und Rücksitz abnehmen.
● Steckerverbindung des Rücklichts ① Bild 7 trennen, Befestigungsschrauben der Heckverkleidung und der Haltegriffe (bei 900 R Haltebügel nur mit zwei Schrauben befestigt) ausdrehen. Nippel an Verkleidungs-Innenseite aus Aufnahme ausklinken (mit * in Bild 7 gekennzeichnet; zweiter Nippel sitzt bei 900 R weiter hinten, etwa auf Höhe der hinteren Fussraste) und hintere Verkleidung abnehmen.
● Kraftstofftank abbauen:
● Zwei Tankbefestigungsschrauben ausdrehen (Bild 8).
● Kraftstoffhahn auf OFF drehen und Kraftstoffschlauch ① abziehen.
● Stecker ④ abziehen und Befestigungsschraube ③ ausdrehen.
● Tank etwas anheben und nach hinten herausziehen und aus Halterung am Rahmen herausführen.
● Tank in umgekehrter Reihenfolge montieren. Auf sauberen Sitz der Federschellen an den Schläuchen achten.
● TIP Zur Montage-Erleichterung vordere Tankgummihalterungen leicht fetten.

● Bei laufendem Motor Schlauch-Verbindungen auf Dichtheit kontrollieren. Siehe auch Kapitel 3.3.

3.3 Kraftstoff-Leitungen und -Filter

Kraftstoffschläuche haben die unangenehme Eigenschaft, im Laufe der Zeit zu verhärten und dann einzureissen. Die Schläuche (auch Unterdruckschlauch, Motorgehäuse-Entlüftung usw.!) lassen sich jedoch bei gelegentlicher Verkleidungs- oder Tankdemontage auf Beschädigung und Undichtheit kontrollieren.

● TIP Im Zweifelsfall einen angefressenen Schlauch lieber auswechseln, denn das Gummiröhrchen platzt garantiert während der nächsten Nachtfahrt auf der Autobahn.

Kraftstoff-Filter:

Wenn die brave 600R/900R plötzlich unsauber am Gas hängt oder bei höheren Drehzahlen aussetzt, kann das am zugesetzten Kraftstoff-Filter liegen. Im Tankinneren abgeplatzte Lackpartikelchen oder Verunreinigungen im Sprit sammeln sich im feinen Geflecht. Im Regelfall Filter alle 30 000 km reinigen; bei ungünstigen Kraftstoffverhältnissen alle 15 000 km reinigen.

● Tank abbauen (Kapitel 3.2) und Kraftstoff in geeignetes Gefäss ablassen oder Tank so plazieren, dass beim Ausbau des Hahns kein Kraftstoff auslaufen kann.

● Zwei Befestigungsschrauben ausdrehen und Kraftstoff-Filter (Bild 9) vom Tank abnehmen.

● Filtersieb mit Pinsel auswaschen oder mit Druckluft ausblasen (Bild 9a). Bei starker Verschmutzung Tank mit Lösungsmittel ausschwenken.

● Kraftstoffhahn mit einwandfreiem, leicht gefettetem O-Ring wieder anbringen. Schläuche anschliessen, Kraftstoffhahn öffnen und auf Dichtheit kontrollieren.

Bild 8
Kraftstoffhahn
1 zur Kraftstoffpumpe
2 vom Tank
3 Befestigungsschraube
4 Stecker des Kraftstoffanzeigekabels

Bild 9
Befestigungsschrauben Kraftstoff-Filter

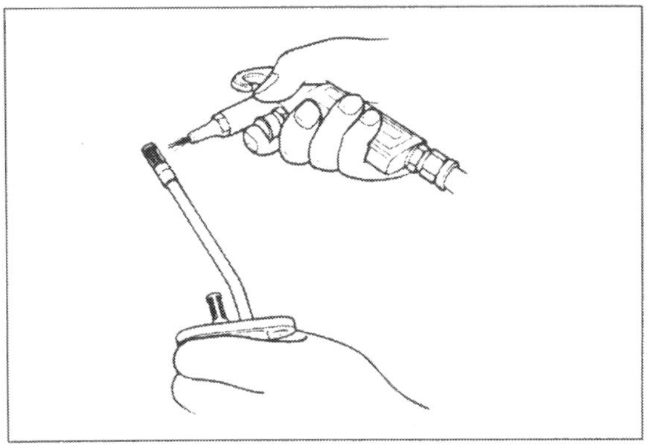

Bild 9 a
Kraftstoffilter reinigen

Bild 10
Luftfilter-Befestigungsschrauben

3.4 Luftfilter

Die Luftfilterreinigung steht laut Wartungsplan alle 6000 Kilometer an (Erneuerung bei Beschädigung).

● Innenverkleidung, Tank und Sitzbank ausbauen (Kapitel 3.2).

● Befestigungsschrauben des Luftfilterdeckels ausdrehen (Bild 10: je eine Befestigungsschraube links und rechts).

● Filterelement entnehmen.

● Filterelement mit Druckluft von innen nach aussen ausblasen. Falls beschädigt, Neuteil in umgekehrter Reihenfolge montieren.

● Den Verschluss-Stopfen am Luftfilter-Absetzschlauch (Bild 11) abnehmen und Kondensflüssigkeit in geeignetes Auffanggefäss ablassen.

● Beim Einbau muss SUZUKI-«S» nach oben zeigen (Bild 12).

● ⚠ Auf sauberen Sitz im Gehäuse achten.

● Deckel- und Tankmontage in umgekehrter Ausbaureihenfolge vornehmen.

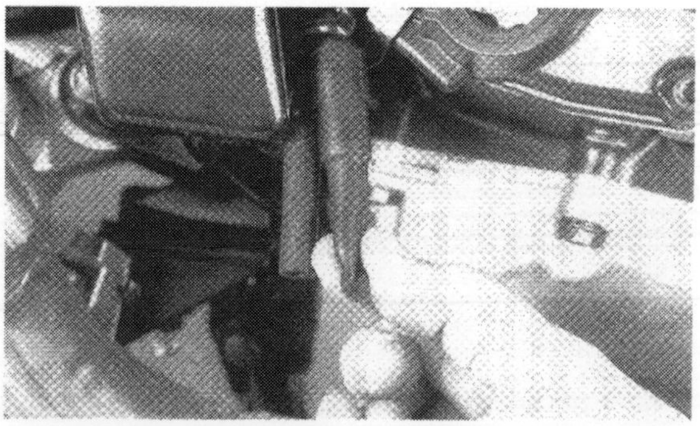

Bild 11
Luftfilter-Absetzschlauch

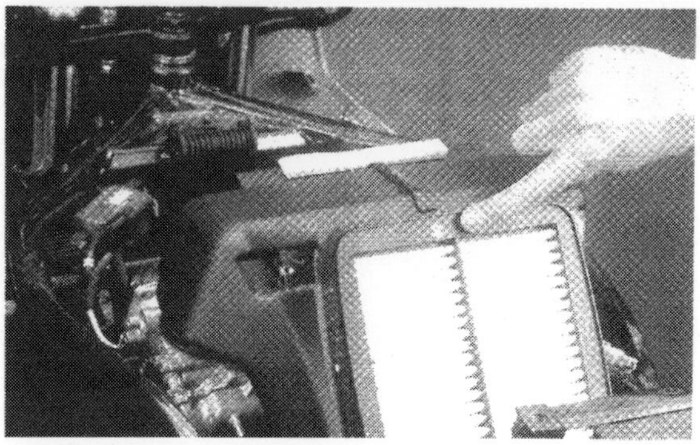

Bild 12
SUZUKI-»S« nach oben

3.5 Zündkerzen

Die vier Funkenspender unterziehen sich alle 6000 km einer Inspektion und werden alle 12 000 km erneuert.

Um das Kerzenbild aussagefähig beurteilen zu können:

- Motor 10 km im mittleren Drehzahlbereich warmfahren.
- Motor schon beim Ausrollen des Motorrads abschalten.

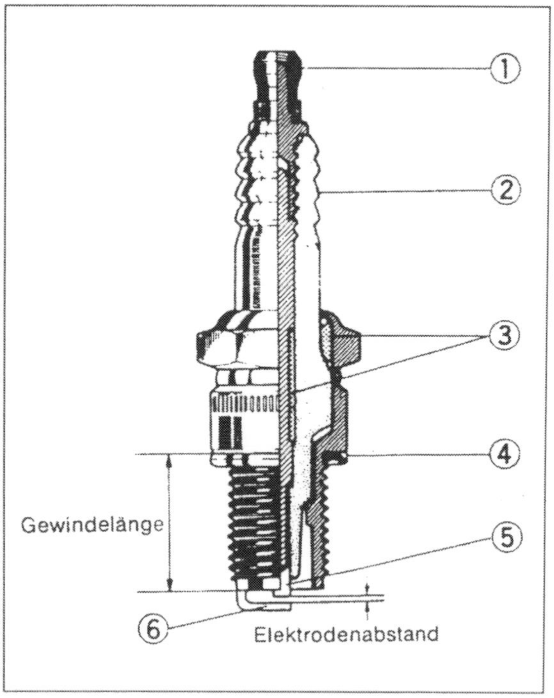

Bild 13
Zündkerze
Elektroden-Abstand
0,7 - 0,8 mm
1 Anschlussmutter
2 Isolierkörper
3 Zement
4 Dichtring
5 Mittelelektrode
6 Masseelektrode

- ⚠ Längeres Laufen des Motors im Standgas vor Abstellen des Motors macht eine richtige Kerzenbild-Beurteilung unmöglich (→ Kerze russt ein)!
- Verkleidung und Kraftstofftank abnehmen und Zündkerzenstecker abziehen.
- ⚠ Zündkerzentaschen vor Ausdrehen der Zündkerzen mit Druckluft ausblasen, damit kein Schmutz in Brennraum gelangen kann.
- Zündkerzen ausdrehen.
- ⚠ Bei der empfohlenen Standard-Zündkerze bleiben die Elektroden so heiss, dass Russablagerungen stets verbrennen, jedoch so kühl, dass Motor und Kerze selbst nicht beschädigt werden. Diese Temperatur liegt im Bereich von 400 - 800°C. Sie kann nach Zustand und Farbe der Keramikisolation am Umfang der Mittelelektrode beurteilt werden. Wenn die Keramikisolation sauber ist und rehbraunen Farbton zeigt, ist Kerze mit richtigem Wärmewert im Einsatz.
- Bei weissem bis aschgrauem Bild ist Kraftstoffluftgemisch zu mager, der Motor läuft zu heiss. Bei dunkelbraunem bis schwarzem Kerzenbild ist das Gemisch zu fett (was auch vom zugesetzten Luftfilter herrühren kann).
- Schwarz verrusste, feuchtglänzende Kerzen deuten auf verschlissene Ventilführungen oder abgenutzte Kolbenringe, durch die Öl in den Verbrennungsraum gelangen kann.
- Bei den entsprechenden Russablagerungen springt auch kein Funke mehr am Spalt über, und es entsteht eine Kurzschlussbrücke zwischen den Elektroden oder auf Keramikisolation. Durch trockene Russablagerungen auf der Kerze können ausserdem die Elektroden rotglühend werden, wodurch unkontrollierte Frühzündungen entstehen. Diese machen sich durch Klopfen (bei niedrigen Drehzahlen und hoher Motorbelastung gut zu hören) oder Klingeln (bei hoher Drehzahl und leider kaum zu hören) bemerkbar und führen dazu, dass schliesslich ein Loch in den Kolben gebrannt wird.
- Mit Messingdrahtbürste Kerze reinigen und Isolator auf Risse oder Absplitterungen untersuchen. Dichtring muss einwandfreie Planflächen aufweisen, bei Beschädigungen Dichtring erneuern.
- Elektrodenabstand mit Fühlerlehre messen, Sollwert: 0, 7 - 0, 8 mm (Bild 13).
- ⚠ Elektrode möglichst wenig nachbiegen, Bruchgefahr im Betrieb!

Standardzündkerzen:
NGK: CR9E
NIPPON DENSO U27ESR-N

Falls bei häufigem und längerem Volllastbetrieb (Autobahnhatz) Kerzen zu hellen Farbton aufweisen, nach eigenem Ermessen Kerze mit höherem Wärmewert verwenden, welche die Temperatur besser abführt und entsprechend kühler bleibt.

Heisse Zündkerzen:
NGK: CR8E
NIPPON DENSO U24ESR-N

- ⚠ Zündkerze gefühlvoll von Hand einschrauben, unbedingt darauf achten, dass schon der erste Gewindegang richtig greift. Eine schräg angesetzte Kerze ruiniert mit ihrem harten Stahlgewinde das weiche Gewinde im Aluminium-Zylinderkopf schon nach einer halben Umdrehung.
- Erst bei richtigem Sitz Kerze mit Kerzenschlüssel anziehen (12 Nm). Alte Kerze (alter Dichtring) nach Aufsitzen 1/8 Umdrehung anziehen. Neue Kerze (neuer Dichtring) nach Aufsitzen 1/4 Umdrehung anziehen.
- Kerzenstecker aufsetzen (Zündkabel gemäss Beschriftung) und Tank wieder anbringen.

3.6 Kühlflüssigkeit

Die Kühlflüssigkeit muss eigentlich nur alle zwei Jahre gewechselt werden, muss aber auch zur Ventilspielkontrolle abgelassen werden.

- ⚠ Einfülldeckel nur bei kaltem Motor (unter 35°C / handwarm) öffnen (Verbrühgefahr!)
- Kühlflüssigkeit im Ausgleichsbehälter alle 5000 km kontrollieren (Sichtprüfung).
- Kühlmittelstand im Ausgleichsbehälter (unter linker Heckverkleidung, siehe Bild 14) muss bei betriebswarmer und aufrecht stehender Maschine mindestens bis zur unteren Markierung reichen. Gegebenenfalls weiches (destilliertes) Wasser am Einfüllstutzen bis zur oberen Markierung auffüllen (Bild 15).
- Kühlflüssigkeit alle 30 000 km oder zwei Jahre wechseln.
- Sitze (900 R: Sitzbank), Front- und Heckverkleidung abbauen.
- ⚠ Einfülldeckel nur bei kaltem Motor (unter 35°C / handwarm) öffnen (Verbrühgefahr!)
- Auffanggefäss unter Kühlmittelpumpe stellen, Schlauchschelle ② Bild 16 lösen und Schlauch von Pumpe abnehmen.
- Einfülldeckel (Bild 17) vorsichtig öffnen und so Abfluss der Kühlflüssigkeit regulieren.
- Schlauch wieder an Pumpe anbringen und Kühlmittel (etwa 2,45 Liter) am Einfüllstutzen einfüllen. Einfülldeckel verschliessen. Motor starten, warmlaufen und wieder abkühlen lassen.
- Kühlmittel auffüllen, bis Pegel am Einfüllstutzen nicht mehr sinkt und an Unterkante des Einfüllstutzens steht.
- Insekten, Schlamm oder andere Fremdkörper mit Druckluft (mit Mündung der Pistole ausreichenden Abstand lassen) oder schwachem Wasserstrahl entfernen.
- Kühler auswechseln, wenn Durchströ-

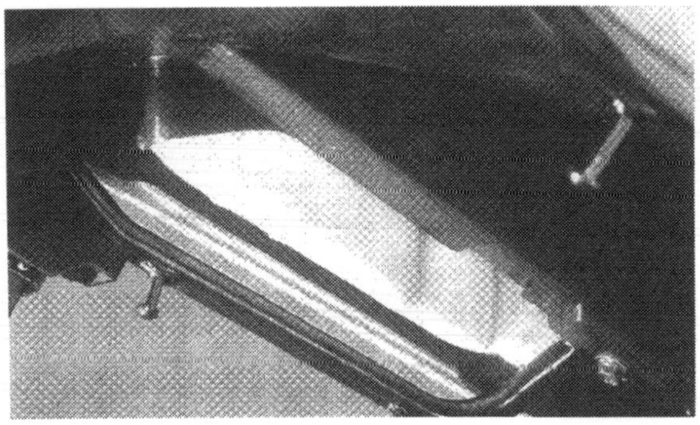

Bild 14
Kühlmittel-Ausgleichsbehälter unter linker Heckverkleidung

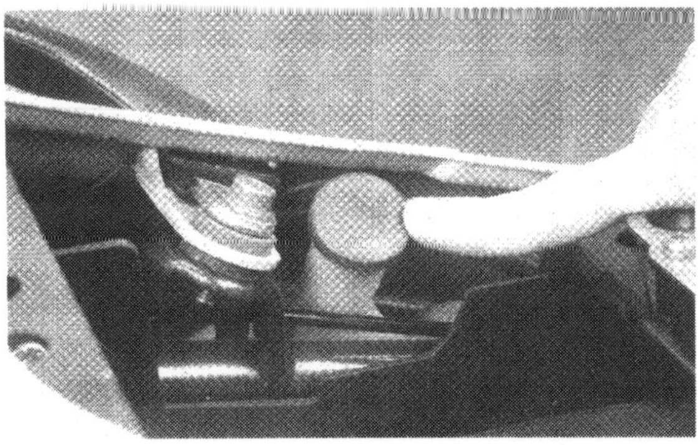

Bild 15
Einfüllstutzen

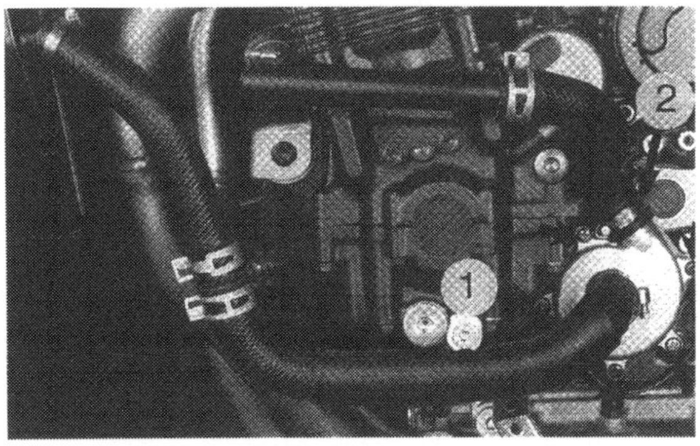

Bild 16
Kühlmittelpumpe
1 Befestigungsschrauben
2 Schlauchschelle

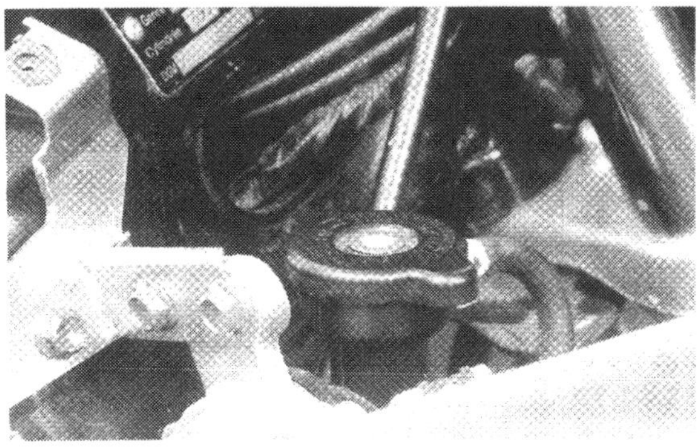

Bild 17
Einfülldeckel

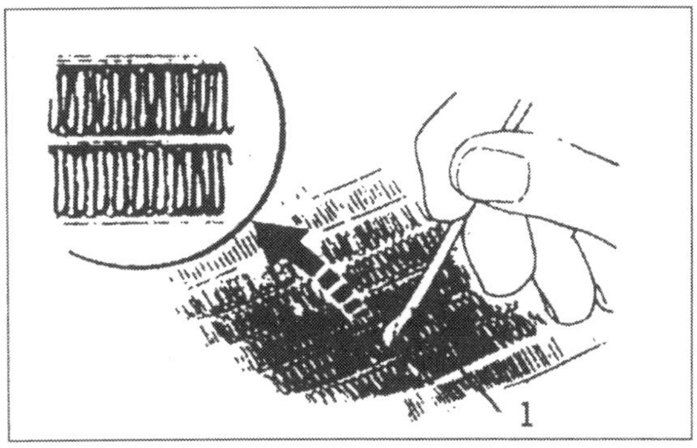

Bild 18
Kühlerlamellen geradebiegen
1 Schraubendreher

Bild 19
Luftfiltergehäuse
1 Befestigungsschraube
2 Schlauchschelle
3 Zuluftschläuche zur Unterdruckkammer

Bild 20
Untere Seilzugaufnahme
1 Öffnerzug
2 Schliesserzug

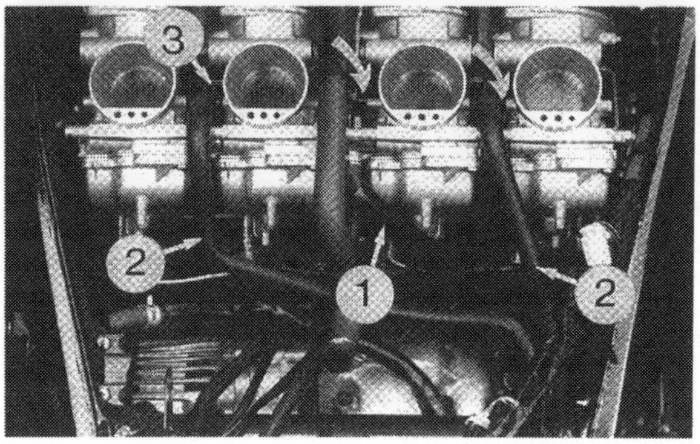

Bild 21
Vergaserbatterie
1 Kraftstoffschlauch
2 Entlüftungsschläuche
3 Abgleichschrauben

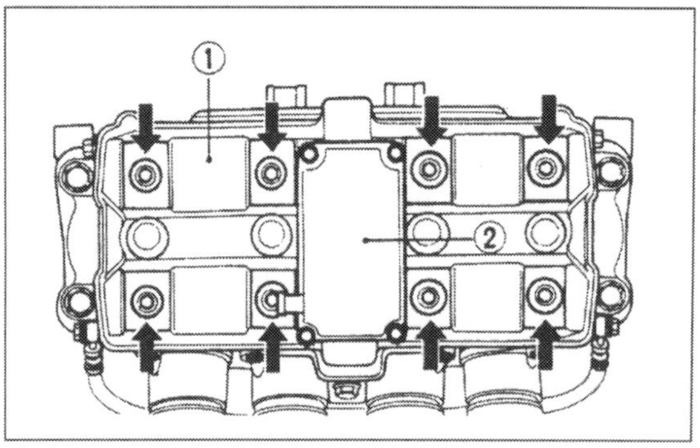

Bild 22
Deckelschrauben
1 Zylinderkopfdeckel
2 Entlüftungsdeckel

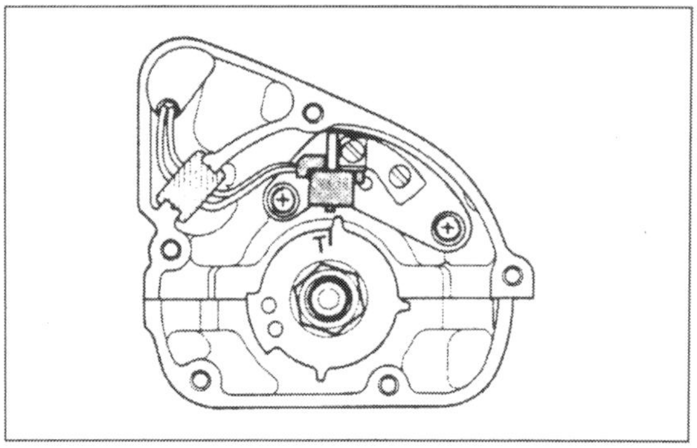

Bild 23
«T» -Markierung mittig auf Pick-Up

mung über mehr als 30 Prozent der Kühlerfläche behindert ist.

- Verbogene Lamellen mit kleinem Schraubendreher wieder geraderichten (Bild 18).
- Kühlmittelstand im Ausgleichsbehälter ausser bei Neubefüllung routinemässig alle 6000 km prüfen. Dabei muss Maschine genau senkrecht stehen.
- Kühlmittelstand muss bei kalter Maschine mindestens bis Min-Markierung reichen (bei warmer Maschine maximal bis Max-Markierung). Gegebenenfalls mit Mischung aus weichem (entionisiertes/destilliertes) Wasser und handelsüblichem Frostschutzmittel für Leichtmetallmotoren und -Kühler auffüllen.
- ⚠ Falls unterwegs «Notbefüllung» mit Leitungswasser (Trinkwasser) vorgenommen werden muss, so bald wie möglich komplettes System mit geeignetem Kühlwasser durchspülen und neu befüllen. (Leitungswasser verursacht Ablagerungen und Aufblühen der Leichtmetall-Kühlkanäle.)
- Komplettes System bei betriebswarmer Maschine im Leerlauf auf Dichtheit sichtprüfen.

3.7 Ventilspiel

Ein gewisses Spiel zwischen Nocken, Tassenstössel und Ventil ist nötig, damit die Ventile den Brennraum bei allen Betriebstemperaturen dicht abschliessen. Das Ventilspiel wird mittels unterschiedlich dicker Einstellplättchen, die unter die Tassenstössel eingelegt werden, eingestellt. Zum Wechseln der Einstellplättchen müssen Nockenwellen und Tassenstössel ausgebaut werden.

- Ventilspiel alle 12 000 km kontrollieren und gegebenenfalls einstellen.
- ⚠ Ventilspiel bei kaltem Motor (unter 35°C / handwarm) kontrollieren und einstellen!
- Tank, Sitzbank und Verkleidung abbauen (Kapitel 3.2).
- Zündkerzenstecker abziehen und Zündkerzen ausdrehen.
- Vergaserbatterie ausbauen.
- **Luftfiltergehäuse abbauen:** Befestigungsklammern der Zuluftschläuche (zur Unterdruckkammer) ③ Bild 19 lösen und Schläuche von Gehäuse abnehmen. Vergaser-Schlauchschellen ② lösen, links und rechts Befestigungsschraube ① ausdrehen und Luftfiltergehäuse abnehmen.
- **Vergaserbatterie ausbauen:** Gasseilzug an oberen Einstellern auf grösstmögliches Spiel einstellen und Gasseilzüge an Vergasern aushängen (Bild 20).
- Kraftstoffschlauch ① Bild 21 und Entlüftungsschläuche ② von den Vergasern abnehmen,

Schlauchbänder der Ansaugstutzen lockern und Vergaserbatterie nach oben abnehmen.

● Zündkerzenstecker abziehen und Zündkerzen ausdrehen.

● Die Zylinderkopfdeckelschrauben schrittweise über Kreuz ausdrehen (Bild 22) und Deckel ① abnehmen. Entlüftungsdeckel ② nur bei Motorausbau abnehmen.

● **Stösselspiel prüfen:**

● Rechts Zündkontrolldeckel ② Bild 1 abnehmen und Kurbelwelle im Uhrzeigersinn auf OT drehen; T-Marke steht mittig auf Zündimpulsgeber-Spule (Bild 23).

● ⚠ Kolben steht nur jede zweite Umdrehung im Kompressions-OT!

● ⚠ Kolben steht im Verbrennungs- oder Kompressions-OT, wenn an **allen** Ventilen des betreffenden Zylinders Spiel spürbar ist (Auslassnocken weisen nach vorn, Einlassnocken nach hinten und Tassenstössel ist frei drehbar; Bild 24).

● Mit Fühlerlehre Spiel zwischen Nocken und Tassenstössel «erfühlen» (Bild 25; Fühlerlehrenblatt muss satt passen).

Ventilspiel-Sollwert:
Einlass: 0,10 - 0,20 mm
Auslass: 0,20 - 0,30 mm

● Falls Ventilspiel nicht korrekt, d.h. kein fester Schiebesitz spürbar, Ventil und dazugehörigen Messwert notieren.

● Nach Messung der übrigen Zylinder, Nockenwellen ausbauen und mittels entsprechend dickerem oder dünnerem Einstellplättchen Spiel auf Sollwert bringen.

● Zur **Ventilspielmessung der übrigen Zylinder** Kurbelwelle aus oben beschriebener Stellung im Uhrzeigersinn drehen, bis Auslassnocken des betreffenden Zylinders nach vorn und Einlassnocken nach hinten weisen (Tassenstössel frei drehbar).

● **Nockenwellen ausbauen:**

● Kurbelwelle wie oben beschrieben im Uhrzeigersinn drehen bis Zylinder 1 im Zünd- bzw. Kompressions-OT steht (Nocken weisen nach vorn und hinten - von Tassenstösseln weg).

● Steuerkettenspanner ausbauen (zuerst mittige Federschraube ausdrehen ① Bild 26 und Feder ② entnehmen, dann Gehäuseschrauben ausdrehen).

● Befestigungsschrauben ausdrehen und beide Ölleitungen abnehmen (Bild 27).

● Die Befestigungsschrauben der Lagerdeckel schrittweise über Kreuz lockern, dann ganz ausdrehen (Bild 28). Lagerdeckel abnehmen. Auf Verbleib der Passhülsen achten!

● TIP Einbaulage der Lagerdeckel notieren, um späteres Gezeter zu vermeiden. Lagerdeckel sind mit Grossbuchstaben gekennzeichnet.

● Steuerkette mit Draht gegen «Abtauchen» si-

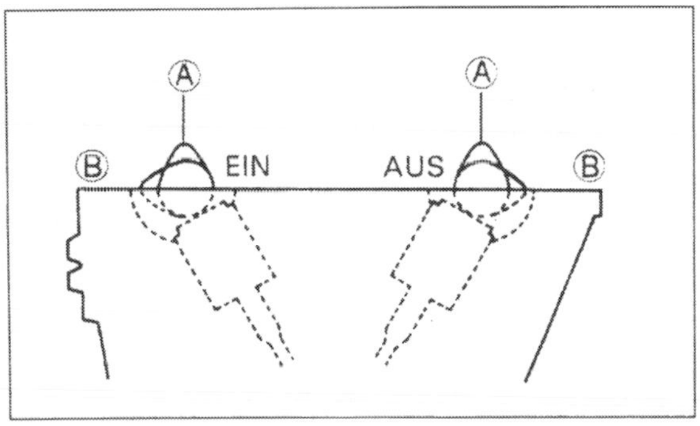

Bild 24
Aus- und Einlassnocken stehen 180° versetzt zueinander

Bild 25
Spiel erfühlen

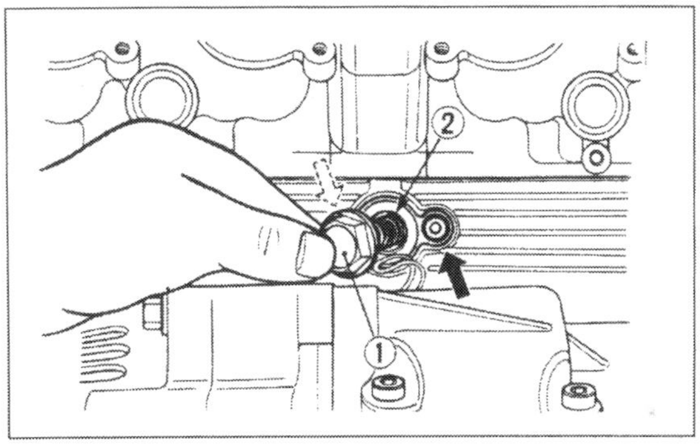

Bild 26
Steuerkettenspanner
Pfeile = Befestigungsschrauben
1 Federschraube
2 Feder

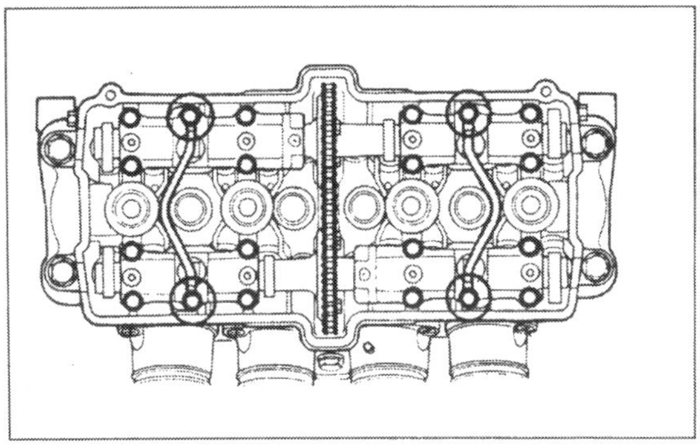

Bild 27
Ölleitungen abnehmen

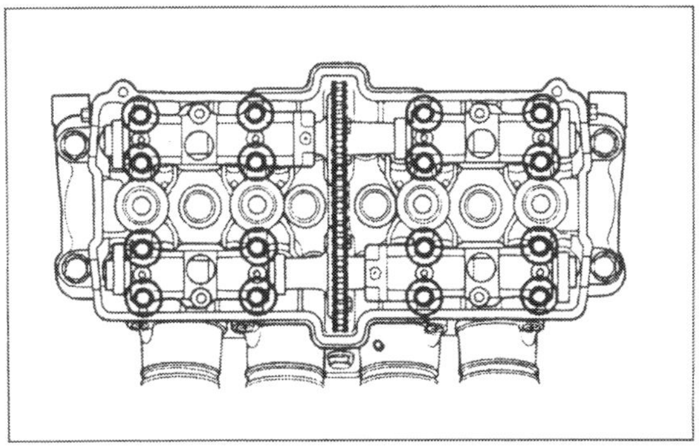

Bild 28
Befestigungsschrauben der Lagerdeckel

chern. Nockenwellen herausfädeln.

- ⚠ Tassenstössel und Einstellplättchen so aufbewahren, dass sie in ursprünglicher Einbaulage wieder montiert werden können.
- Tassenstössel der einzustellenden Ventile mit

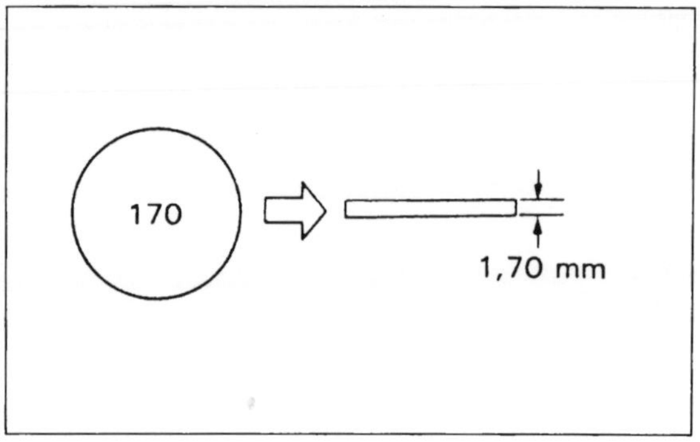

Bild 29
Einstellplättchen sind gekennzeichnet

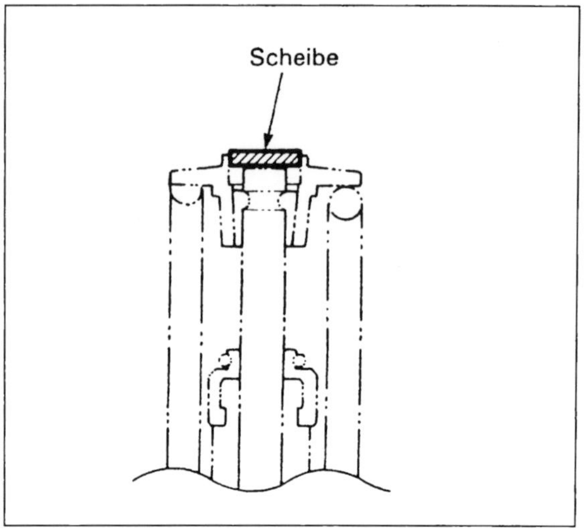

Bild 30
Einbaulage Einstellplättchen

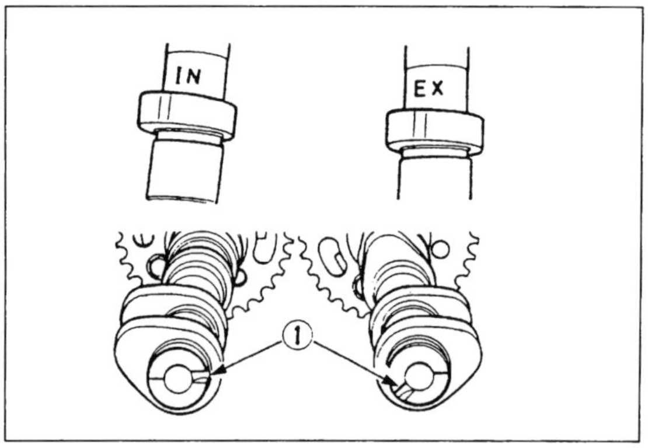

Bild 31
Nockenwellen sind gekennzeichnet
1 Markierung

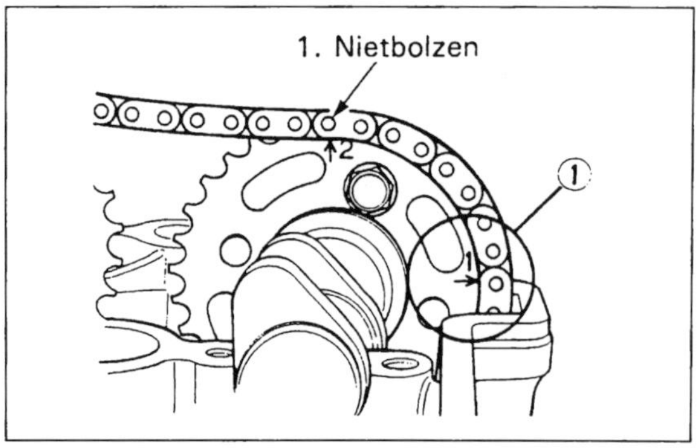

Bild 32
Kette richtig auffädeln
Markierungspfeil «1» fluchtet mit Dichtfläche

Magnetheber oder Saugnapf entnehmen. Einstellplättchen bleiben meist innen an Unterseite des Tassenstössels «kleben»! Auf deren Verbleib achten!

- Dicke der Einstellplättchen ist an Oberseite in Hundertsteln von Millimeter angegeben (Bild 29).
- Dicke der Einstellplättchen mit Mikrometer kontrollieren.
- Die in Hundertstel-Millimeter angegebenen Plättchendicken der ab Werk eingebauten Plättchen auf- bzw. abrunden, da auf dem Ersatzteilweg Einstellplättchen nur in 0,05 mm-Abstufung erhältlich sind. Dickstes Plättchen misst 2,20 mm, dünnstes 1,20 mm.

Auf- und Abrunden:

- Hundertstelstellen 1 und 2 → 0
- Hundertstelstellen 3 bis 7 → 5
- Hundertstelstellen 8 und 9 → 0
- Beispiel: Ursprüngliche Plättchen-Nr. 168 (1,68 mm) → gerundet 170.
- Plättchen-Dicke nach folgendem Beispiel ermitteln:

Gemessenes Ventilspiel: 0,05mm
Dicke des «alten» Plättchens: 2,15 mm
Korrektes Ventilspiel (Einlass): 0,10 - 0,20 mm
Dicke a des erforderlichen Plättchens:
a= (0,05 - 0,10) + 2,15
a= 2,10

- Gleitflächen von neuem Plättchen mit MoS_2-Fett oder ähnlichem Fettprodukt **dünn** balsamieren und in ursprüngliche Einbaulage einsetzen (Bild 30). Tassenstössel aufsetzen.
- Tassenstössel auf freie Drehbarkeit kontrollieren.

Einbau der Nockenwelle:

- ⚠ Nockenwellen nicht verwechseln, siehe Bild 31.
- ⚠ Lagerdeckel sind ebenfalls verwechslungssicher, siehe Bild 34.
- Falls beide Nockenwellen demontiert, zuerst Auslass-, dann Einlasswelle einbauen.
- OT-Stellung der Kurbelwelle kontrollieren: «T»-Markierung auf Rotor fluchtet mit Zündimpulsgeberspule (Bild 23). Falls Kurbelwelle gedreht werden muss, Steuerkette dabei straff halten, damit sie sich nicht am Kurbelwellenritzel verklemmt und so Kurbelwelle blockiert oder beschädigt wird!
- Steuerkette vorn (Auslasseite) straff ziehen.
- Auslass-Nockenwelle mit geölten Lagerstellen einsetzen und gleichzeitig Steuerkette auf Kettenrad auflegen.
- Kette so auffädeln, dass «1»-Markierungsstrich des Auslass-Kettenrads mit Dichtfläche fluchtet ① Bild 32. Von Pfeil mit «2»-Markierungsstrich (steht senkrecht) ausgehend, 13

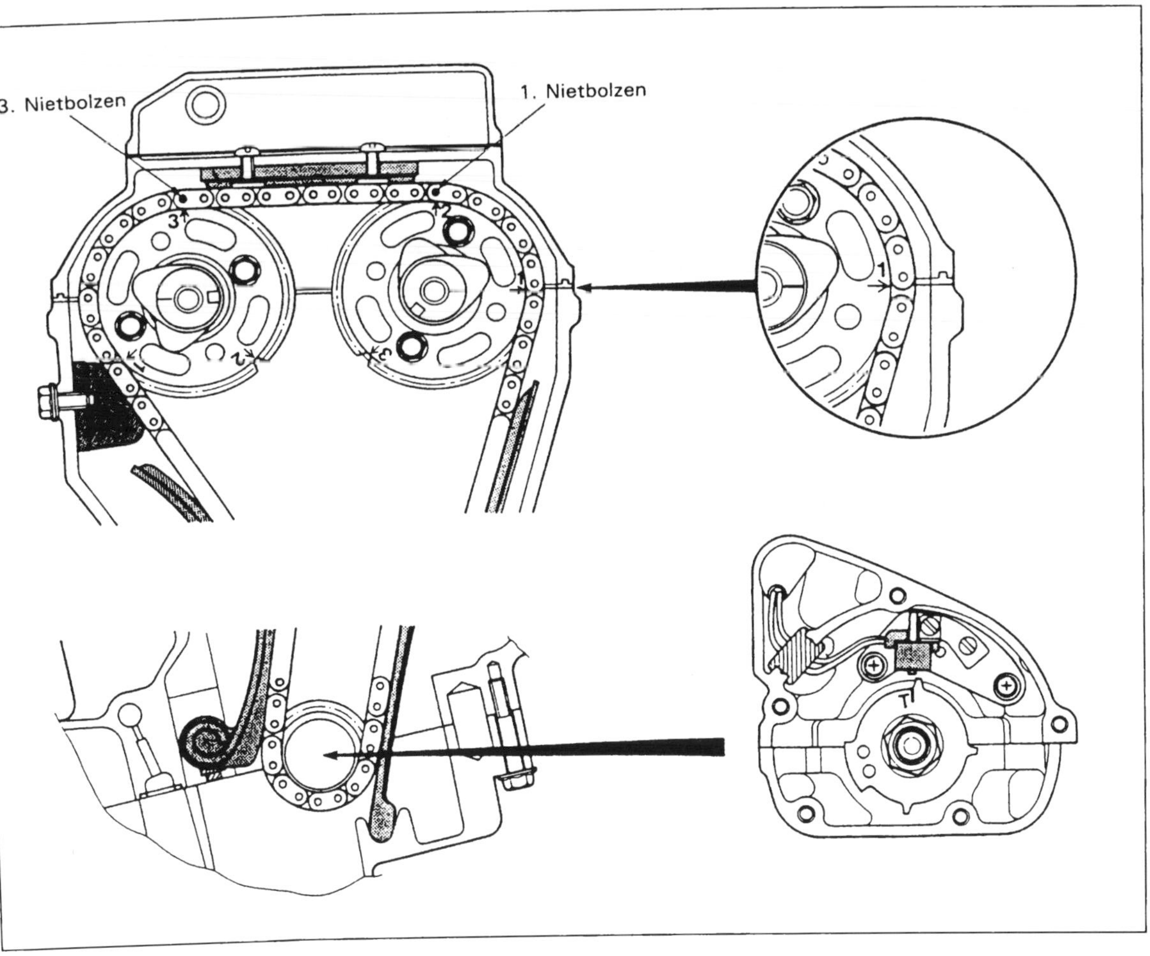

Bild 33
Einbaulage der Steuerkette

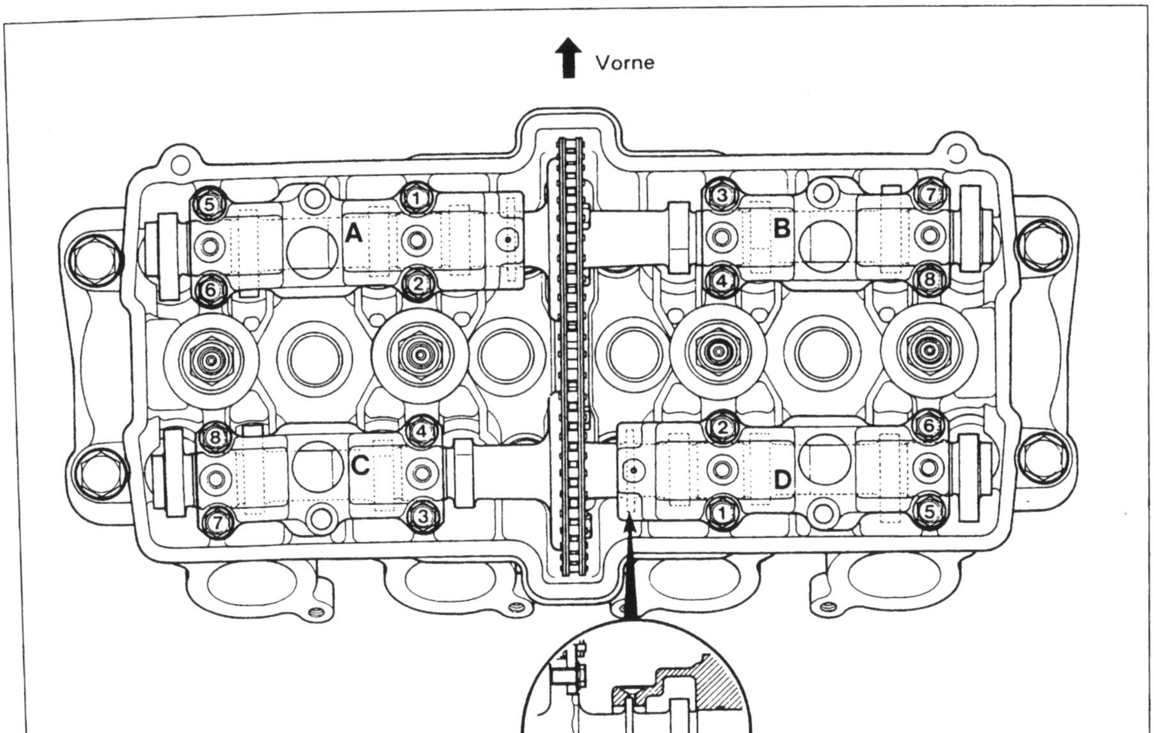

Bild 34
Lagerdeckel-Schrauben in aufsteigender Reihenfolge anziehen

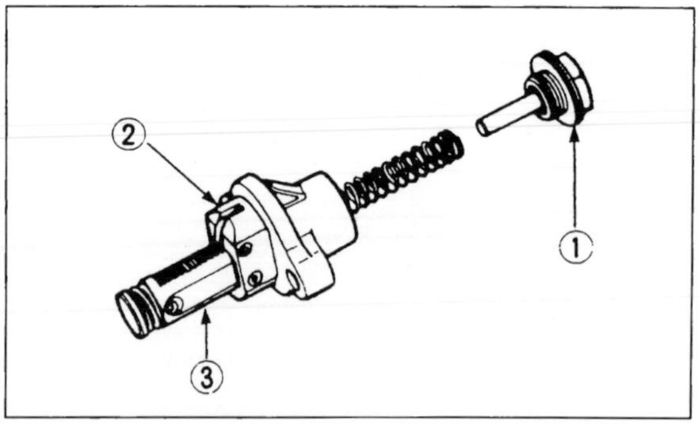

Bild 35
Steuerkettenspanner
1 Verschlussschraube
2 Sperrklinke
3 Bolzen

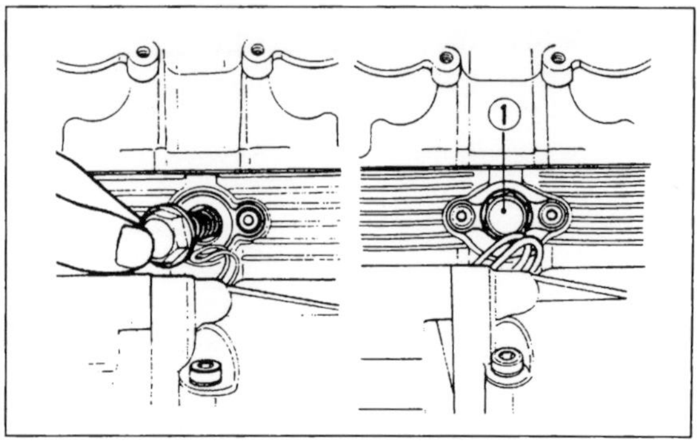

Bild 36
Steuerkettenspanner mit neuen Dichtungen einbauen

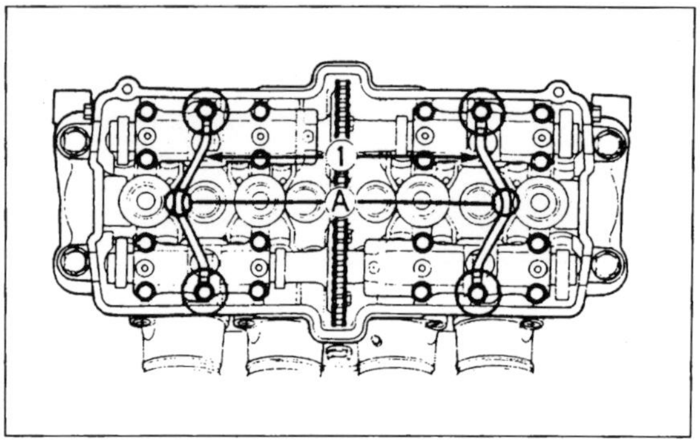

Bild 37
Ölleitungen an Lagerdeckeln anbringen

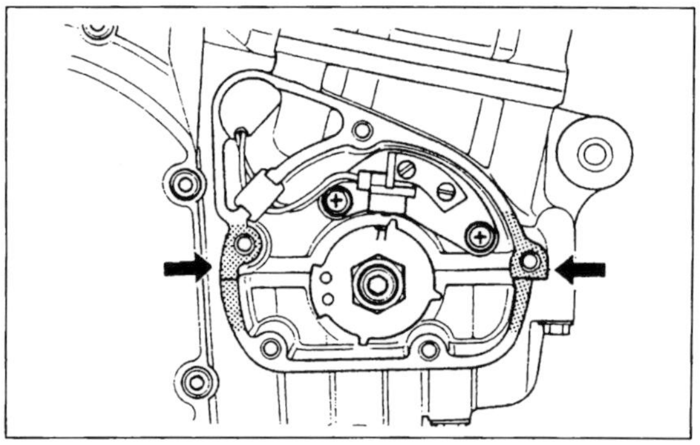

Bild 38
Flüssige Dichtmasse anbringen

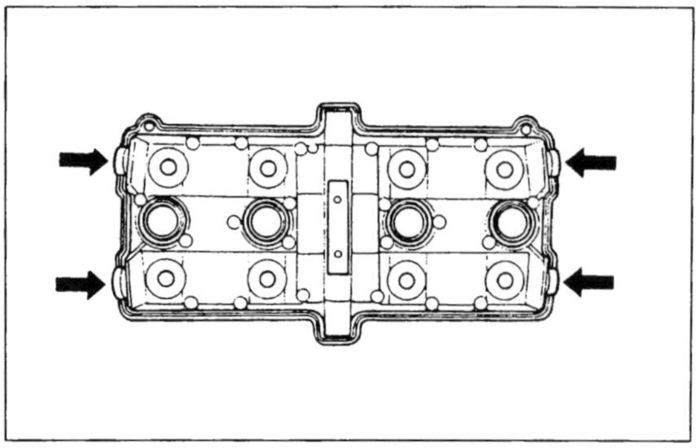

Bild 39
Flüssige Dichtmasse anbringen

Nietbolzen in Richtung Einlass-Kettenrad abzählen und Kette so einhängen, dass 13. Nietbolzen mit «3»-Markierungsstrich des Einlass-Kettenrads fluchtet (Bild 33).

- ⚠ Kurbelwelle vor Einbau der Lagerhalter nicht mehr bewegen.
- Lagerdeckel (mit Grossbuchstaben gekennzeichnet, Bild 34) mit Passhülsen anbringen.
- Deckelschrauben in aufsteigender Reihenfolge mit 8 - 12 Nm **gleichmässig** anziehen (Bild 34).
- **Steuerkettenspanner einbauen:** Sperrklinke ② Bild 35 eindrücken und Bolzen ③ ganz in Gehäuse einschieben.
- Kurbelwelle im Uhrzeigersinn drehen, damit sich Kette zwischen Auslass- und Kurbelwellen-Kettenrad strafft.
- Spannergehäuse mit neuer Dichtung am Zylinderblock anbringen (6 - 8 Nm).
- Feder einsetzen und Verschlussschraube mit so gut wie neuer Dichtscheibe eindrehen (30 - 40 Nm, Bild 36).
- Übereinstimmung der Kurbelwellen- und Nockenwellen-Markierungen prüfen (Bilder 23 und 33).
- Kurbelwelle zwei Mal um 360 Grad drehen und Markierungs-Übereinstimmung und Ventilspiel nochmals prüfen. Gegebenenfalls Einstellung wiederholen.
- Ölleitungen mit weisser Markierung «A» Bild 37 nach oben an Lagerdeckeln anbringen (8 - 12 Nm).
- Flüssige Dichtmasse (3 Bond-Silikondichtmasse o.ä.) auf Kurbelgehäuse-Passflächen des Zündgebergehäuses dünn auftragen (Bild 38) und Deckel mit neuer Dichtung anbringen (Bild 39).
- Dichtung des Zylinderkopfdeckels vor Einbau auf Beschädigung überprüfen, gegebenenfalls auswechseln.
- Flüssige Dichtmasse (3 Bond-Silikondichtmasse o.ä.) auf Nockenwellen-Bohrungen auftragen (Bild 39).
- Zylinderkopfdeckel mit fett- und ölfreien Dichtflächen montieren («Pfeil» in Fahrtrichtung, Bild 40).

Neue Dichtgummis der Befestigungsschrauben leicht ölen und die Schrauben eindrehen (13 - 15 Nm).

- Zündkerzen wieder eindrehen (Kapitel 3.5) und Zündkerzenstecker aufsetzen.
- Vergaser, Luftfiltergehäuse und Tank in umgekehrter Ausbau-Reihenfolge wieder anbringen.
- TIP Ansaugstutzen (zwischen Vergasern und Zylinderkopf) innen mit Spray-Öl (Castrol 4in1 o. ä.) einnebeln, damit er beim Einbau besser flutscht.
- Sitzbank und Verkleidung wieder anbringen (Kapitel 3.2).

3.8 Kompression

Der Kompressionsdruck lässt Rückschlüsse auf das Innenleben des Zylinders zu. Ob eine Motorrevision droht, kann häufig anhand einer Kompressionsdruckprüfung festgestellt werden.

- ⚠ Kompression bei korrektem Ventilspiel und normaler Betriebstemperatur messen.
- Alle Zündkerzen herausdrehen.
- Kompressionsmessgerät anschliessen.
- Gasgriff voll öffnen und Motor mit Starter durchdrehen, bis Anzeige des Kompressionsmessers nicht mehr weiter steigt (normalerweise nach etwa 10 Sekunden).

Kompressionsdruck-Sollwert:
Standard: 10,0 - 15,0 kg/cm²
Minimum: 8,0 kg/cm²
Zu geringer Druck deutet auf undichte Ventile, zu enges Ventilspiel, undichte Zylinderkopfdichtung, verschlissenen Kolben, Kolbenringe oder Zylinder. Zu hohe Kompression wird meist von Ölkohleablagerungen im Brennraum verursacht.

- TIP Um bei zu niedriger Kompression die Fehlerquelle einzukreisen:
- Öl durch Kerzenloch des betreffenden Zylinders möglichst gleichmässig auf Zylinderwand spritzen.
- Kompri-Test wiederholen.
- Erhöhte Werte lassen auf verschlissene Kolben-Ringe oder Zylinderlaufbahn schliessen.
- Gleichbleibender Wert lässt auf verschlissenen Zylinderkopf (Ventil, -sitz und -führungen) schliessen. Werkstatterfahrung lässt es wahrscheinlicher erscheinen, dass letzterer Fall zuerst eintritt. Und zwar in der Regel (wenn man dafür überhaupt eine Regel aufstellen kann) nach einer Laufleistung von weit über 50 000 km, wobei sie dann natürlich nicht schlagartig ihren Dienst einstellen, sondern lediglich die Verschleissgrenzen für Ventilsitzbreite und Ventilführungsspiel erreichen, aber auch mit deutlichen Rauchzeichen auf ihren Zustand aufmerksam machen.

3.9 Leerlaufdrehzahl, Drosselklappen-Betätigung und -Abgleich

Für optimale Leistungsfähigkeit der Maschine ist es unerlässlich, dass die Zylinder absolut synchron arbeiten. Schon geringste Unterschiede bewirken, dass besser gefütterte Zylinder benachteiligte «mitschleppen» müssen.

- Maschine so aufstellen, dass sicheres Arbeiten gewährleistet ist. Getriebe auf Leerlauf schalten.

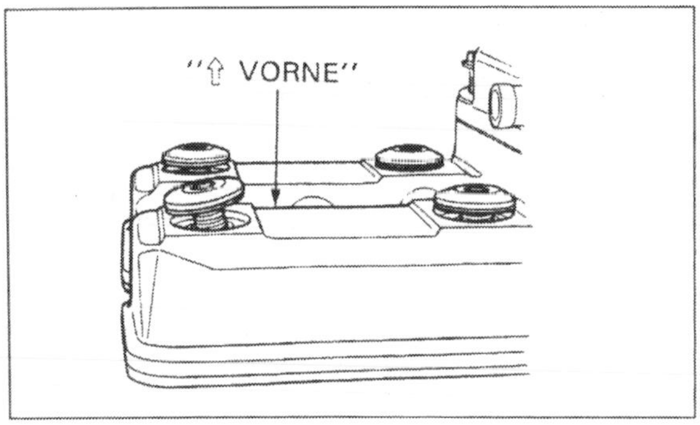

Bild 40
Neue Dichtgummis leicht ölen

Drosselklappenbetätigung
Einstellung gilt gleichermassen für Öffner- und Schliesserzug.

- Seilzugspiel am Einsteller nach Lösen der Gegenmutter ① Bild 41 so einstellen, dass sich am Drehgriffumfang ein Leerweg von 3 - 5 mm ergibt.
- Lenker bei im Leerlauf tuckerndem Motor von Anschlag zu Anschlag schwenken → Leerlaufdrehzahl darf sich nicht verändern.
- ⚠ Leerlauf- und Abgleich-Einstellung erfolgt bei betriebswarmem Motor und korrekt eingestelltem Ventilspiel.

Leerlaufdrehzahl

- ⚠ In geschlossenen Räumen für ausreichende Belüftung sorgen! Abgase enthalten giftiges geruchloses Kohlenmonoxid, das Bewusstlosigkeit verursachen und zum Tod führen kann.
- Leerlaufdrehzahl durch Ein- oder Ausdrehen der Drosselklappen-Anschlagschraube (Bild 42) auf 1100 - 1300/min (Österreich: 1200 - 1400/min) einstellen.
- Falls grössere Korrektur vorgenommen werden musste, Seilzugspiel nochmal kontrollieren.

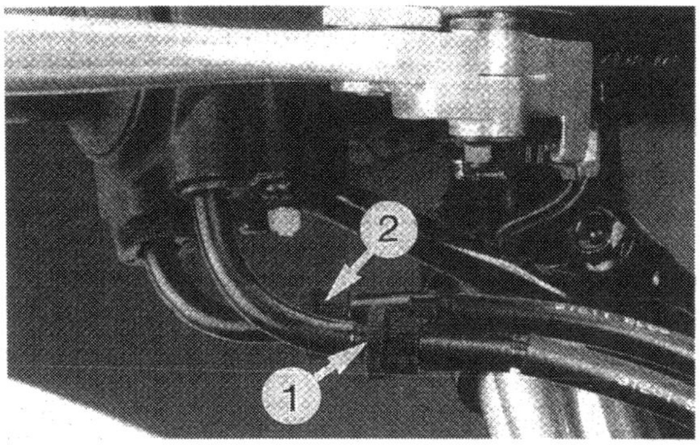

Bild 41
Obere Einsteller
1 Öffnerzug
2 Schliesserzug

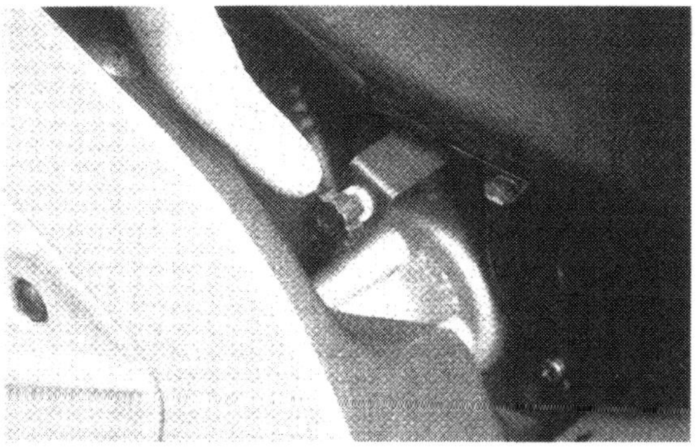

Bild 42
Leerlaufdrehzahl-Einsteller

● Grössere Einstellungen an unteren Einstellern vornehmen (Bild 20).

● Zum **Vergaserabgleich** Tank abnehmen und Unterdruckschläuche abziehen (Bild 43). Unterdruck-Messuhren anschliessen.

● Kraftstoff-Versorgung mit gegebenenfalls längeren Schläuchen improvisieren (Unterdruckschlauch an Kraftstoffhahn anschliessen, Unterdruck anlegen, d.h. ansaugen und Schlauch luftdicht abklemmen).

Bild 43
Unterdruck-Messanschluss

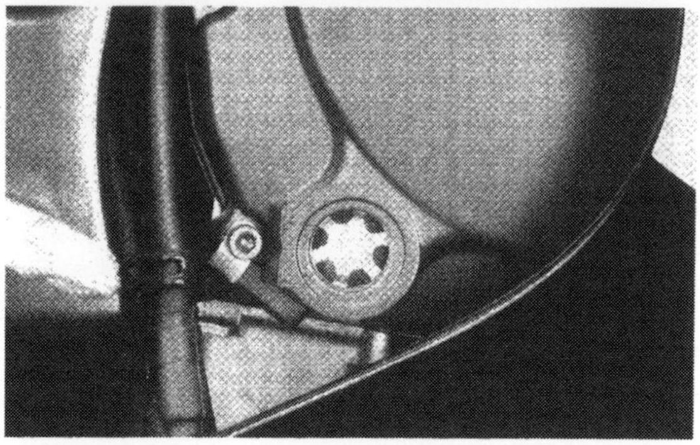

Bild 44
Ölstand-Schauglas

Bild 45
Ölablassschraube ① und Öldruckgeber ②

Bild 46
Ölfilter

● Betriebswarmen Motor starten und mit Standgas laufen lassen.

● Gleichlauf an Unterdruck-Messuhren kontrollieren.

● Durch Drehen der Abgleichschrauben ③ Bild 21 nach rechts oder links (ausprobieren) Gleichlauf zwischen Zylinder 1 und 2 einstellen. Dann Vergaser 3 mit Vergaser 4 abgleichen. Abschliessend Vergaser 2 mit Vergaser 3 abgleichen.

● Zwischendurch immer mal wieder am Gasdrehgriff zupfen und wieder zuschnappen lassen. Dabei Unterdruckwerte im Auge behalten.

● Leerlaufdrehzahl nochmal kontrollieren.

● Unterdruckschläuche wieder anbringen.

● Tank und Verkleidung montieren.

3.10 Motoröl, -Filter und Öldruck

Das Öl ist sozusagen der Lebenssaft für jedes Triebwerk. Klar, dass da der Pegelstand regelmässig (täglich!) kontrolliert wird.

● Betriebswarmen Motor abstellen und Maschine auf ebenem Untergrund auf geeignetem Montageständer **sicher** aufbocken.

● Einige Minuten warten und Ölstand am Kontrollfenster beobachten.

● Ölstand muss über «L»- Markierung am Kontrollfenster liegen (Bild 44).

● Gegebenenfalls Öl bis zur Markierung am Kontrollfenster auffüllen.

Ein Ölverbrauch von 0,15 l / 1000 km wird als normal angesehen. Alle 6000 km bedarf das Öl einer Erneuerung, mindestens aber einmal im Jahr; bei ausschliesslichem Kurzstreckenbetrieb oder bei Temperaturen unter 0°C alle 3000 km oder 6 Monate.

Das Ölfilter hat die Aufgabe, kleinste Partikelchen aus dem Motoröl herauszufiltern. Sobald der Motor läuft, befindet sich das Öl in dauerndem Kreislauf vom Ölsumpf zum Motor und seinen Schmierstellen und tropft dort ab in den Ölsumpf, um wieder durch das Filter zu den Schmierstellen gedrückt zu werden.

● ⚠ Ölfilter deshalb bei jedem zweiten Ölwechsel erneuern (alle 12 000 km).

● ⚠ Motoröl bei betriebswarmer Maschine ablassen, damit sich die Metallabriebsteilchen noch in der Schwebe befinden und sich noch nicht abgesetzt haben.

● Motorrad auf Montageständer stellen, geeignetes Auffanggefäss (vier Liter Fassungsvermögen) unterschieben und Ölablass-Schraube ① Bild 45 ausdrehen.

● ⚠ Finger nicht am heissen Öl verbrühen! Öl läuft erst im Schuss, nach einiger Zeit nur noch tröpfchenweise. Geduldig warten, bis der letzte

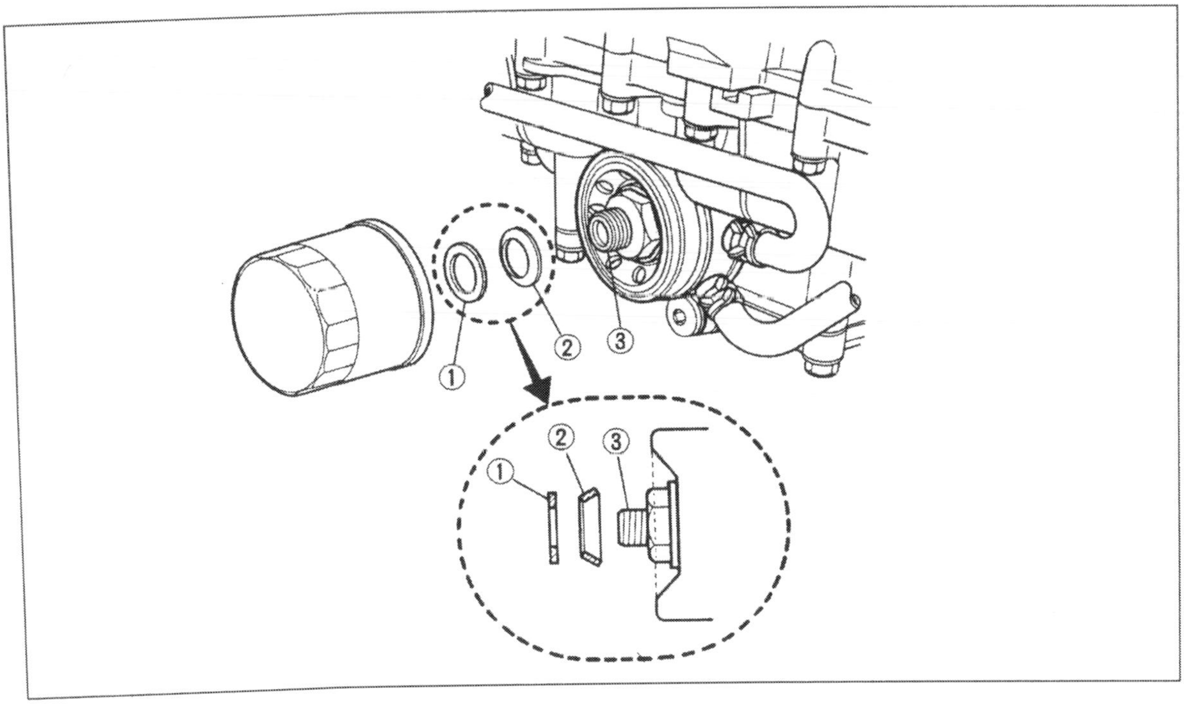

Bild 47
Ölfilter eindrehen
1 Dichtring
2 Federscheibe
3 Gewinde

Tropfen den Weg ins Auffanggefäss gefunden hat.

- TIP Ablass-Schrauben sind mit einem Alu- oder Kupferdichtring versehen, der bei mindestens jedem zweiten Ölwechsel erneuert wird.
- Ablassschraube eindrehen.
- Auffangwanne unter Ölfilter (Bild 46) stellen.
- Ölfilter mit passend grosser Zange oder mit Ölfilterschlüssel ausdrehen (Bild 47, bei Ausbau im Gegenuhrzeigersinn drehen).
- Neuen Ölfilter mit leicht geöltem O-Ring von Hand eindrehen, bis Filterdichtung Passfläche berührt, dann mit Ölfilterschlüssel zwei Umdrehungen anziehen (Bild 47)
- 3,3 Liter Motoröl (ohne Filterwechsel 3,0 l, nach Motorüberholung 3,9 l) SAE 20W 40, 20W 50, 10W 40 oder 10W 50 der API-Qualitätsklasse SE, F oder SG am Einfüllstutzen einfüllen (Bild 48).
- Motor mehrere Minuten im Leerlauf laufen lassen (Ölfilter muss sich erst füllen) und wie oben beschrieben kontrollieren.
- ⚠ Motoröl nie über MAX auffüllen!
- ⚠ Altöl nicht weggiessen (!), sondern an einer Sammelstelle (in jeder grösseren Stadt zu finden) oder Tankstelle abliefern!
- ⚠ Jeder Ölverkäufer ist zur Zurücknahme von Altöl verpflichtet!

Öldruck

Der Öldruck wird zum einen bei kaltem Motor gemessen, um das Ansprechen des Überdruckventils zu kontrollieren, zum anderen bei betriebswarmer Maschine, um Zustand der Öpumpe und Kurbelwellenlager zu prüfen (bei zu grossem Kurbelwellenlager- oder Pleuellagerspiel baut sich bei gleitgelagerten Motoren nur ungenügender Druck auf).

- Öffnungsdruck des Überdruckventils bei kalter Maschine messen.
- Ölkanalverschlussschraube ① Bild 118 ausdrehen.
- Öldruckmesser mit passendem Adapter montieren.
- Kalten Motor starten und Öldruck bei verschiedenen Drehzahlen beobachten. Überdruckventil muss Öldruck zwischen 3,0 und 6,0 kg/cm² halten.
- Falls angegebene Werte überschritten werden, hängt Überdruckventil in geöffnetem Zustand fest (d.h. Ölwanne entfernen und Ventil ausbauen).
- Falls Öldruck wesentlich unter Richtwert liegt, müssen Ölpumpe und Überdruckventil kontrolliert werden.

Bild 48
Öleinfüllstutzen

3.11 Bremsanlage

3.11.1 Bremsflüssigkeit

Mag man einem Motorrad kurzzeitig einen defekten Auspuff oder auch mal ein durchgebranntes Blinkerbirnchen zubilligen - beim Thema Bremsen gibt es keine Kompromisse. Hier muss bei jedem Fahrmeter die hundertprozentige Leistungsfähigkeit sichergestellt sein.

Auf die Wirkung der Bremsanlage der RF 600/900 R kann sich der Motorradfahrer verlassen. Damit das immer so ist, sollten Wartungsarbeiten an der Bremshydraulik nur bei fundierten Vorkenntnissen vorgenommen werden. Beim geringsten Zweifel am eigenen Können ist die Fachwerkstatt die bessere Wahl.

Bild 49
Bremsflüssigkeitsbehälter vorn

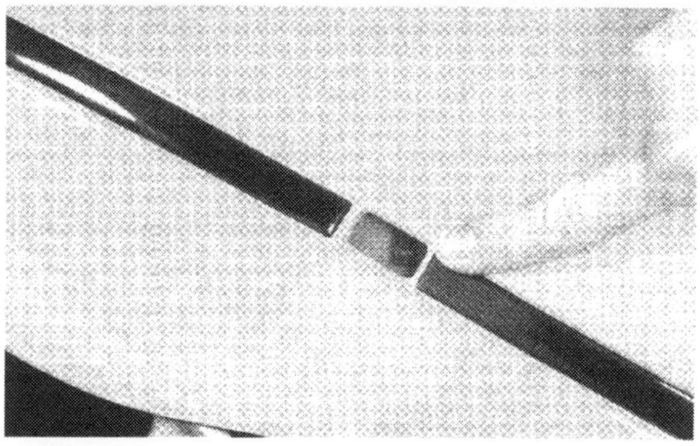

Bild 50
Bremsflüssigkeit-Schauglas an Verkleidung

Bild 51
Bremsflüssigkeitsbehälter hinten

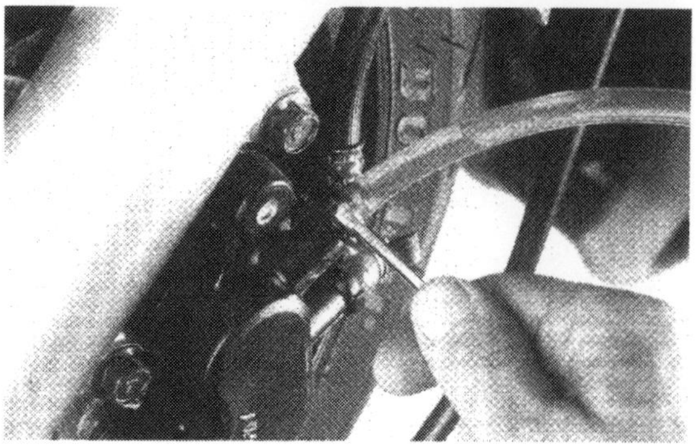

Bild 52
Entlüftungsventil aufdrehen

- Am Bremsflüssigkeits-Behälter Pegelstand kontrollieren. Behälter muss dabei waagerecht stehen.
- ⚠ Falls sich Pegel «LOWER»-Marke (Bilder 49, 50 und 51) nähert, zuerst Belagstärke der Bremsklötze kontrollieren! Bremsbelagverschleiss wird mit nachfliessender Bremsflüssigkeit ausgeglichen!
- Bremsleitung auf Beschädigung und richtige Lage prüfen.
- Alle Schraubverbindungen der Bremsleitungen abwischen.
- Bremse mit Kraft betätigen und unter Druck halten. Bremsleitungen danach auf undichte Stellen absuchen.

Hydraulikflüssigkeit ergänzen:

- ⚠ Da sich Hydraulikflüssigkeit hygroskopisch verhält, d.h. Wasser anzieht (→ Siedepunkt sinkt, Dampfblasenbildung), muss Behälter immer gut verschlossen sein. Keinesfalls dürfen Verunreinigungen, Schmutz oder Wasser in Behälter gelangen.
- ⚠ Beim Öffnen des Deckels muss Behälter waagerecht stehen, damit keine Bremsflüssigkeit überschwappt, die sich aggressiv verhält und Lack angreift.
- Deckelschrauben des Vorratsbehälters bzw. Deckel ausdrehen und Deckel mit Membran abnehmen.
- Pegelstand bis zur UPPER-Markierung auffüllen. Nur Bremsflüssigkeit der Qualität DOT 4 verwenden!
- ⚠ Einmal jährlich **Bremsflüssigkeit erneuern:**
- Deckel des Bremsflüssigkeitsbehälters samt Membran entfernen. Alte Bremsflüssigkeit aus Behälter absaugen (z.B. mit Einwegspritze aus Apotheke). Frische Bremsflüssigkeit auffüllen.
- Passenden, durchsichtigen Schlauch, der in Auffanggefäss endet, über Entlüftungsventil am Bremszylinder stülpen (Bild 52).
- Hebel bzw. Pedal anziehen / niederdrücken bis Widerstand spürbar.
- Entlüftungsventil mit $^1/_2$ bis $^1/_4$ Umdrehung öffnen und sofort wieder schliessen. Hebel wieder freigeben (Bild 53).
- Pumpbewegungen am Hebel / Pedal fördern Flüssigkeit zum Auffanggefäss.
- TIP Schön langsam pumpen und Hebel zwischendurch immer einige Sekunden in Ruhestellung belassen, um zu gewährleisten, dass sich System luftfrei füllt.
- Währenddessen in Behälter am Lenker zügig Bremsflüssigkeit nachgiessen, damit keine Luftbläschen ins System gelangen können.
- ⚠ Sinkt Pegel unter LOWER kann Luft ins System gepumpt werden.

So wird mit neuer Bremsflüssigkeit die alte weggespült.

● Tritt am Entlüftungsschlauch keine Luft bzw. klare, neue Bremsflüssigkeit aus, Bremshebel noch einmal langsam anziehen und gleichzeitig Entlüftungsventil schliessen.

3.11.2 Bremsbeläge

Auch die beste Bremse funktioniert nur mit ordentlichen Belägen. Deshalb ist die regelmässige Kontrolle der Belagstärken so wichtig.

● [Auge] Kontrolle der Belagstärke durch Sichtprüfung :

● Bremse betätigen, damit Beläge an Scheibe anliegen. Von unten bzw. hinten in Bremssattel peilen und Belagstärke schätzen.

● ⚠ Mindestbelagstärke: 1,0 mm (Verschleissanzeigenut muss noch sichtbar sein, Bild 54).

● ⚠ Bremsbläge nur im Satz wechseln.

Bremsbeläge wechseln:

● TIP Bremssattel und Bremsscheibe mit beiden Händen umfassen und Bremssattel gegen Bremsscheibe drücken. Dadurch werden Bremskolben in Sattel hineingeschoben und Platz gemacht für neue dicke Bremsbeläge .

● ⚠ Bremse bei ausgebautem Bremssattel/Belägen nicht betätigen!

Vorderradbremse:

● 600R: Sicherungssplint, Belagstift und Feder abnehmen und Beläge ausbauen.

● 900R/600R (ab Baujahr 94): Madenschraube ③ Bild 55, Belagschraube ausdrehen und Bremsbeläge ausbauen.

Hinterradbremse:

● 600R: Abdeckkappe ⑧ Bild 58 abnehmen, zwei Madenschrauben und zwei Belagschrauben ausdrehen. Beläge samt Distanzscheiben entnehmen.

● 900R/600R (ab Baujahr 94):Sicherungssplinte, Belagstifte ④ und Federn ⑤ entfernen und Beläge samt Distanzscheiben ausbauen (Bild 56).

● Neue Beläge in umgekehrter Reihenfolge einsetzen. Dabei auf Einbaulage der Belagfeder achten (Bilder 55 und 56).

● Beläge müssen sauber in Führung sitzen (Bild 57).

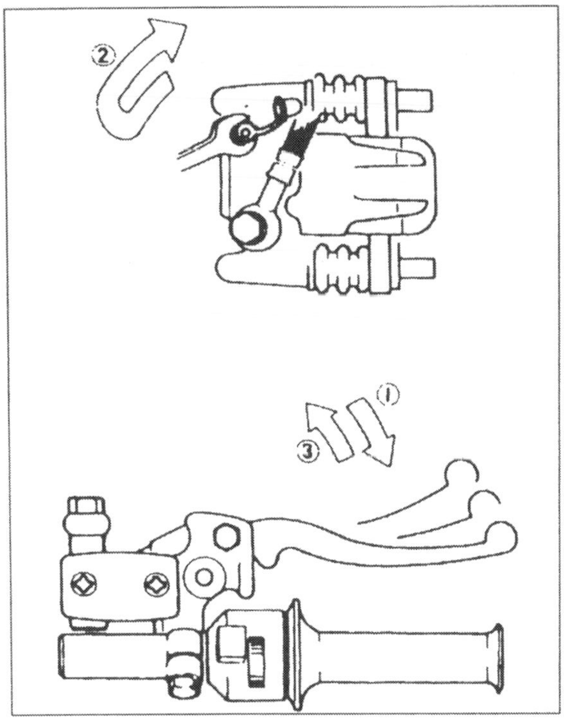

Bild 53
Bremsystem entlüften
1 Hebel/Pedal anziehen
2 Ventil öffnen (1/2 bis 1/4 Umdrehung)
3 Hebel/Pedal herauslassen

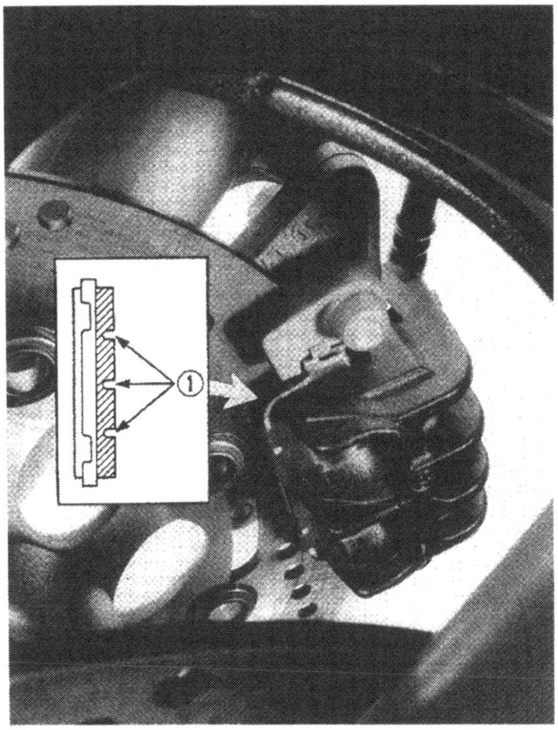

Bild 54
Sichtprüfung der Belagstärke (hier an Vorderrad/600er; am Hinterrad mit «Verschleiss-anzeige-Linie»

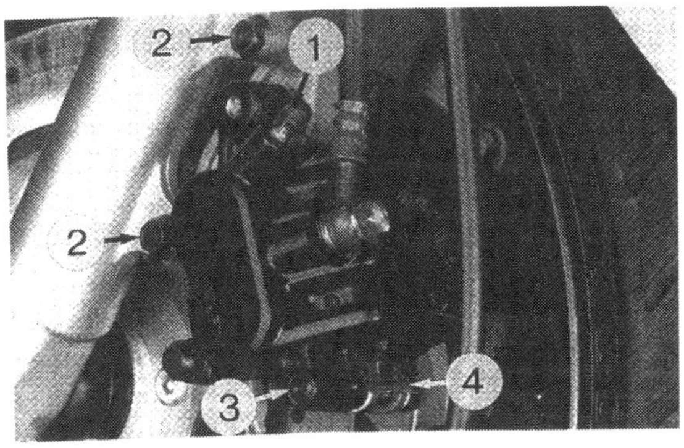

Bild 55 ◄
Vorderradbremse 900 R und 600 R (ab Bj. 94)
1 Entlüftungsventil
2 Befestigungsschrauben
3 Gegen- (Maden-) -Schraube der Belagstiftschraube
4 Feder

Bild 56
Hinterradbremse 900 R und 600 R (ab Bj. 94)
1 Entlüftungsventil
2 Befestigungsschrauben
3 Hydraulikanschluss
4 Belagstift
5 Feder

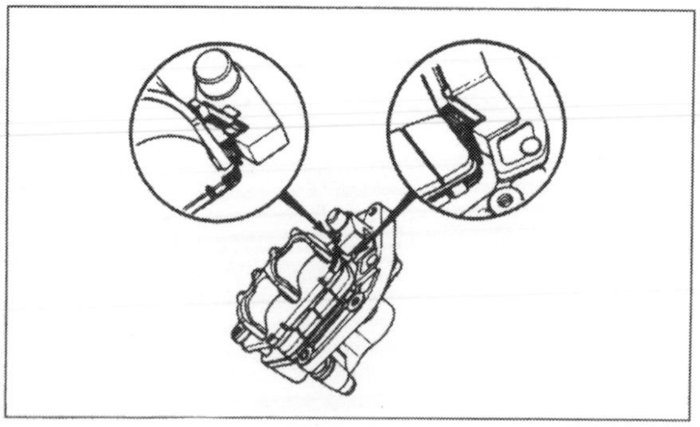

Bild 57
Einbaulage der vorderen Beläge

● Auf richtige Einbaulage der Belagbleche achten (Bild 58).
● Bremssattel mit Bügel auf Bremsscheibe aufsetzen und am Träger bzw. Tauchrohr festschrauben (33 Nm).
● ⚠ Durch Pumpen am Bremshebel Druck im System aufbauen. Erst wenn Druckpunkt deutlich fühlbar ist, ist Bremse betriebsbereit!

3.11.3 Bremslicht-Einstellung

● Fahrzeug so aufbocken, dass Hinterrad freikommt und kontrollieren, ob sich Hinterrad ohne Bremsschleifen drehen lässt.
● Bremslicht so einstellen, dass Licht aufleuchtet bevor Bremswirkung einsetzt.

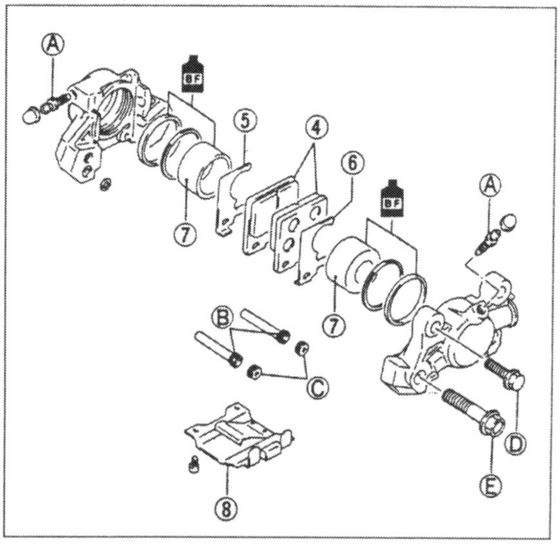

Bild 58
Hinterradbremse mit Belagblechen 600 R
4 Bremsbeläge
5 Innere Distanzscheibe
6 Äussere Distanzscheibe
7 Kolben
8 Abdeckkappe
A 8 Nm
B 16 Nm
C 3,5 Nm
D 25 Nm
E 33 Nm

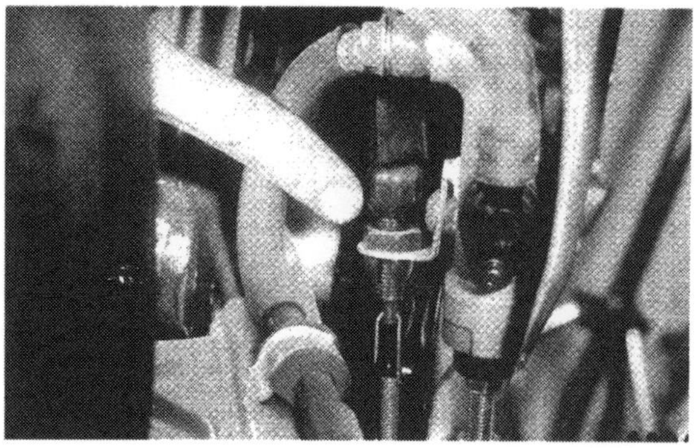

Bild 59
Bremslichtschalter

● Zur Einstellung Schaltergehäuse (Bild 59) festhalten und Einstellmutter ein- oder ausdrehen.

3.11.4 Bremspedallage

● Bremspedal so einstellen, dass Tritthöhe etwa 50 - 60 mm unter Fussrastenhöhe liegt.
● Pedallage am Einsteller ③ Bild 60 einstellen.

3.12 Kupplung

Um zu verhindern, dass die Kupplung bei Belastung ungewollt durchrutscht, wird am Handhebel ein Sicherheitsspiel (Leerweg) eingestellt. Es soll an der Spitze des Kupplungshebels etwa 10 mm betragen.
● Korrekturen mit Einstellschraube am Kupplungsseilzug nach Lösen der Gegenmutter vornehmen (Bild 61).
● Grössere Einstellungen am unteren Ende des Zuges (Bild 62) nach Lockern der Gegenmutter vornehmen. Dabei beachten, dass im Idealfall Winkel zwischen Hebel und Seilzug kleiner als 90° ist (80° - 90°).
● 900 R hat hydraulisch betätigte Kupplung (Wechsel und Entlüften erfolgen entsprechend Kapitel 3.11.1).

3.13 Antriebskette

Die Antriebskette ist eigentlich das Teil am Motorrad, dem man seinen Pflegezustand auf den ersten Blick ansieht. Doch wird die als lästig empfundene Kettenpflege häufig sträflich vernachlässigt, obwohl sie doch wesentlichen Einfluss auf die Fahrleistungen eines Motorrades hat.
● ⚠ Antriebskette niemals bei laufendem Motor prüfen oder einstellen.
● ⚠ Kette nicht mit Hochdruckreiniger (Dampfstrahler) reinigen (Wasser dringt an O-Ringen vorbei zwischen Bolzen/Rollen).
● Auffanggefäss für abspritzende Reinigungsflüssigkeit unter Kette unterstellen (Reifen mit alter Pappe o.ä. abdecken). Je nach Verschmutzungsgrad Kette mit Spray-Öl (Castrol 4in1 o.ä.) oder Diesel-Kraftstoff und hartem Pinsel reinigen. Anschliessend Kette mit handelsüblichem O-Ringkettenspray balsamieren und einziehen lassen. Überschüssiges Spray abwischen.
● Zum Prüfen des Kettendurchhangs Motorrad in Leerlauf schalten und auf Seitenständer abstellen. Durchhang am unteren Trumm in der Mitte zwischen Motorritzel und Kettenblatt an mehreren

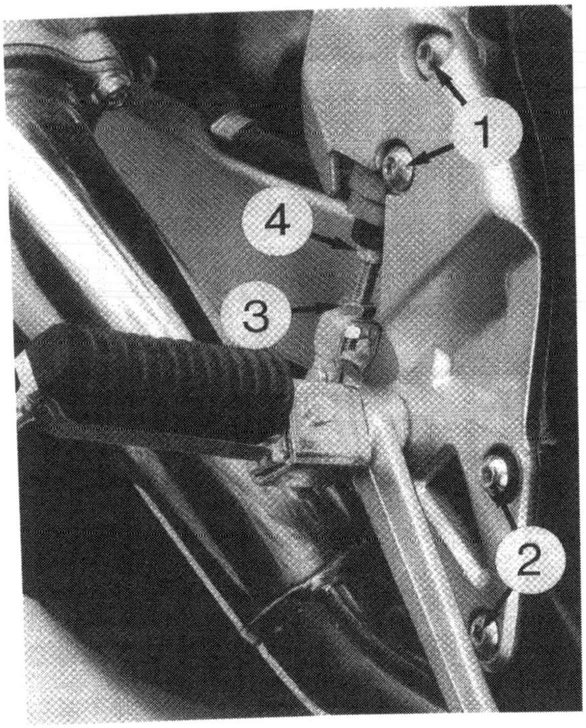

Bild 60 ◄
Bremspedal
1 Befestigungsschrauben
2 Befestigungsschrauben
3 Einsteller
4 Kontermutter

Stellen der Kette prüfen, um Stelle mit straffster Kettenposition zu finden (Kette längt sich meist ungleichmässig). Kette soll soviel Durchhang haben, dass sie an straffster Stelle von Hand 25 - 35 mm (900R: 30 - 40 mm) auf- und abbewegt werden kann (Bild 63).

- Zum Korrigieren des Durchhangs Muttern der Bremsmomentstütze lockern (Bild 56).
- Sicherungssplint der Achsmutter ② Bild 64 herausziehen und Achsmutter lockern.
- Gegenmuttern ④ der Einstellmuttern auf beiden Seiten lockern und Einstellschrauben ⑤, bzw. ④ Bild 65 jeweils um gleiche Anzahl von Umdrehungen weiterstellen, bis Kette korrekten Durchhang erreicht.
- Kettendurchhang darf keinesfalls weniger als 10 mm betragen: Gefahr durch stossartige Drücke für Getriebe-Abtriebslager!
- Darauf achten, dass beide Einstellmarkierungen links und rechts auf gleiche Bezugsmarke ① Bild 64 der Schwinge weisen.
- Hinterachsmutter anziehen (100 Nm) und Einstellschrauben leicht anziehen. Einstellschrauben gegenhalten und Gegenmutter anziehen.
- Als letzte Kontrolle Motorrad vom Ständer nehmen und aufsitzen. Auch jetzt darf Kette keinesfalls voll gespannt sein.
- Falls Kette bei korrektem Durchhang mehr als 4 mm vom Kettenblatt abgezogen werden kann (Bild 66), ist Kette übermässig gelängt und muss erneuert werden. O-Ring-Ketten besitzen kein lösbares Kettenschloss, und zum Wechseln muss entweder Schwinge ausgebaut werden oder Kette getrennt werden. Deshalb:
- TIP Alte Kette mit Winkelschleifer auftrennen

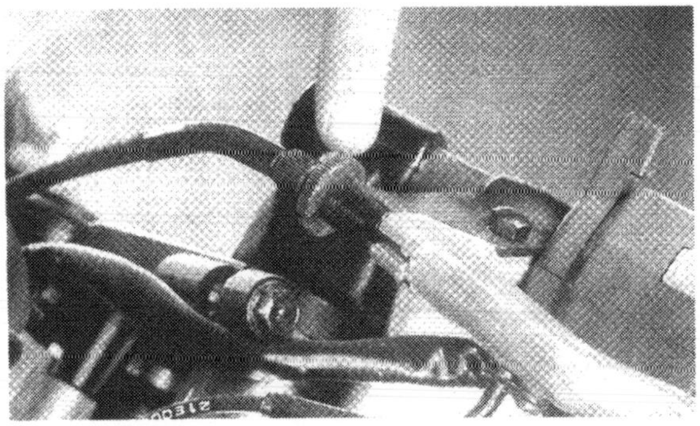

Bild 61
Oberer Kupplungszug-Einsteller

Bild 62
Unterer Kupplungszug-Einsteller

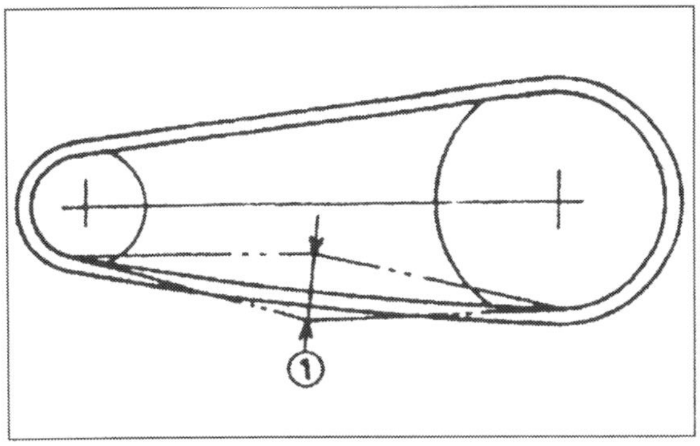

Bild 63
Kettendurchhang an straffster Stelle prüfen
1 25 bis 35 mm
(900R: 30 bis 40 mm)

Bild 64
Antriebskette einstellen
1 Einstell-Markierungen
2 Achsmutter
3 Splint
4 Gegenmutter
5 Einsteller

Bild 65
Antriebskette einstellen (900 R und 600 R ab Bj. '95)
1 Achsmutter
2 Einstellmarkierungen
4 Einstellschraube

und Kette mit EK-Enuma-Schraubschlössern (erhältlich im Fachhandel) vernieten.

● Austauschkette siehe Technische Daten ab Seite 125.

● Gleichzeitig Zähne der Kettenräder auf Abnutzung und Beschädigung untersuchen.

● Falls verschlissen, beide Kettenräder zusammen mit Kette im Satz wechseln (vorderes Kettenrad Kapitel 10.1 Motor / hinteres Kapitel 18.1 Heckpartie).

● ⚠ Niemals neue Kette mit alten Kettenrädern oder umgekehrt kombinieren, da sich Teile gegenseitig extrem schnell verschleissen.

Bild 66
Kette und Kettenräder ab 5 mm Luft im Satz erneuern

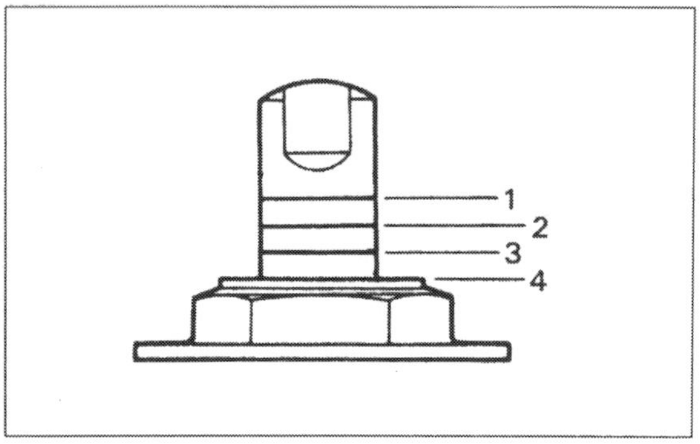

Bild 66 a
Einstellung der Federvorspannung
1 Maximum
4 Minimum

Bild 66 b
Zugstufendämpfung (Ausfederdämpfkraft) einstellen

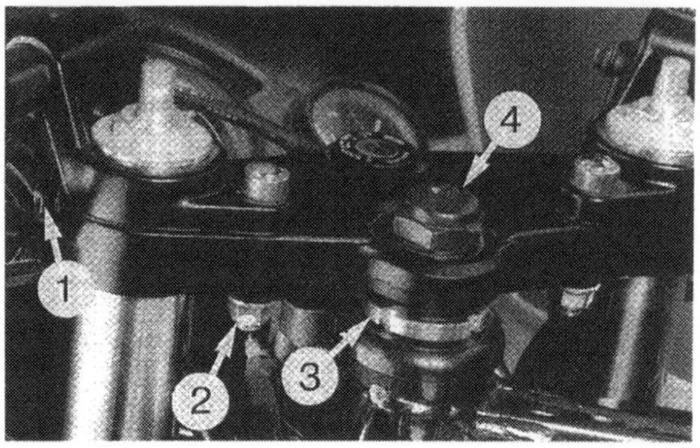

Bild 67
Lenkkopf
1 Obere Gabelklemmschraube
2 Befestigungsschraube der Lenkerhalterung
3 Einstellmutter
4 Lenkschaftmutter

3.14 Federung

Die Öfüllung der Telegabel ist als Dauerfüllung disponiert und wird nur alle 30 000 km bzw. drei Jahre gewechselt (Kapitel 17.3 Frontpartie).

● Wirkung der Telegabel durch mehrmaliges Einfedern prüfen, wobei sich zeigt, ob Tauchrohre etwa durch verspannten Einbau an freier Beweglichkeit gehindert sind.

● Wellendichtringe und Staubkappen der Telegabel dürfen keine Undichtheiten zeigen. Sonst defekte Teile erneuern, wie ab Seite 82 beschrieben.

● Die Gabel bietet die Möglichkeit die Federvorspannung der Belastung und Fahrervorlieben anzupassen (Bild 66 a).

● Die Hinterhand bietet die Möglichkeit die Zugstufe (Ausfederdämpfkraft) der gewählten Federvorspannung anzupassen.

● Dämpfkrafteinsteller befindet sich am unteren Ende des Federbeins (Bild 66 b).

Ausfederdämpfkrafteinstellung (Zugstufe):
Position 1 ist Stellung stärkster Dämpfkraft, Stellung 4 schwächster Dämpfkraft

● Federvorspannung am oberen Ende des Federbeins mit Hakenschlüssel einstellen.

Federvorspannungseinstellungen:
Grösste Vorspannung Stellung 7
Kleinste Vorspannung Stellung 1
Standardeinstellung 4.

● ⚠ Dämpfkraft der Federvorspannung anpassen: Je höher Federvorspannung, desto stärkere Zugstufendämpfung wählen.

3.15 Lenkkopflager

Wenn das Motorrad in langgezogenen Kurven plötzlich nicht mehr den gewohnt sauberen Strich ziehen will, und wenn es beim kurzen Antippen der Vorderradbremse verdächtig im Lenker knackt, dann hat das Lenkkopflager zuviel Spiel.

● TIP Zu lose eingestelltes Lager verursacht Flattern bei höheren Geschwindigkeiten.

● TIP Zu stramm angezogenes Lager verursacht Fahrzeugpendeln bei niedrigen Geschwindigkeiten.

● Zum Prüfen des Lagers:

● Maschine auf Hauptständer so aufbocken, dass Vorderrad freikommt.

● Den Lenker von Anschlag zu Anschlag

schwenken und auf ungleichmässige Bewegung oder Rastung in Lenkbewegung achten. Darauf achten, dass Seilzüge oder Kabelstränge Lenkereinschlag nicht behindern.

- ⊡ Falls sich der Lenker ungleich bewegt, schleift, oder Vertikalspiel aufweist, Lager nachstellen.
- ⚠ Rastet Lenker in Mittelstellung ein → Lenkkopflager defekt, Lager ersetzen (Kapitel 17 Frontpartie).
- ⊡ Falls Lager beim Vor- und Zurückdrücken der Standrohre (Vorderrad frei) knackt (Vertikalspiel), Lager nachstellen.
- Tank abnehmen (Beschädigungsgefahr; Kapitel 3.2).
- Obere Gabelklemmschrauben links und rechts ① Bild 67 lockern und Lenkschaftmutter ④ lockern.
- Sicherungsblechlaschen ②, die in Nuten der Einstellmutter eingreifen, mit passendem Schraubendreher o.ä. aufbiegen und Einstellmutter mit Hakenschlüssel um den Bruchteil einer Umdrehung anziehen (gegebenenfalls lockern), bis kein Spiel mehr spürbar ist, aber Lenkung noch leichtgängig ist.
- Sicherungsblechlaschen wieder in Nuten der Einstellmutter eindrücken.
- Lenkschaftmutter ④ wieder anziehen (80-100 Nm; 600 R: 65 Nm).
- Klemmschrauben der oberen Gabelbrücke wieder anziehen (20 Nm).
- Lenklagerspiel noch einmal kontrollieren, gegebenenfalls erneut nachstellen.

3.16 Batterie

Wie selbstverständlich verfügt die RFR 600/900 über einen E-Starter - Komfort, an den man sich gern gewöhnt. Deshalb muss die Batterie immer optimal in Schuss sein, um auch bei kalter Witterung ausreichend Energie liefern zu können.

- Batterie laden, wenn Spannung unter 12,8 Volt liegt (mit Spannungsmesser prüfen).
- Batterie ② Bild 68 zum Laden ausbauen.
- Tank und Fahrersitz abnehmen.
- ⚠ Zündung ausschalten. **Zuerst Masseleitung abklemmen** (Bild 69) und isolieren.
- Plusleitung abnehmen und Batterie herausnehmen.
- ⚠ Maximaler Ladestrom darf 10% der Ladekapazität nicht überschreiten. Beispiel 12 Ah-Batterie: Ladestrom max. 1,2 Ampere; Ladezeit: 5 - 10 Stunden.
- ⊡ Vor Laden sicherstellen, dass Säurepegel bis über MIN-Markierung reicht. Gegebenenfalls destilliertes Wasser (keine Säure!) nachfüllen.
- ⚠ Beim Laden der Batterie entsteht explosive Gasmischung, die durch Funken entzündet werden kann. Also Funken oder offenes Feuer fernhalten und Raum gut belüften.
- Anschlusspole der Batterie mit Polfett (säurefrei) balsamieren.
- ⚠ Beim Einbau zuerst Plusleitung anschliessen (Bild 70), dann Massekabel.

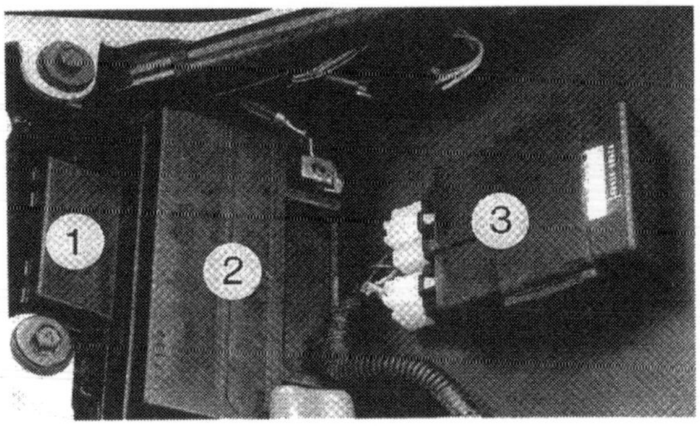

Bild 68
Elektrik
1 Sicherungen
2 Batterie
3 Zündbox

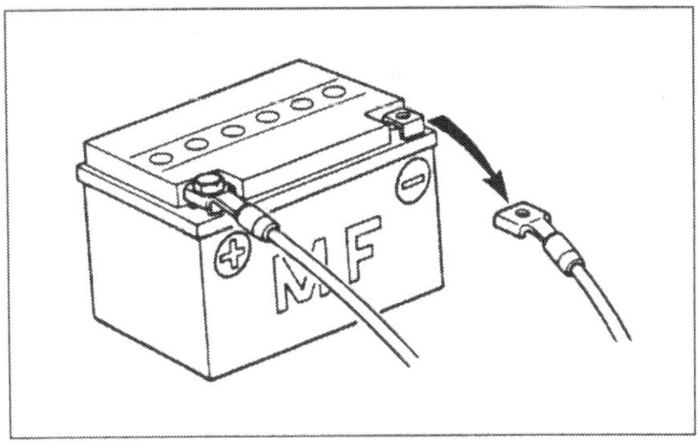

Bild 69
Zuerst Masseleitung abklemmen

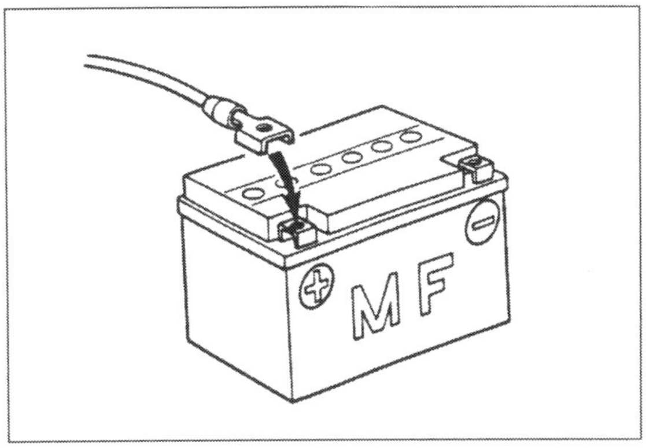

Bild 70
Zuerst Plus-Leitung anschliessen

3.17 Scheinwerfereinstellung

Wesentlicher Sicherheitsfaktor bei Nachtfahrten ist ein korrekt eingestellter Scheinwerfer.

- Einstellung bei korrektem Reifenluftdruck und Federbeineinstellung auf Solobetrieb vornehmen.
- Motorrad auf Rädern stehend und mit Fahrer belastet im Abstand von 5 m (ab Vorderradmitte) vor heller Wand auf ebenem Boden aufstellen.
- Abstand vom Boden bis zur Scheinwerfermitte messen und auf Wand mit Kreuz (Kreide o.ä.)

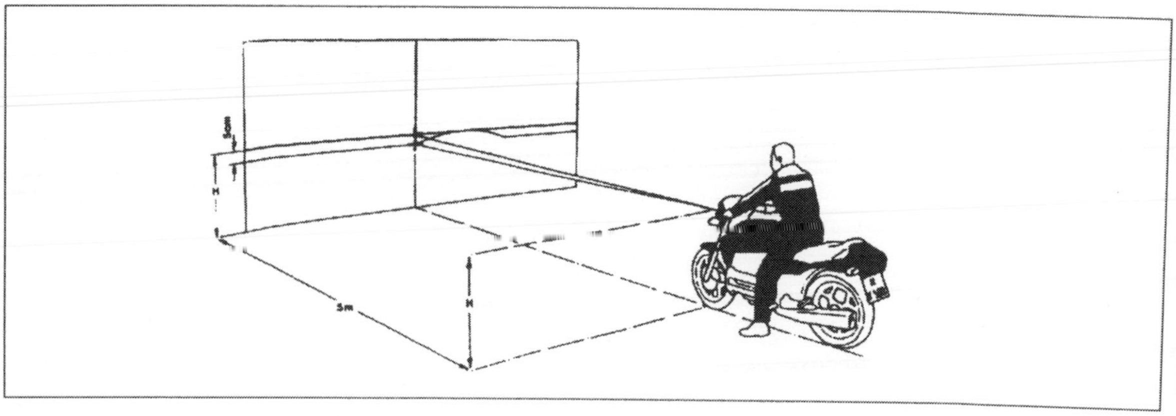

Bild 71
Scheinwerfereinstellung

markieren. 5 cm unter diesem Kreuz zweites Kreuz einzeichnen (Bild 71).

- Rechte Innenverkleidung entfernen.
- Abblendlicht einschalten.
- Hell/Dunkel-Grenze soll in der Mitte des unteren Kreuzes beginnen, bis zur Höhe des oberen Kreuzes nach rechts ansteigen und dann wieder abfallen.
- Seitenverstellung des Scheinwerfers erfolgt durch Ein- oder Ausdrehen der Schraube ③ Bild 72; Höheneinstellung durch Schraube ①.
- Zum **Wechseln der Scheinwerferbirne** Steckkontakt und Gummitülle abziehen.
- Befestigungsfeder der Glühbirnenhalterung ausfedern und Birnchen entnehmen.
- ⚠ Glas der neuen Birne nicht mit Hand berühren, da sonst Lebensdauer und Leuchtkraft negativ beeinflusst werden können. Fingerdapper mit sauberem Putzlappen und Spiritus abwischen.

Bild 72
Scheinwerfereinstellung
1 Höheneinsteller
2 Stecker
3 Seiteneinsteller

Bild 73
Seitenständer-Schalter

- Wiedereinbau in umgekehrter Reihenfolge.
- Auf richtigen Sitz der Gummitülle achten (TOP-Markierung nach oben).

3.18 Seitenständer

- Federn auf Beschädigung und Ermüdung untersuchen. Seitenständer auf Leichtgängigkeit prüfen.

Gelegentlich am Drehzapfen mit Motoröl abschmieren.

- Zapfen des Motorstopschalters (Bild 73) gelegentlich mit Sprayöl (z.B. Castrol 4in1) einnebeln, damit dieser nicht unaufgefordert seiner Arbeit nachgeht.

3.19 Muttern, Schrauben, Befestigungsteile

Im Lauf der Zeit kann es vorkommen, dass sich Muttern oder Schrauben am Motorrad durch feine Vibrationen lösen.

- Deshalb nach jeweils 10 000 Kilometern im Rahmen einer Inspektion alle Fahrgestellmuttern und -schrauben auf vorgeschriebene Anzugsmomente kontrollieren.

3.20 Räder, Reifen

- Reifen dürfen keine Risse oder sonstige Beschädigungen aufweisen. Reifenluftdruck bei kalten Reifen messen, siehe Technische Daten Seite 129.
- Räder auf Schlag prüfen (Kapitel 17 und 18 Front- und Heckpartie).

Baugruppen

Demontage

Wie in Kapitel 3 gesehen, lassen sich alle routinemässigen Wartungsarbeiten bei eingebautem Motor erledigen. Lediglich Arbeiten an Kurbelwelle, Pleuel und Getriebe machen eine Motordemontage erforderlich. Falls keine Motorhaltevorrichtung vorhanden ist und eine Totaldemontage ansteht, empfiehlt es sich, vor Motorausbau die Baugruppen Starter, Generator, Zylinderkopf, Kolben und Zylinder sowie Kupplung zu demontieren. Das senkt das Gewicht des Rumpfmotors und macht einen Helfer beim Herausheben des Motors zwar nicht überflüssig, aber er ist nicht mehr unabdingbar.
Bei der Auflistung der Arbeitsgänge wird von einer Totaldemontage ausgegangen. Deshalb bei Kupplungstrouble getrost Arbeitsgang «Vergaserdemontage» auslassen.

Prüfen und Vermessen

Die ganze Arbeit des Zerlegens nützt wenig, wenn die Teile nur nach augenscheinlicher Begutachtung wieder zusammengebaut werden.
Leider aber stösst der Privatmann beim Vermessen schnell an seine Grenzen, denn mit dem Mess-Schieber allein ist es nicht getan.
Nicht viele haben ihre private Werkstatt mit Messuhr, Messdornen oder Mikrometern in verschiedenen Weiten ausgerüstet, und es muss jeder für sich entscheiden, ob sich die Anschaffung dieser teuren Geräte lohnt.
Mit richtigem Messen allein ist es auch nicht getan, wenn der Verschleiss noch in der Toleranz liegt, aber andere, nicht messbare Verschleisserscheinungen oder Beschädigungen vorliegen. Deshalb vertraut der Unerfahrene diese wichtige Arbeit der Werkstatt an.

Montage

Nun liegt der Single also mit seinen Einzelteilen in Kisten, Kästen und Schubladen verpackt in der Werkstatt und wartet auf die Wiedererstehung.
Liegt das passende Werkzeug bereit? Sind die benötigten Ersatz- und Verschleissteile vollzählig besorgt? Sind alle Teile korrekt vermessen und auf Verschleiss geprüft worden?
Solange das Motorrad noch zerlegt herumliegt, sollte man sich nochmal ins Gewissen reden, denn jetzt lassen sich die Teile am einfachsten auswechseln. Also alles noch kritischer als sonst begutachten!
Wenn zum Beispiel ein Getriebezahnrad leichte Pitting-Bildung an den Zahnflanken aufweist, würde es bestimmt nochmal 10 000 Kilometer schadlos seine Arbeit verrichten. Aber dann zerbröselt es garantiert während der Urlaubsfahrt in Spanien. Ein neues Zahnrad kostet nicht die Welt, teuer wird erst der Einbau.
Wenn wirklich alles bereit liegt, kann die Schrauberei beginnen, damit Stunden später ein neuwertiges Motorrad aus der Werkstatt rollt.

4 Vergaser

Bild 74
Chokezug-Befestigung

Bild 75
Schwimmerkammer
1 Befestigungsschrauben
2 Leerlaufgemisch-Einstell-schraube
3 Abgleichschraube
4 Schwimmergestell
5 Düsenstock-Befestigungs-schraube

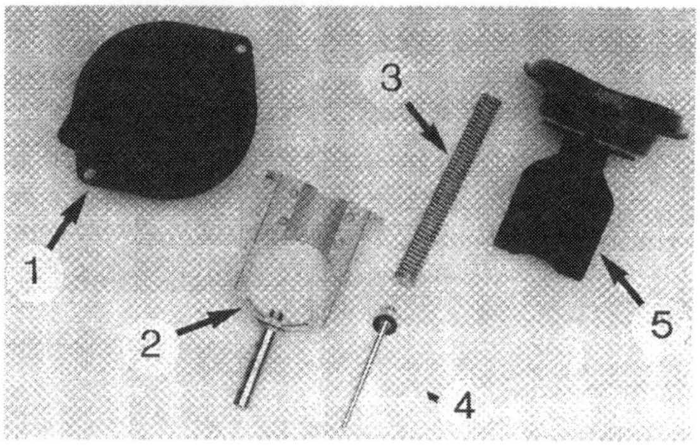

Bild 76
Vergasereinzelteile
1 Unterdruck-Deckel
2 Nadelventil mit Kolbenführung
3 Feder
4 Düsennadel
5 Membrankolben

Bild 77
Chokekolben ausdrehen

4.1 Demontage

Kontrolle des Kraftstoffpegels (Schwimmerstand) erfolgt bei montierten Vergasern. Siehe Kapitel 4.2.

- Tank und Luftfiltergehäuse abbauen (Kapitel 3.2 und 3.4).
- Geeignetes Auffanggefäss unter Ablassschläuche der Schwimmerkammer stellen und Kraftstoff aus Schwimmerkammer nach Aufdrehen der Ablass-Schrauben ㉓ Bild 88 ablassen.
- Kraftstoffschlauch abnehmen.
- Befestigungsschraube (Bild 74) ausdrehen und Chokeseilzug aus Widerlager lösen und Seilzugnippel lösen.
- Gasseilzug-Einsteller (am Lenker und an Vergasern) auf grösstmögliches Spiel einstellen und Gasseilzug an Vergaser aus Widerlager nehmen.
- Schlauchbänder der Ansaugstutzen (zwischen Zylinderkopf und Vergasern) lockern. Vergaser nach oben herausziehen.
- Seilzugnippel des Gasseilzug aus Aufnahme herausfummeln.

TIP Falls Vergaser getrennt werden sollen:

- Chokebetätigung-Welle ㉝ Bild 88, obere- und ㉛ untere ㉜ Vergaser-Haltewelle ausbauen.
- Vergaser können zerlegt werden ohne sie trennen.
- Jeweils zwei Schrauben ① Bild 75 von unten herausdrehen und Schwimmerkammerdeckel abnehmen.
- Schwimmergestell ④ Bild 75 mit Ventilkegel und Schwimmer von Hand entnehmen.
- Entweder Düsenstock komplett nach Ausdrehen der Befestigungsschraube ⑤ Bild 75 abnehmen oder Düsen einzeln entnehmen.
- Je zwei Kreuzschlitzschrauben aus oberen Deckeln ausdrehen. Feder und Membrankolben entnehmen. Auf Verbleib des kleinen O-Rings achten (Bild 76). Düsennadel mit Scheibe aus Kolben herausschütteln.
- Kolbenführung und Nadeldüse/Mischrohr nach oben aus Vergasergehäuse von Hand ausdrücken.
- Chokekolben nach Ausdrehen der Überwurfmutter entnehmen (Bild 77).

● Leerlaufgemisch-Einstellschraube vorsichtig bis zum **leichten** Aufsitzen eindrehen. Dabei Umdrehungen mitzählen und notieren (z.B. 2 1/2). Schraube nicht gegen Sitz anziehen (Beschädigungsgefahr). Schraube anschliessend herausdrehen.
● Stecker der Kraftstoffpumpe abnehmen. Schläuche ② und ③ Bild 78 abnehmen (Lappen für eventuell austretendes Leckbenzin bereithalten), Befestigungsschrauben ① ausdrehen und Kraftstoffpumpe abnehmen. Pumpe nicht weiter zerlegen, sie ist nur komplett erhältlich.

Bild 78
Kraftstoffpumpe
1 Befestigungsschrauben
2 zum Vergaser
3 vom Tank

4.2 Prüfen und Vermessen

● Unterdruckkolben und Gleitbahn im Vergasergehäuse dürfen keine Riefen, Kratzer oder sonstige Beschädigungen aufweisen. Schieber muss im Vergasergehäuse ungehindert und satt auf- und abgleiten können - ohne übermässiges Spiel. Falls schwergängig: erneuern. Aufwerfungen vorsichtig mit feinem Schmirgelleinen (600er oder 800er) glattbügeln.
● Düsennadel auf Verschleiss untersuchen, sie darf keine Verbiegung, Anlaufstellen (Fingernagelprobe) oder sonstige Beschädigungen aufweisen. Entsprechend darf Nadeldüse keine Anlaufstellen aufweisen. Gegebenenfalls Düsennadel und Nadeldüse im Satz erneuern.
● Membran darf keine porösen Stellen oder Risse haben (gegen starke Lichtquelle halten). Falls defekt: austauschen.
● Alle Düsen mit Druckluft durchblasen, keinesfalls mit Nadel oder Draht reinigen! Filtersieb am Schwimmerventil nicht mit Druckluft ausblasen, sondern mit weichem Pinsel auswaschen.
● Schwimmerventil-Kegel darf keine Riefen oder Kerben haben (Bild 79).
● Schwimmer auf Verformungen oder auf Kraftstoff im Inneren untersuchen.
● Leerlaufgemisch-Regulierschraube auf Verschleiss oder Beschädigungen untersuchen.
● **Schwimmerhöhe messen:**
● Mit Schublehre Höhe «A» Bild 80 messen, wenn Schwimmerarm Nadelventil berührt.
«A» : 5,9 - 7,9 mm; gegebenenfalls Schwimmerzunge ② Bild 81 vorsichtig nachbiegen.
● **Vergaser-Heizelement prüfen** (ab Baujahr 1995):
● Stecker abziehen und mit Taschenprüfer Widerstand messen (Bild 82): Standardwert 12–18 Ohm.
● Eine 12-V-Batterie an Heizelemente anschliessen: Nach fünf Minuten muss sich Schwimmerkammer erwärmt haben, ansonsten Heizelement austauschen.

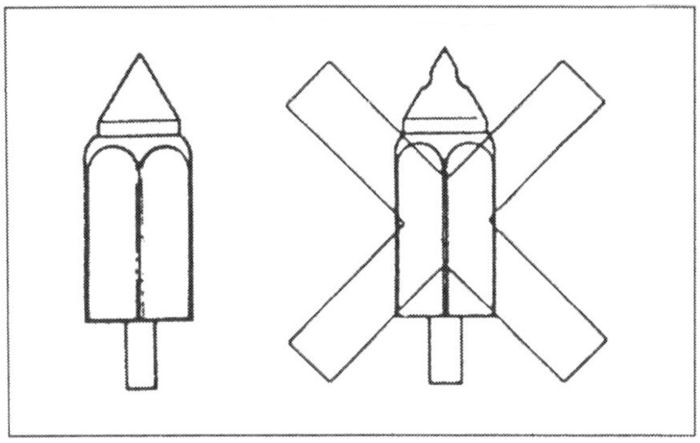
Bild 79
Schwimmerventil-Kegel darf keine Riefen oder Kerben aufweisen

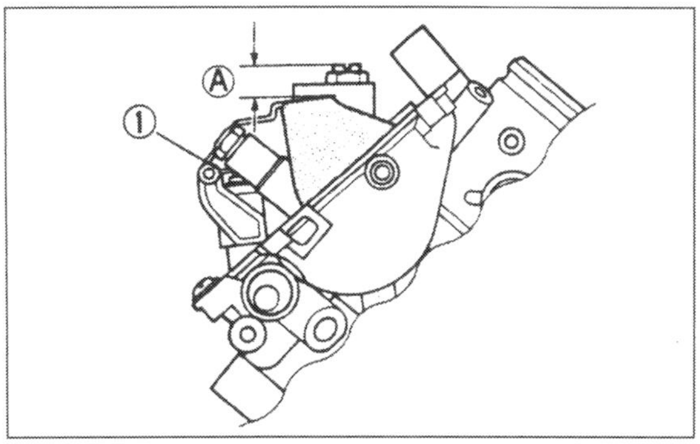

Bild 80
Schwimmerhöhe messen
A 5,9 - 7,9 mm

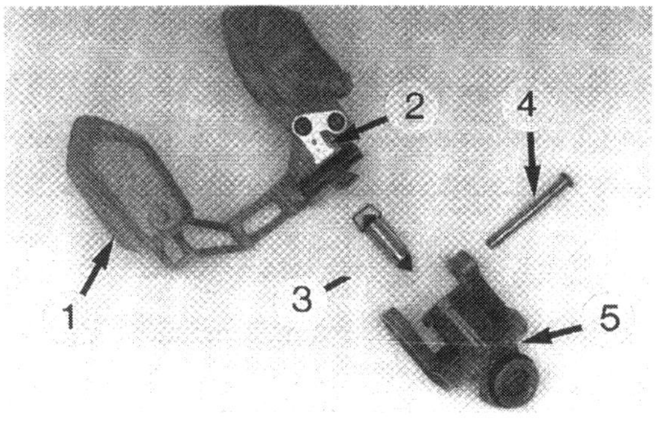

Bild 81
Schwimmer-Einzelteile
1 Schwimmer
2 Zunge
3 Ventilkegel
4 Achse
5 Schwimmergestell

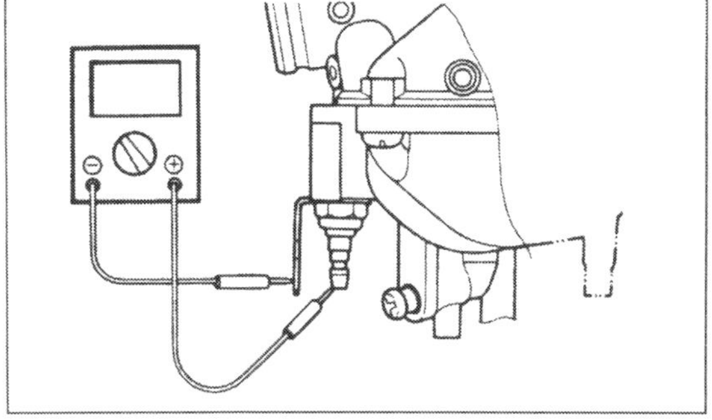
Bild 82
Widerstand messen

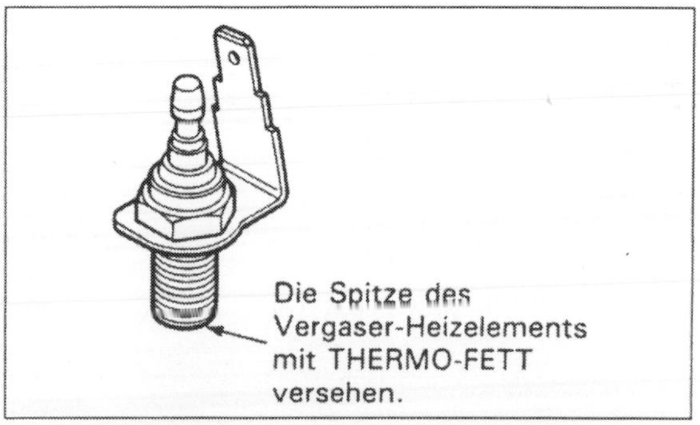

Bild 83
Thermofett auf Gewinde auftragen

Bild 84
Einbaulage Thermoschalter

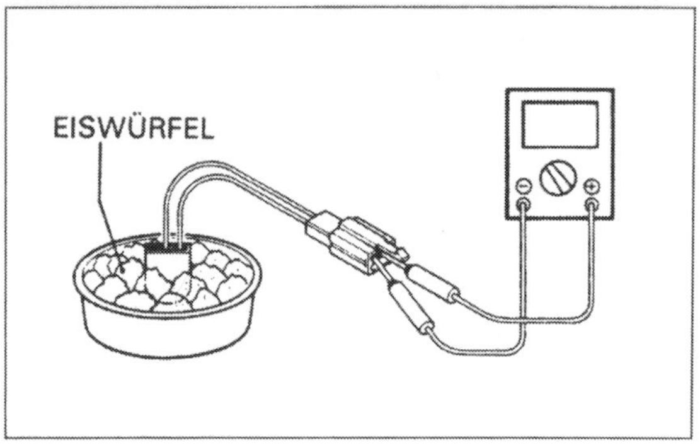

Bild 85
Thermoschalter prüfen

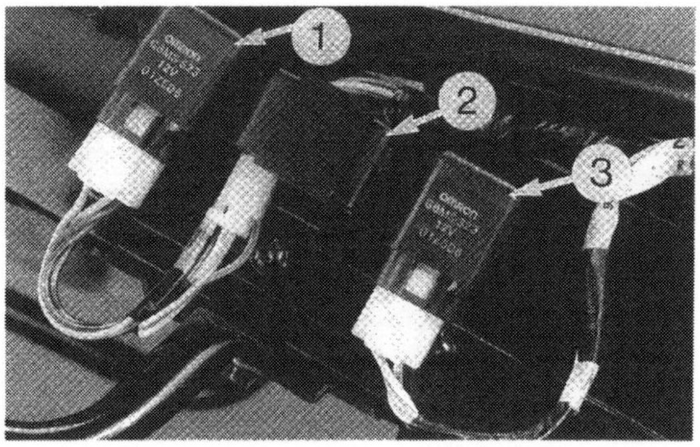

Bild 86
Relais-Einbaulage
1 Seitenständer-Relais
2 Blinkgeber
3 Relais des Heizelements

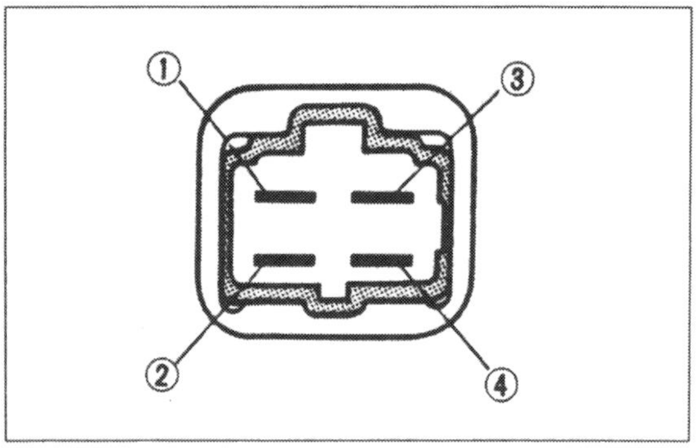

Bild 87
Relais prüfen
1 Pol 1
2 Pol 2
3 Pol 3
4 Pol 4

● ⚠ Heizelement wird sehr heiss, nicht mit Hand berühren!

● TIP Vor Einbau des Heizelements Thermofett auf Gewinde auftragen (Bild 83). Anzugsmoment: 3 Nm.

● **Thermoschalter prüfen:**

● Stecker von Thermoschalter (sitzt vor Sicherungskasten, Bild 84) abziehen und Schalter ausbauen.

● Thermoschalter in mit Eiswürfeln gefülltes Gefäss legen. Nach einigen Minuten Schalter mit Taschenprüfer auf Durchgang zwischen den Anschlüssen prüfen (Bild 85). Falls kein Durchgang vorhanden, Schalter auswechseln.

● **Relais des Vergaser-Heizelements prüfen:**

● Stecker abziehen und Relais ③ Bild 86 ausbauen.

● Isolierung zwischen den Polen 1 und 2 prüfen (Bild 87). 12-V-Batterie an Pole 3 (positiv) und 4 (negativ) anschliessen und Durchgang zwischen Pol 1 und 2 prüfen. Falls kein Durchgang vorhanden, Relais austauschen.

● **Kraftstoffpumpe prüfen:**

● Stromkreislauf siehe Bild 87 c.

● Widerstand zwischen Anschlüssen prüfen, siehe Bilder 87 a und b.

4.3 Montage - Bild 88

● Vor Einbau der Düsen und Ventile sämtliche Durchlässe und Bohrungen mit Druckluft freiblasen.

● Chokekolben nicht zu fest in Gehäuse eindrehen.

● Nadeldüse mit Kolbenführung ② Bild 76 von oben einsetzen und mit Düsenstock und Befestigungsschraube ⑤ Bild 75 festlegen.

● Haupt- und Leerlaufdüse eindrehen.

● Schwimmerventilsitz mit einwandfreiem O-Ring befestigen.

● Schwimmergehäusedeckel mit neuem geöltem Dichtring, der sauber in Nut sitzt, versehen und von unten mit zwei Schrauben befestigen.

● Grundeinstellung der Leerlaufgemisch-Einstellschraube ② Bild 75: Schraube bis zum lockeren Aufsitzen eindrehen. (Nicht gegen Sitz anziehen! Schraube wird beschädigt!) Dann 1 1/8 Umdrehungen herausdrehen.

● Düsennadel ④ Bild 76 so in Membrankolben ⑤ einsetzen, dass Nase an Kunststoffbuchse in Bohrung am Kolbenboden eingreift. Es folgen übrige Einzelteile Bild 76. Membrankolben so einsetzen, dass Membran sauber in Nut des Vergasergehäuses sitzt. Deckel mit Feder montieren.

(−)-Pol des Prüfers an:	(+)-Pol des Prüfers an: O/W	B/Y	Y/G	B/W
O/W		∞	∞	∞
B/Y	∞		∞	∞
Y/G	∞	45–55		10–12
B/W	∞	31–37	10–12	

(Ca. kΩ)

Bild 87 a
Prüfschema Kraftstoffpumpe
O/W: Orange mit weissem Faden
B/Y: Schwarz mit gelbem Faden
Y/G: Gelb mit grünem Faden
B/W: Schwarz mit weissem Faden
∞: unendlich

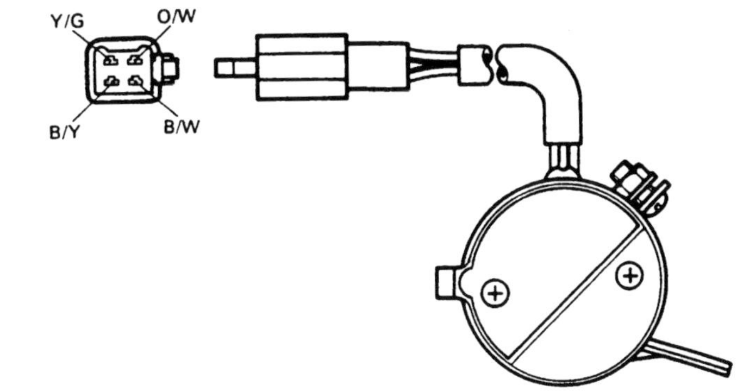

Bild 87 b
Kraftstoffpumpenstecker mit Kabelfarben
Y/G: Gelb mit grünem Faden
O/W: Orange mit weissem Faden
B/Y: Schwarz mit gelbem Faden
B/W: Schwarz mit weissem Faden

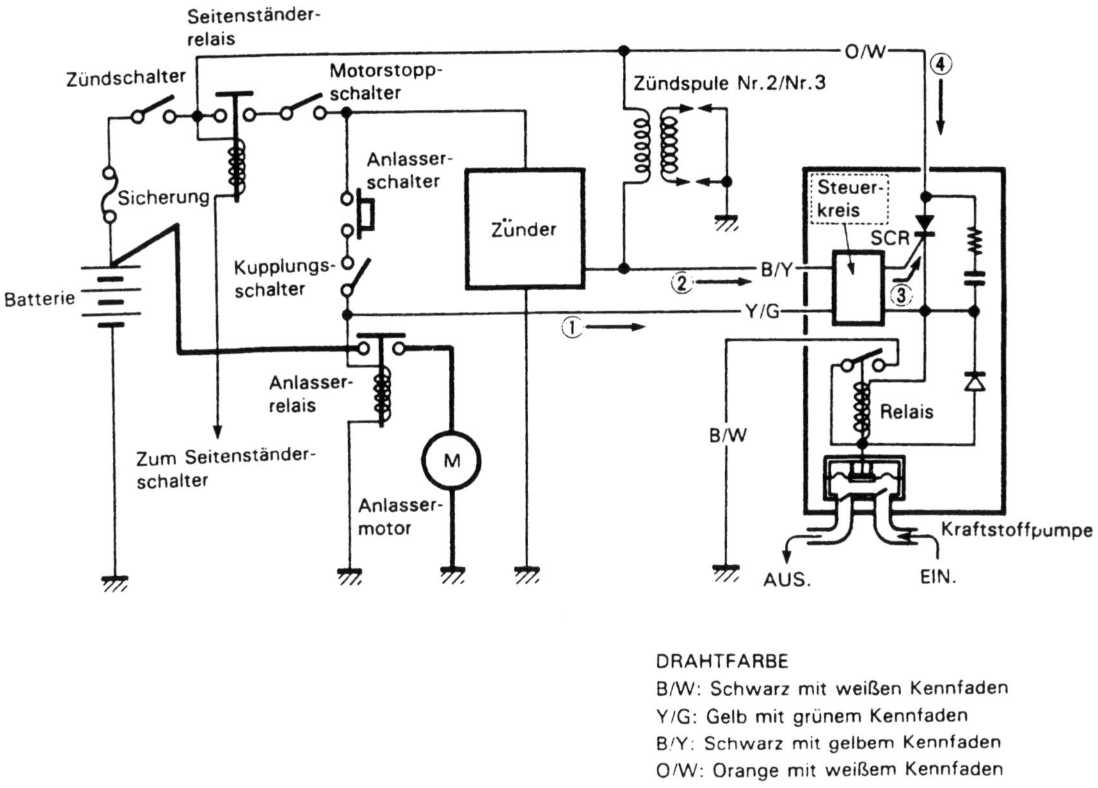

Bild 87 c
Kraftstoffpumpenschaltkreis

- Vergaserbatterie wieder anbringen.
- TIP Falls Vergaser getrennt waren: Vergaser auf ebener Unterlage ausrichten, obere und untere Haltewelle und Chokebetätigungs-Welle anbringen.
- Luftfiltergehäuse und Schläuche wieder anbringen.
- Leerlauf-, Abgleich- und Seilzugeinstellung siehe Kapitel 3.9.

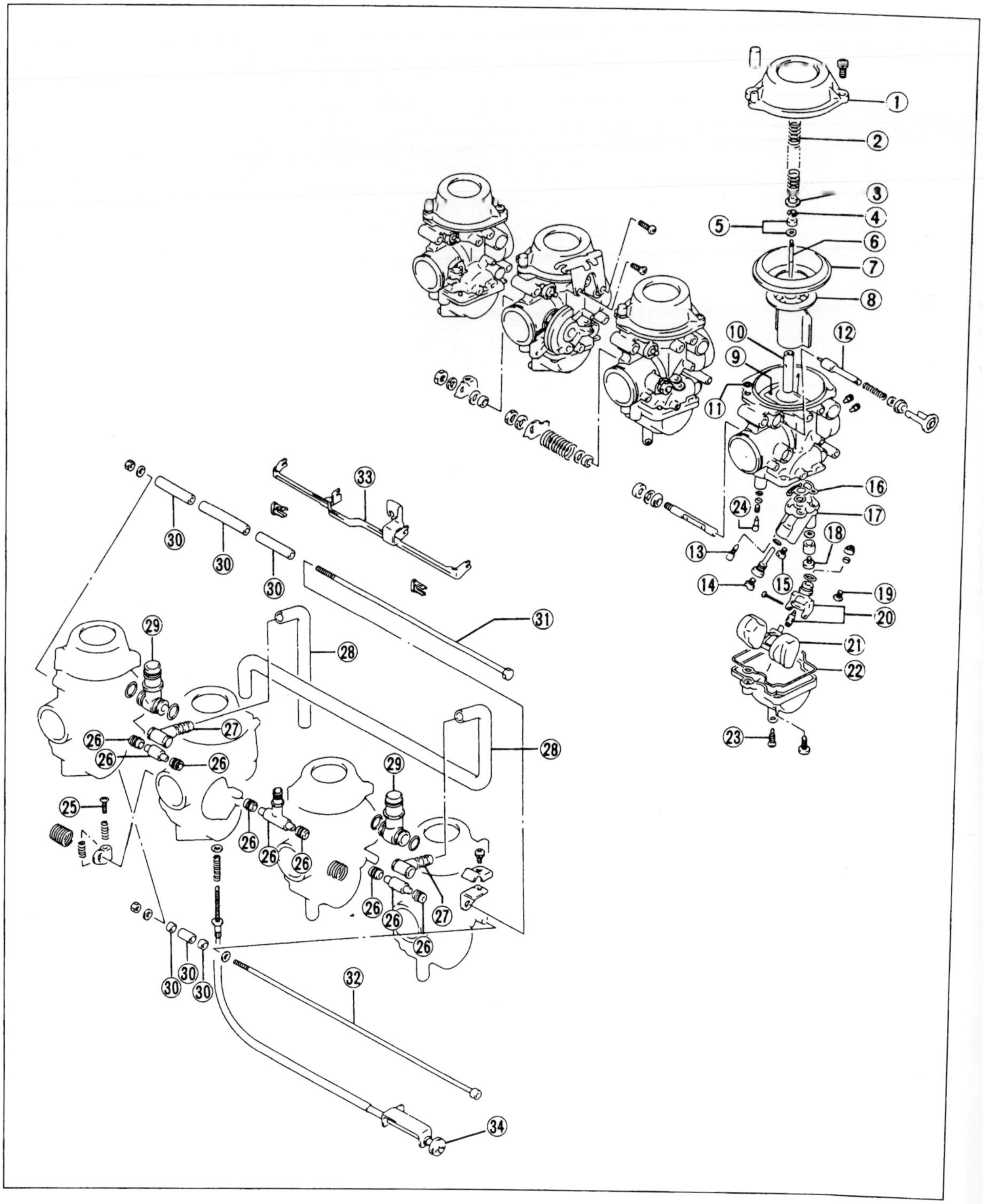

Bild 88
Vergasereinzelteile
1 Unterdruckdeckel
2 Feder
3 Federsitz
4 E-Ring
5 Beilagscheibe
6 Düsennadel
7 Membran
8 Kolbenventil
9 Ventilführung
10 Düsenträger
11 O-Ring
12 Starterkolben
13 Leerlaufdüse
14 Hauptdüse
15 Starterdüse
16 Dichtung
17 Mischkammer
18 Düsenträger-Halteschraube
19 Nadelventil-Halteschraube
20 Nadelventil
21 Schwimmer
22 Dichtung
23 Ablassschraube
24 Leerlaufschraube
25 Abgleichschraube
26 Nippel Kraftstoffschlauch
27 Nippel Entlüftungsschlauch
28 Entlüftungsschlauch
29 Nippel Unterdruckkammer-schlauch
30 Distanzstück
31 Obere Vergaserwelle
32 Untere Vergaserwelle
33 Chokehebel
34 Leerlaufdrehzahl-Einsteller

5 Starter

5.1 Demontage

Der Starter kann bei eingebautem Motor ausgebaut werden.

- ⚠ Bei ausgeschalteter Zündung zuerst negatives Kabel der Batterie abklemmen, bevor Arbeiten am Starter vorgenommen werden.
- Plus-Kabel ① Bild 89 von Starter trennen, zwei Befestigungsschrauben ② herausdrehen

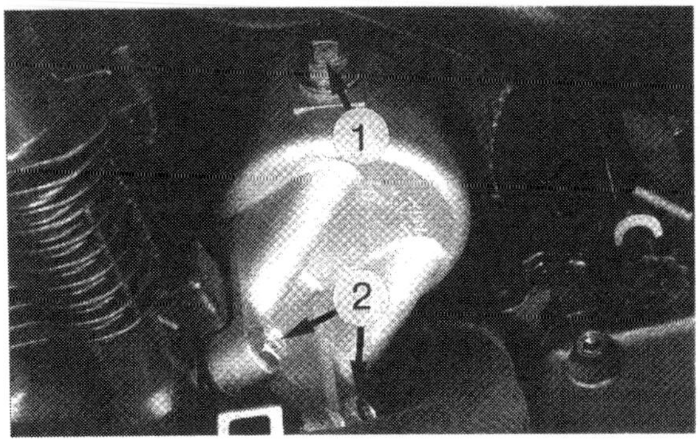

Bild 89
Starter
1 Plus-Kabel
2 Befestigungsschrauben

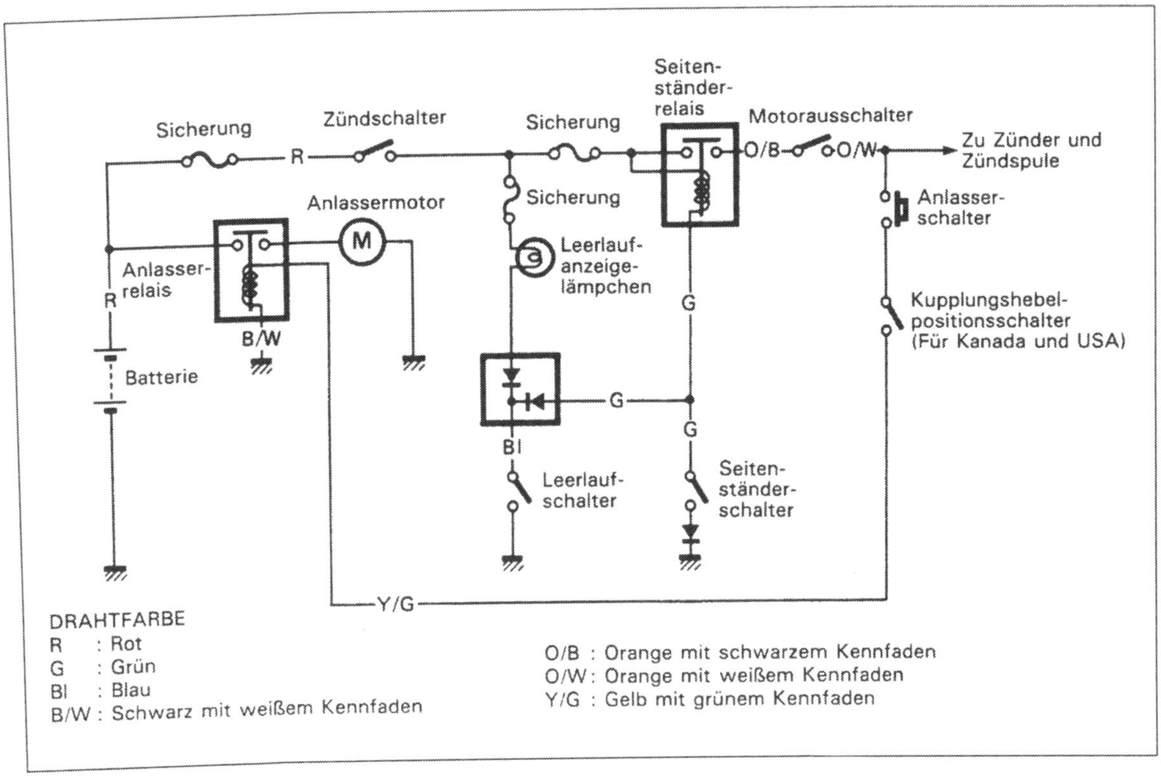

Bild 90
Startersystem

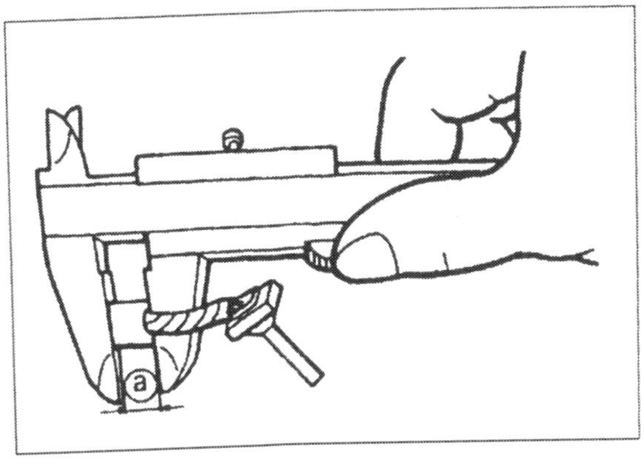

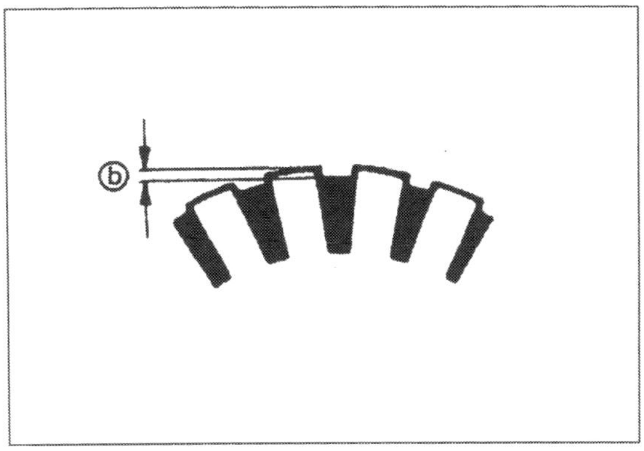

Bild 91 ◄
Bürstenlänge messen
a = Minimum 5,0 mm

Bild 92
Glimmerunterschneidung
b = 0,8 mm

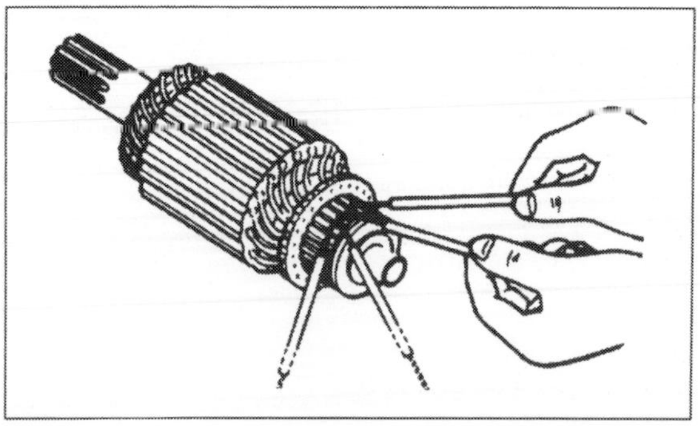

Bild 93
Kollektorlamellen prüfen

Bild 94 ►
Einbaulage Starterrelais

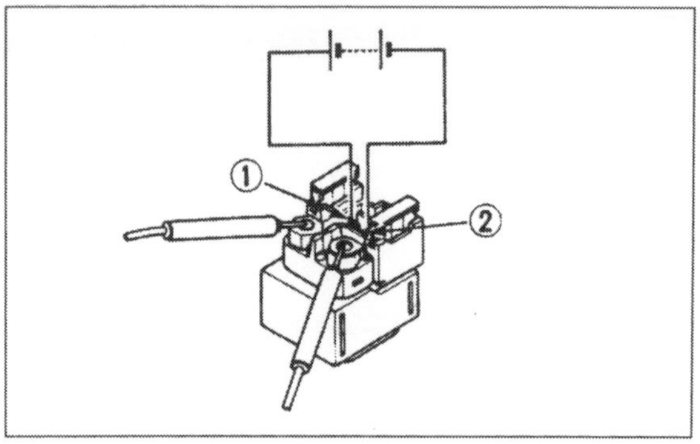

Bild 95
Auf Durchgang prüfen

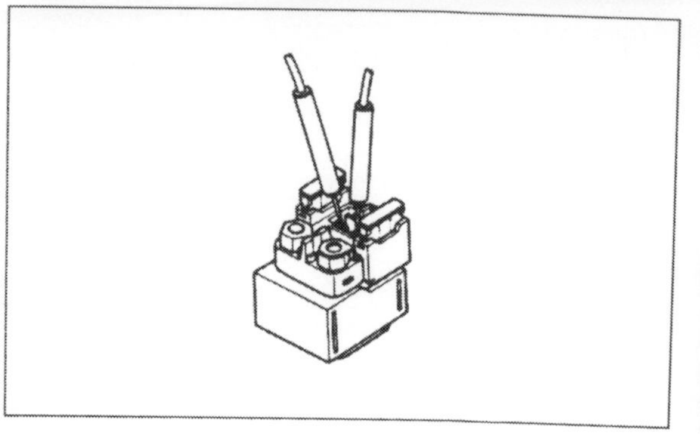

Bild 96 ►
Spulenwiderstand messen

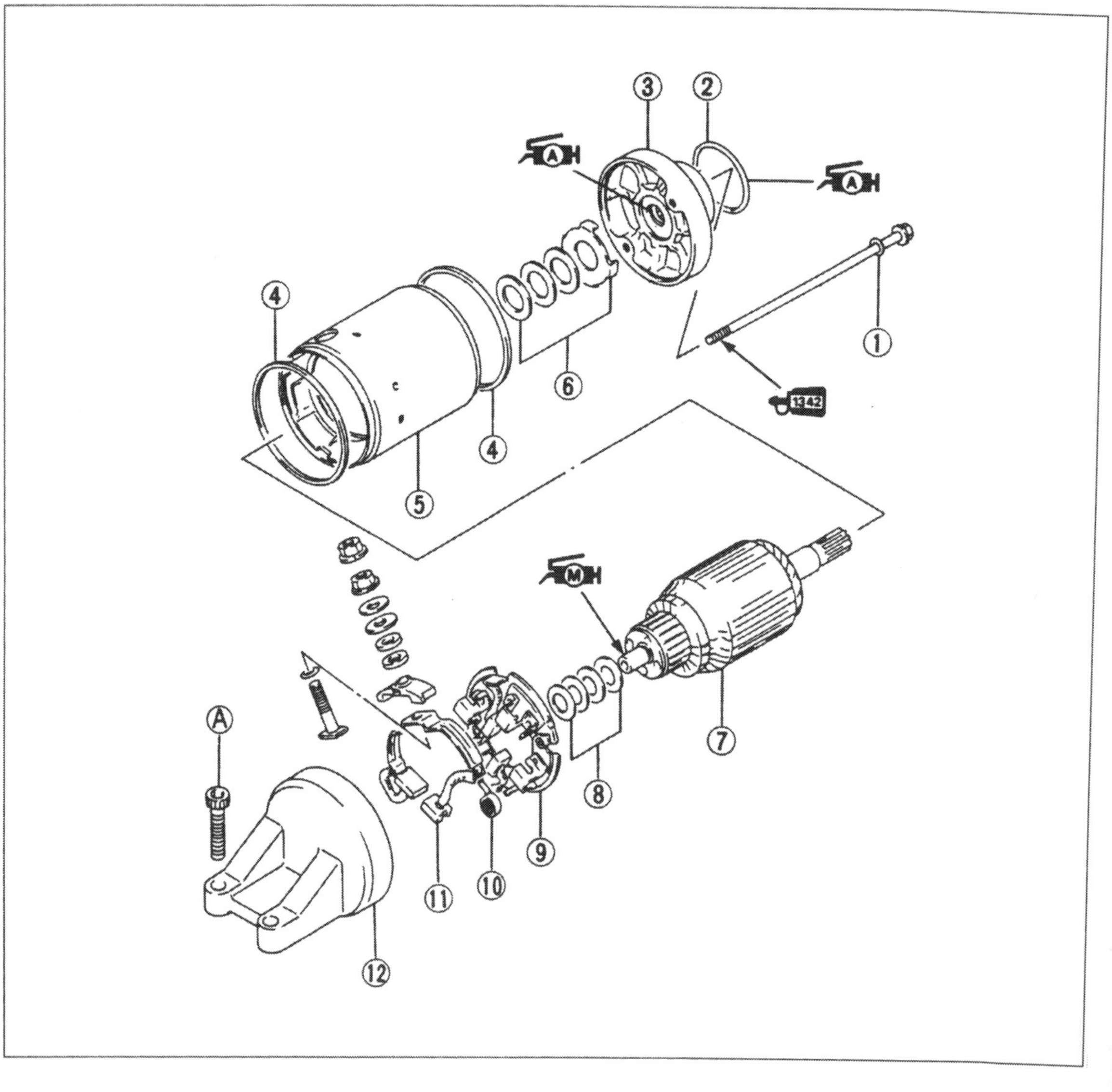

Bild 97
Starter
1 O-Ring (2 Stück)
2 O-Ring
3 Deckel (innen)
4 O-Ring (2 Stück)
5 Gehäuse
6 Beilagscheiben
7 Anker
8 Beilagscheiben
9 Bürstenhalter
10 Bürste
12 Deckel (aussen)
A 6 Nm

und Starter unter Ruckeln nach links herausnehmen.

● Zwei Gehäuseschrauben ausdrehen, Rück- und Frontdeckel abnehmen. Anker herausführen.

● ⚠ Anzahl und Lage der Beilagscheiben notieren.

● Demontage des Starterzwischenrads und des Starterfreilaufs sind in Kapitel 13 Kurbelwelle und Starterfreilauf beschrieben.

5.2 Prüfen und Vermessen

● Prinzipdarstellung des Startsystems siehe Bild 90.

● Profil- und O-Ringe auf Beschädigung überprüfen.

● Bürstenlänge messen, Verschleissgrenze 5 mm (Bild 91).

● Spalttiefe zwischen einzelnen Kollektorlamellen (Glimmerunterschneidung) muss mindestens 0,8 mm betragen (Bild 92). Gegebenenfalls mit Metallsägenblatt tiefer bringen. Anschliessend mit 600er Schmirgelleinen abziehen.

● Es darf kein Stromdurchgang zwischen Kabelanschluss und Gehäuse bestehen. Stromdurchgang zur Minusbürste ist normal.

● Stromdurchgang zwischen einzelnen Kollektorlamellen ist normal (Bild 93), bei Stromdurchgang zwischen Kollektorlamelle und Ankerwelle Anker auswechseln.

● Kollektorlamellen dürfen keine Verfärbungen aufweisen; paarweise verfärbt deuten sie auf geerdete Ankerwicklungen hin.

Zur Prüfung des **Startmagnetschalters** (Einbaulage Bild 94) müssen, wie zu allen anderen aussagefähigen Messungen des Elektrik-Systems auch, die Stecker auf Wackelkontakte oder korrodierte Kontaktstifte untersucht werden.

● 12-V-Batterie an Pole ① und ② Bild 95 anschliessen und Durchgang zwischen Plus- und Minuspol prüfen.
Es muss Durchgang bestehen.

● Widerstand der Spule messen (Bild 96): Standardwert 3 - 5 Ohm.

5.3 Montage - Bild 97

● Bürstenhalterplatte ⑨ an Gehäuse anbringen.

● TIP Damit Anker ohne Beschädigung der Kohlebürsten montiert werden kann, Bürstenfedern und Bürsten beim Einführen des Ankers in Führungen eindrücken (geht am besten mit vier Händen).

● Anker in Gehäuse einführen.

● Beilagscheiben in der bei der Demontage gemachten Anzahl montieren, O-Ringe ④ aufsetzen und Gehäusedeckel so anbringen, dass Markierungen fluchten.

● O-Ring geölt in Nut des Frontdeckels einsetzen, Starter in Motor einbauen und anschliessen.

6 Generator

Bild 98
Generator
1 Chokezug-Befestigungsschraube

Bild 99 ►
Generator-Schrauben
1, 2 und 3 für Bürstenhalter
4 Regler
5 Anschlüsse der Statorwicklungen

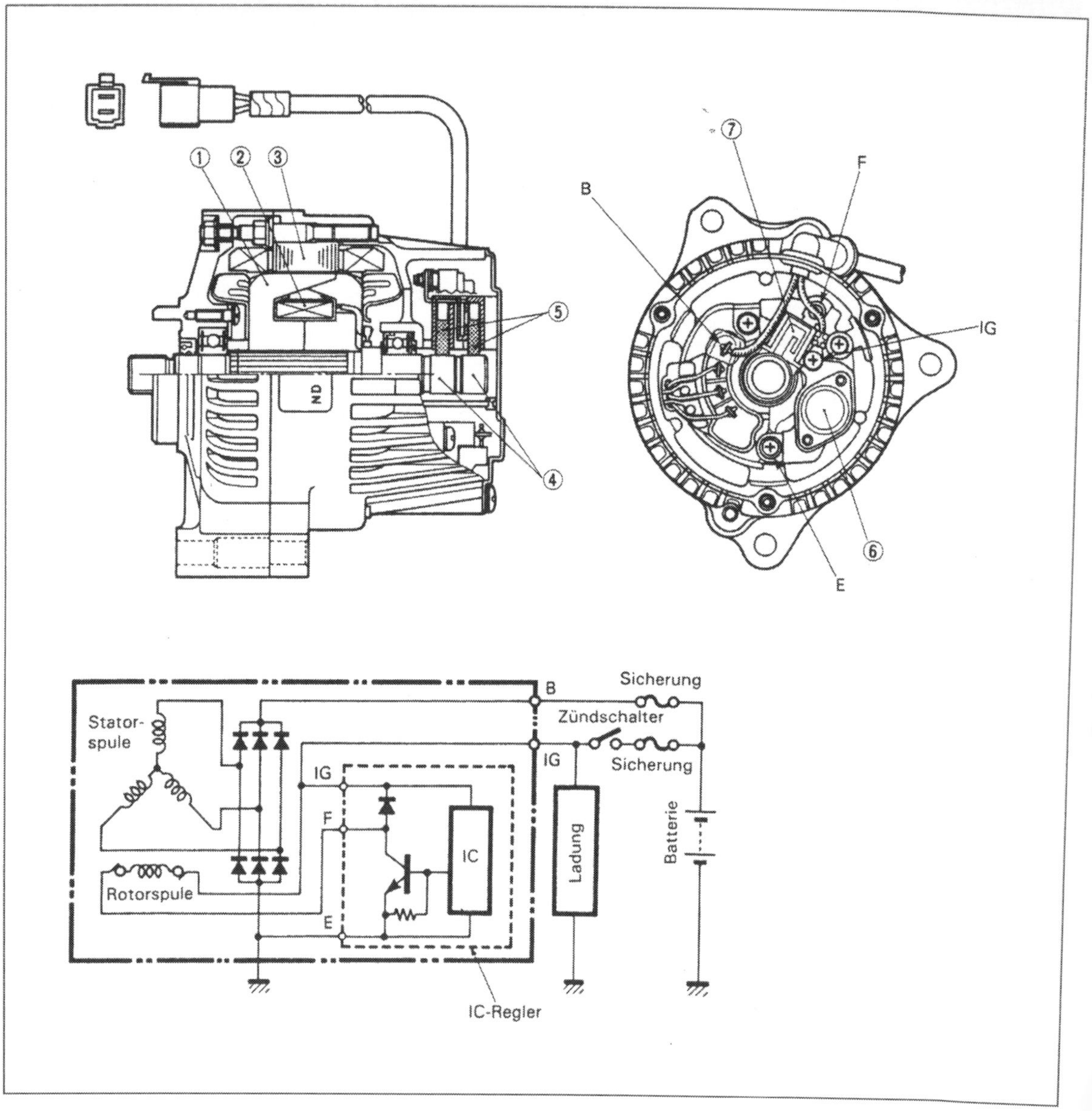

Bild 100
Ladesystem
1 Rotor
2 Rotorspule
3 Statorspule
4 Schleifring
5 Bürste
6 IC-Regler
7 Bürstenhalter
B Batterieanschluss
IG Zündungsanschluss
F Rotorspulenanschluss
E Masse

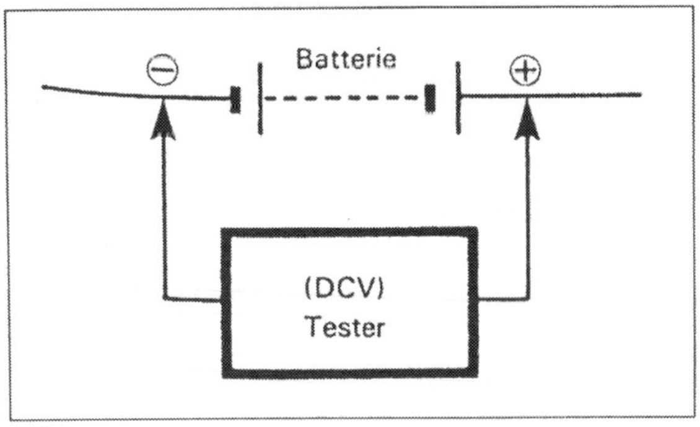

Bild 101 ◄
Generatorstecker trennen

Bild 102
Ladeleistung-Prüfschema

6.1 Demontage

- Generator muss zur Erneuerung von Regler und Kohlebürsten und zur Prüfung der Leistung nicht ausgebaut werden.
- Befestigungsschraube ① Bild 98 ausdrehen und Chokezug-Halterung abnehmen.
- Drei Kreuzschlitzschrauben (Bild 98) ausdrehen und Deckel abnehmen.
- Kohlebürsten nach Ausdrehen der Befesti-

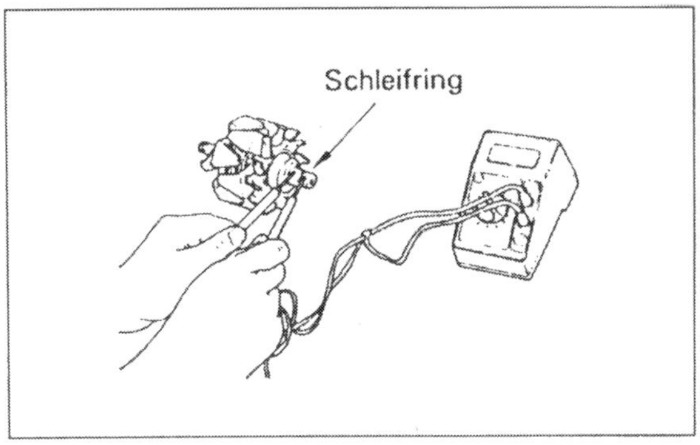

Bild 103
Feldspulen messen

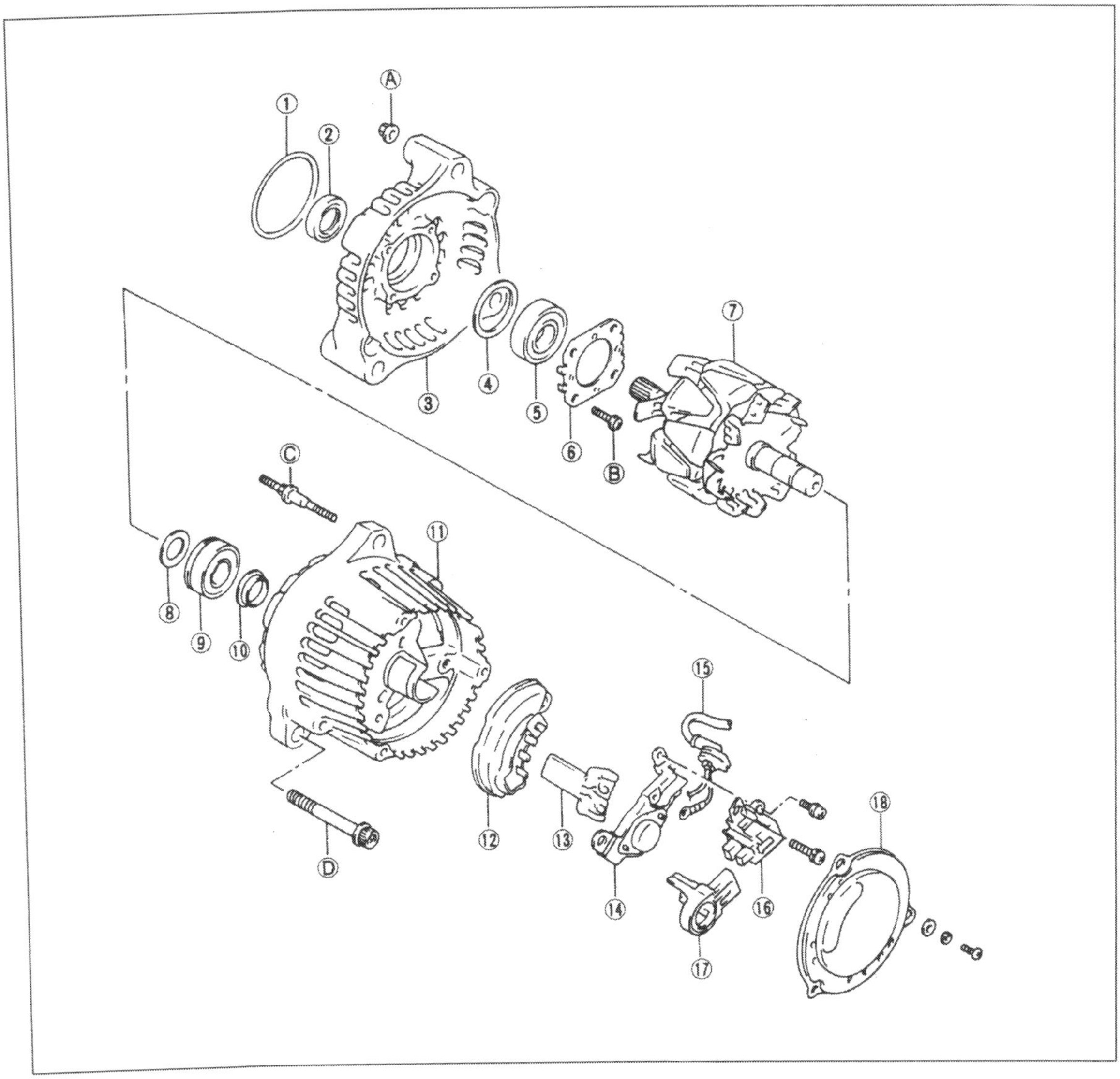

Bild 104
Generator-Bauteile
1 O-Ring
2 Öldichtung
3 Deckel
4 Lagersitz
5 Lager
6 Lagerschild
7 Rotor
8 Scheibe
9 Lager
10 Lagerblech
11 Gehäuse
12 Gleichrichter
13 Abdeckung
14 IC-Regler
15 Kabel
16 Bürstenhalter
17 Abdeckung
18 Deckel
A 3,7 - 5,5 Nm
B 2,2 - 3,3 Nm
C 3,7 - 5,5 Nm
D 21 - 29 Nm

gungsschrauben ①, ② und ③ Bild 99 abnehmen.

● Regler ④ nach Ausdrehen der Befestigungsschrauben abnehmen.

● Generatorstecker trennen und Kabel freilegen (Bild 101).

● Drei Befestigungsschrauben (Pfeile in Bild 98) ausdrehen und Generator abnehmen.

6.2 Prüfen und Vermessen

Vollständiger Stromlaufsplan siehe Seite 133.

● Vor Prüfung des Ladesystems (Bild 100) müssen Stecker auf Wackelkontakte oder korridierte Kontaktstifte untersucht werden.

● Zur **Messung der Regelspannung** muss Batterie in gutem Zustand (Batteriespannung mindestens 12,8 V) und Motor auf Betriebstemperatur sein. Voltmeter an Batterie (positive Messspitze an Pluspol; negative an Minuspol) anschliessen (Bild 102). Drehzahl allmählich erhöhen.

Spannung muss sich bei 5000/min auf 13,5 - 15,3 Volt einregeln.

● Falls sich Regelspannung nicht einstellt und auch Ladespulen in Ordnung sind, Anschlüsse des Reglers ④ Bild 99 kontrollieren. Gegebenenfalls Regler ersetzen.

● Widerstand der Statorspulen-Anschlüsse ⑤ Bild 99 untereinander messen (drei Messungen). Sollwert 0,2 Ω.

● Bürstenlänge muss mindestens 5 mm betragen.

● Aussendurchmesser des Schleifrings muss mindestens 14,0 mm betragen.

● Feldwicklungen des Generators sind in Ordnung, wenn kein Masseanschluss besteht und Stromdurchgang zwischen Schleifflächen besteht (Bild 103).

6.3 Montage (Bild 104)

● Regler und Bürstenhalter anbringen (Bild 99). Deckel aufsetzen und Befestigungsschrauben eindrehen.

● Generator an Motorgehäuse anbringen. Dabei darauf achten, dass Rotor richtig in Antriebswelle eingreift.

● Drei Befestigungsschrauben eindrehen (Bild 98) und Stecker anschliessen.

7 Zündsystem

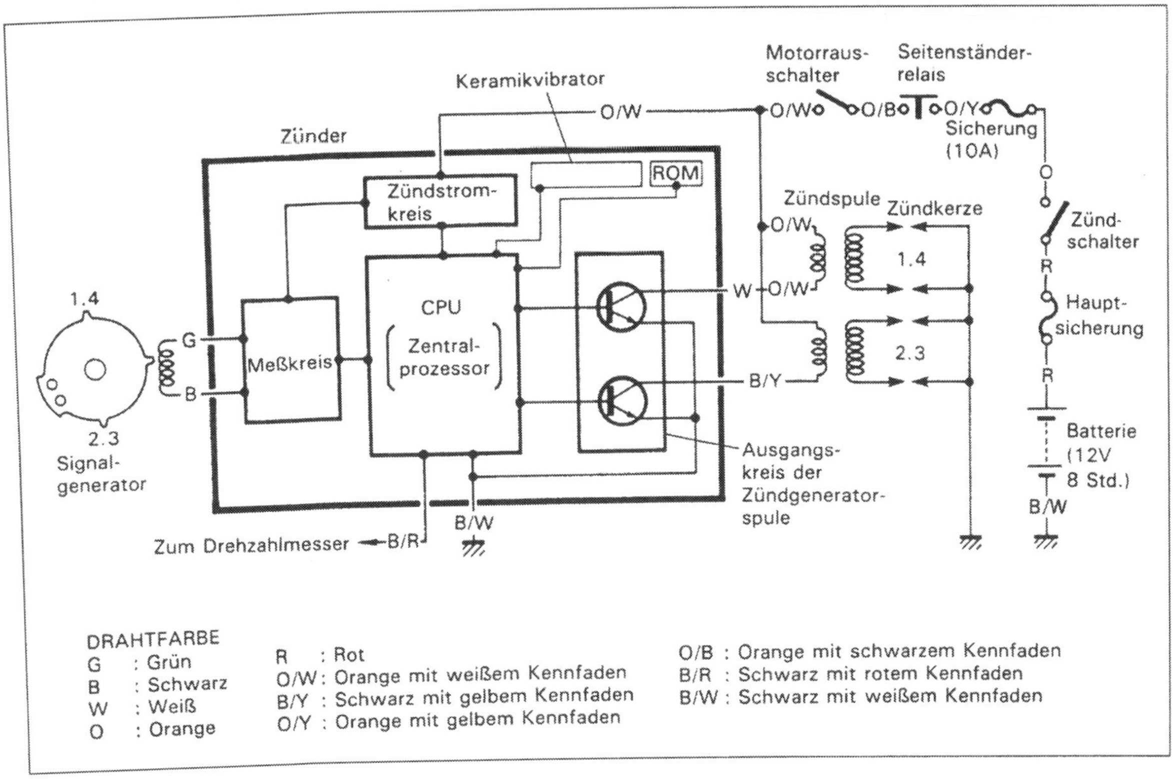

Bild 105
Zündsystem

7.1 Demontage

Das **Zündsystem** ist in Bild 105 gezeigt
- Einbaulage der Zündspulen siehe Bild 106.
- Einbaulage der Zündbox siehe ③ Bild 68.

Bild 106
Einbaulage Zündspulen

7.2 Prüfen und Vermessen

Bei **Prüfung der Zündspule** sind gemessene Widerstandswerte mit Vorsicht zu geniessen, da eine schadhafte Zündspule «im Trockenen» durchaus Sollwerte aufweisen kann, im Betrieb aber durch Erwärmung Zündfunken überall hingeben kann, nur nicht an Zündkerze.

- Zündspule braucht zur Widerstandsmessung nicht ausgebaut zu werden. Widerstand der Primärwicklung zwischen Steckkontakten der Zündspule messen (Bild 107); Sollwert: 2,4 - 3,2 Ω.

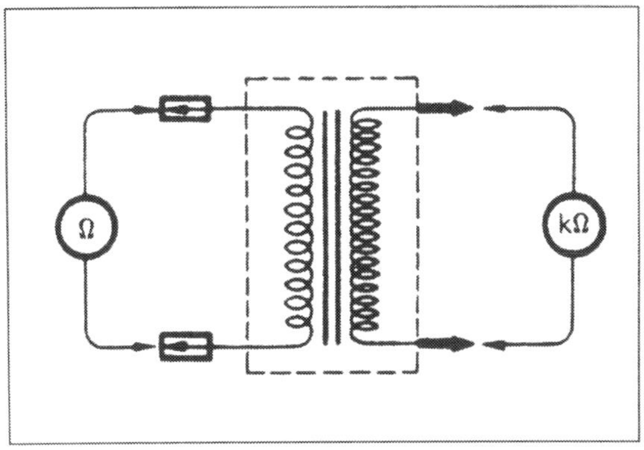

Bild 107
Primärspulenwiderstand zwischen Anschluss-Steckern messen. Sollwert 2,4 - 3,2 Ω

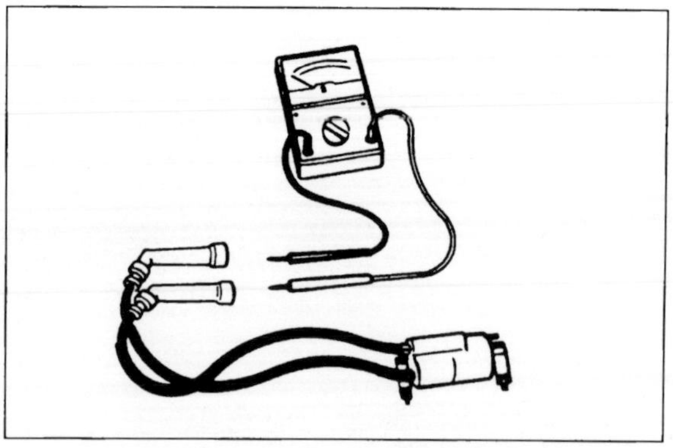

Bild 108
Sekundärspulenwiderstand zwischen Zündkerzensteckern messen. Zündbox Bild 68, Ritzeldeckel ausbauen siehe Motorausbau.

● Widerstand der Sekundärwicklung zwischen Kerzensteckern (Bild 108); Sollwert: 30 - 40 kΩ.

● Zur **Widerstandsmessung der Zündimpulsgeberspulen** (unter Sitzbank) Stecker abziehen. Widerstand zwischen grünem und schwarzem Kabel muss zwischen 135 und 200 Ω liegen.

Hat sich nach oben stehenden Prüfungen und Messungen immer noch kein Zündfunke eingestellt, steht eine Erneuerung der Zündbox an. Wer sicher gehen will, dass auch wirklich nur Schrott weggeschmissen wird, kann Zündbox in einer SUZUKI-Werkstatt, die über entsprechendes Messgerät verfügt, durchmessen lassen.

● TIP Praxisgerechter ist Probeaustausch der Zündbox gegen ein bekanntermassen funktionstüchtiges Exemplar.

7.3 Montage

● Zünd-Pickup und Rotor anbringen (siehe Bilder 221 und 232).

8 Kühlsystem

8.1 Demontage

- Schalthebel und Ritzelverkleidung abnehmen (Bilder 164 und 165).
- Kühlmittel ablassen wie in Kapitel 3.6 beschrieben.
- Kühlmittelrohre von Pumpe abnehmen. Befestigungsschrauben der Pumpe (Bild 109) ausdrehen. Pumpendeckel und Flügelrad mit Gehäuse abnehmen.
- Gehäuseschrauben des Thermostats ③ Bild 110 ausdrehen und Thermostatventil entnehmen.
- Bei Undichtheit Wasserpumpendichtung aus Gehäuse heraustreiben.
- Das Thermostatgehäuse (Bild 110) öffnen und Thermostat ⑤ Bild 117 entnehmen.
- Lüftermotorstecker (Bild 111) abnehmen und Kühlerschrauben (Bild 112) ausdrehen.
- Falls defekt, Lüftermotor nach Ausdrehen der Befestigungsschrauben (Bild 113) ausbauen.

8.2 Prüfen und Vermessen

- Lager, Flügelrad, Dicht- und O-Ringe auf Abnutzung und Beschädigung untersuchen. Gegebenenfalls auswechseln.
- Thermostatventil prüfen:
- Ventil mit Thermometer in Wasserbad hängen und Wasserbad erwärmen (Bild 114).
- Ventil muss bei 76,5° ± 2,0°C beginnen zu öffnen und bei 90°C einen Ventilhub von 7 mm aufweisen (Bild 115). Falls Werte nicht erreicht werden, Ventil austauschen (keine Reparaturmöglichkeit).

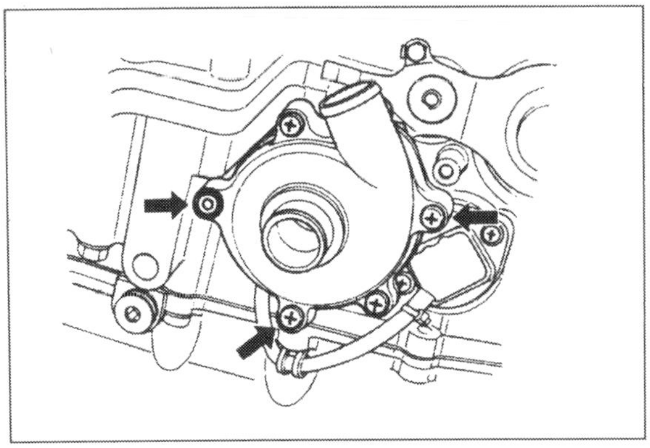

Bild 109
Wasserpumpe aus- und einbauen
A flüssige Schraubensicherung auftragen

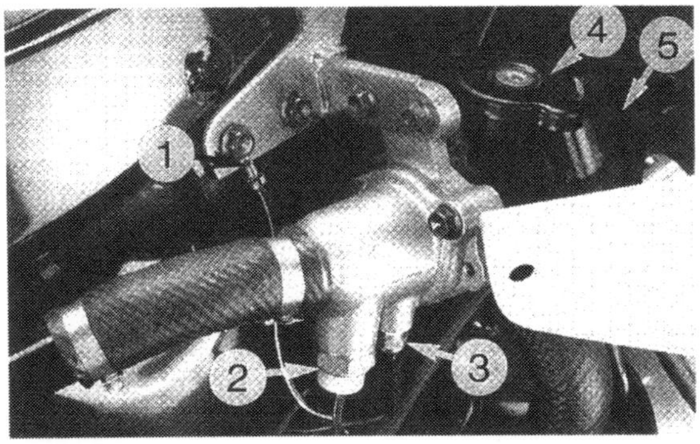

Bild 110
Thermostat
1 Masseanschluss
2 Thermoschalter (für Lüftermotor)
3 Temperaturfühler
4 Kühlerdeckel
5 Schlauch zum Ausgleichsbehälter

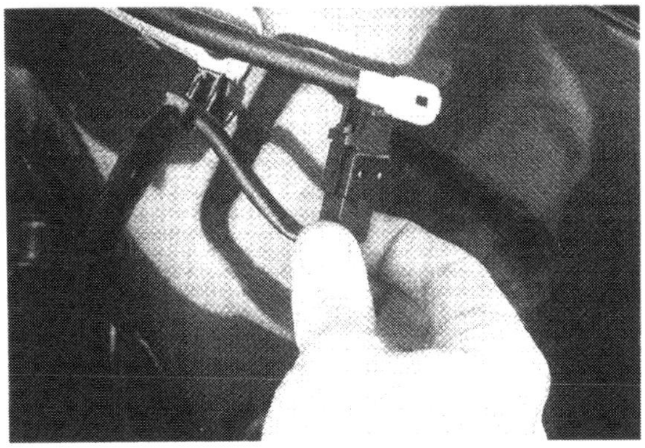

Bild 111
Lüftermotor-Stecker

Bild 112 ◄
Kühler-Befestigungsschrauben

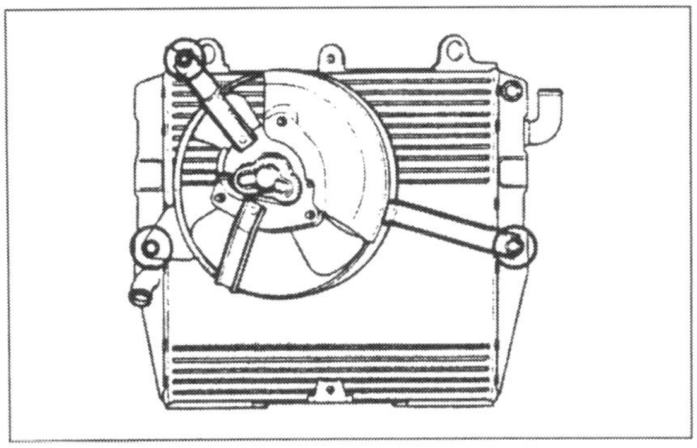

Bild 113
Lüftermotor-Befestigungsschrauben

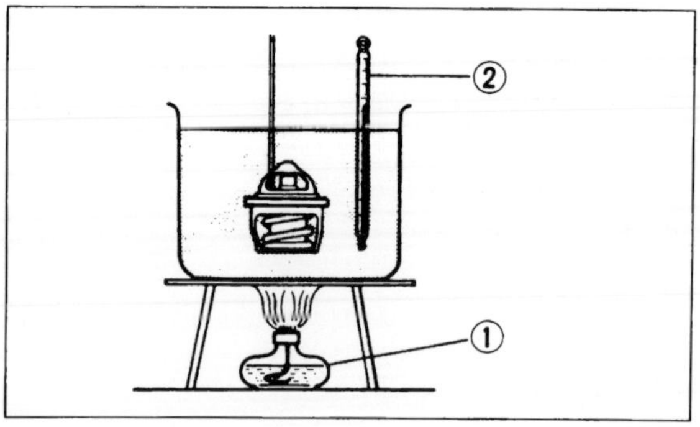

Bild 114
Thermostatventil prüfen
1 Ofen
2 Thermometer

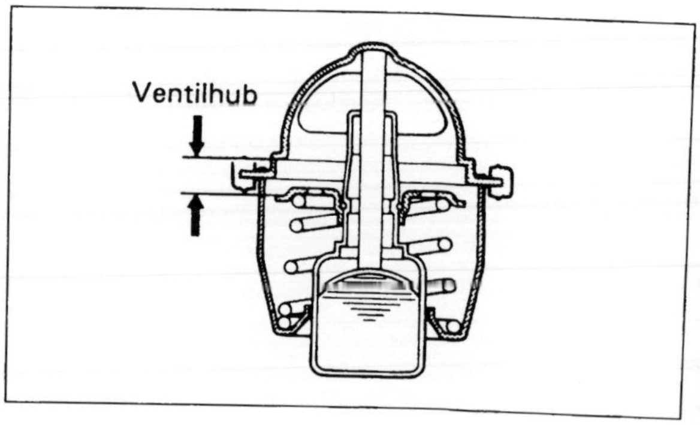

Bild 115 ►
Thermostatventil: Ventilhub mindestens 7,0 mm

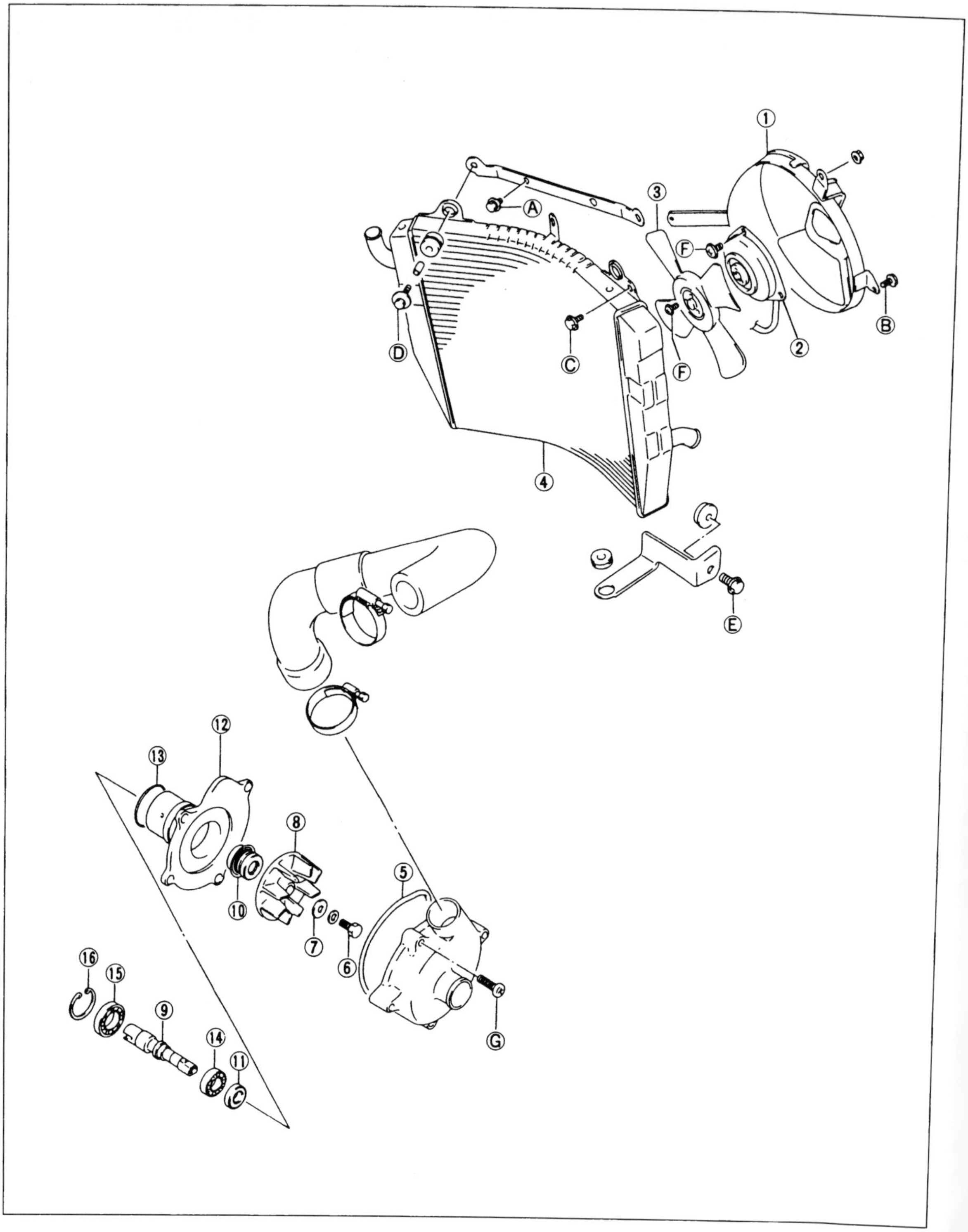

Bild 116
Wasserpumpe und Kühler montieren
1 Lüftermotor-Halterung
2 Lüftermotor
3 Propeller
4 Kühler
5 O-Ring
6 Schraube; 7 - 9 Nm
7 Dichtung
8 Flügelrad
9 Achse
10 Dichtung
11 Öldichtung
12 Rückdeckel
13 O-Ring
14 Lager
15 Lager
16 Sicherungsring
A, B, C 4 - 7 Nm
D, E 8 - 12 Nm
F 7 - 9 Nm
G 7 - 11 Nm

8.3 Montage

● Falls Pumpe zerlegt wurde, Pumpendichtung mit passendem Dorn (Suzuki-Treibdorn 09924-84521 eindrücken. Vor dem Eindrücken flüssige Dichtmasse auf Dichtringsitz auftragen.

● ⚠ Mechanische Dichtung beim Einbau nicht zerkratzen. Zerkratzte Dichtung erneuern.

● Beim Einsetzen der Pumpe darauf achten, dass Welle in Mitnehmer der Ölpumpe eingreift (Flügelrad beim Einsetzen drehen).

● Thermostatventil so in Gehäuse einsetzen, dass Entlüftungsbohrung im Ventil nach oben zeigt. Neuen O-Ring anbringen.

● Die Rohre mit neuen O-Ringen anbringen. Schlauchschellen nach Montage auf korrekten Sitz kontrollieren (Bilder 116 und 117).

● System befüllen siehe Kapitel 3.6.

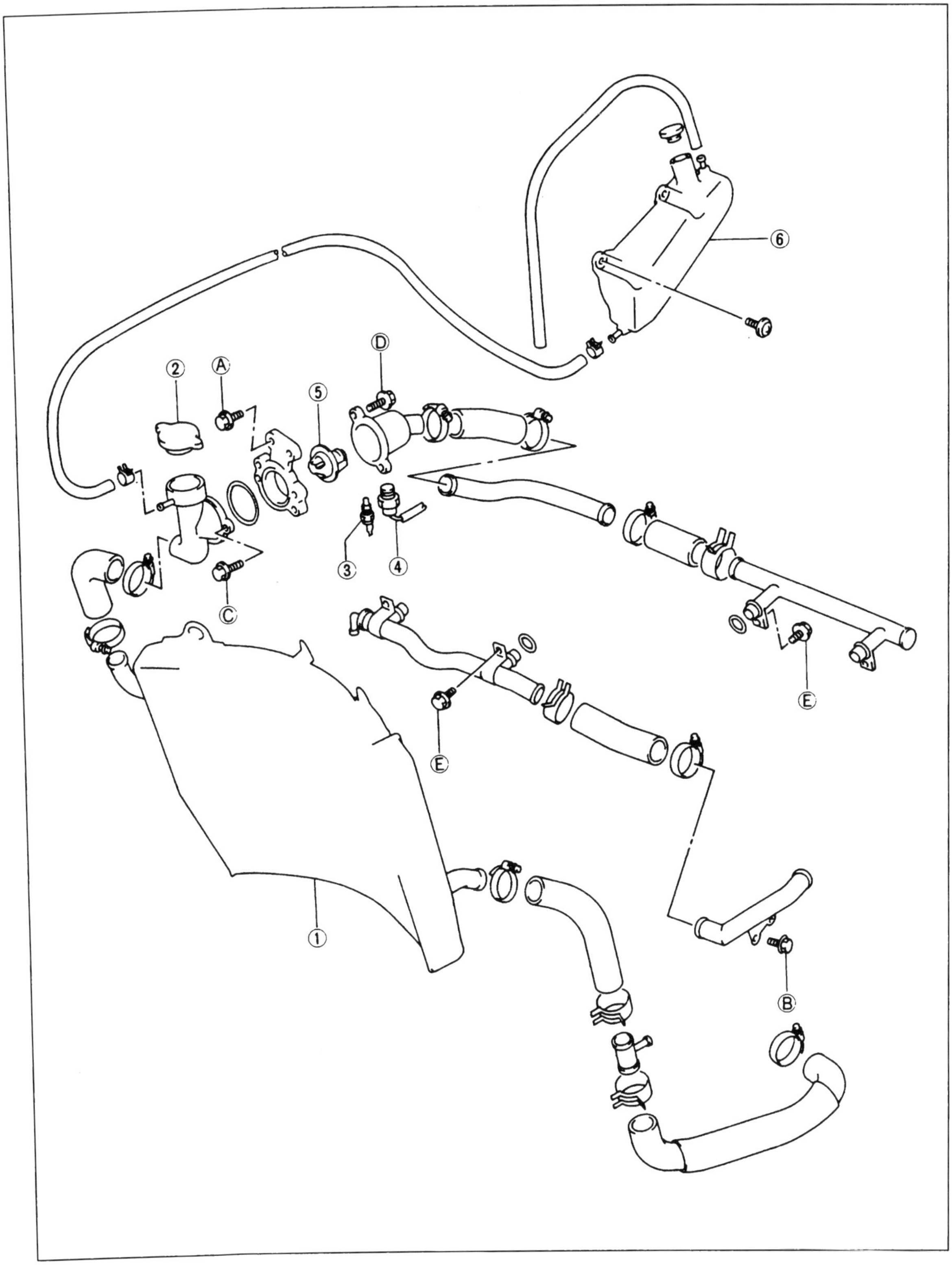

Bild 117
Thermostatgehäuse und Schläuche montieren
1 Kühler
2 Kühlerdeckel
3 Thermosensor
4 Thermoschalter
5 Thermostat
6 Ausgleichsbehälter
A, B, E 8 - 12 Nm
C, D 5,5 - 8 Nm

9 Kupplung

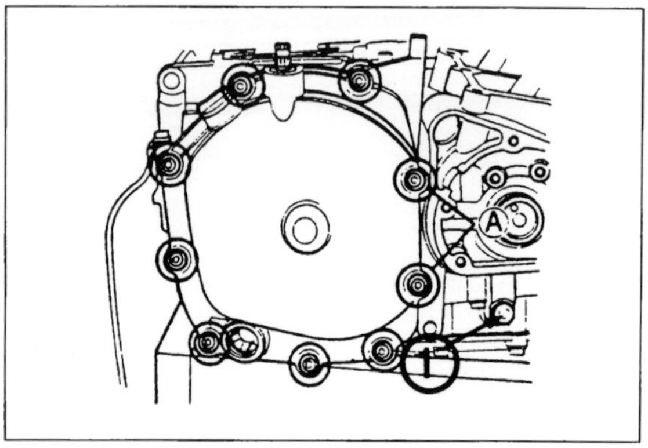

Bild 118
Deckelschrauben ausdrehen und Kupplungsdeckel abnehmen
1 Ölkanalverschlussschraube
A Beim Wiedereinbau neue Dichtungen verwenden

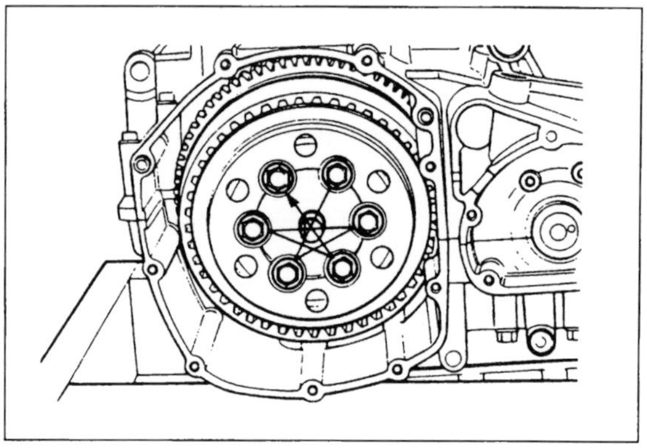

Bild 119
Befestigungsschrauben der Kupplungsfedern ausdrehen

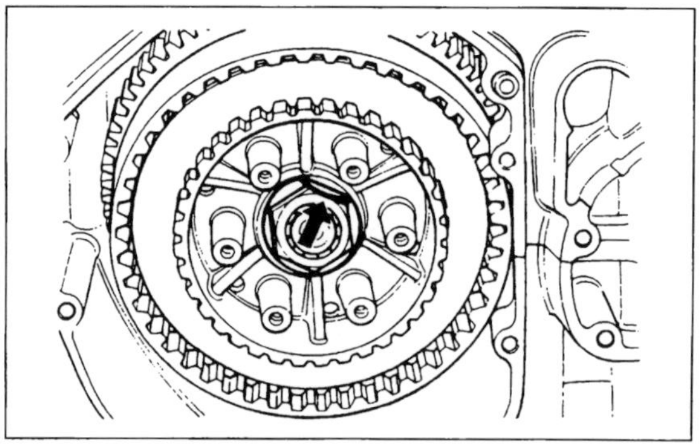

Bild 120
600 R: Sicherungsblechlasche flachbiegen

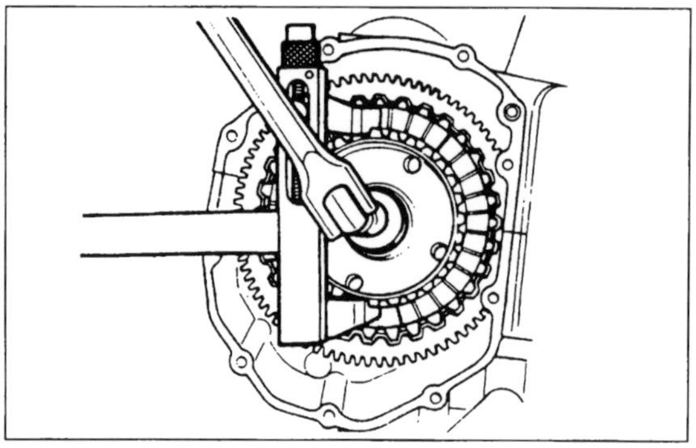

Bild 121
Mit Kupplungskorb-Halter gegenhalten

9.1 Demontage

Die Kupplung kann bei eingebautem Motor ausgebaut werden. Falls kein Kupplungskorbhalter zur Verfügung steht, kann mittels gebremstem Hinterrad Hauptwelle blockiert werden.
RF 600 R hat seilzugbetätigte Kupplung mit Schraubenfedern. RF 900 R hat hydraulisch betätigte Kupplung mit Scheibenfeder. Bei Montageabweichungen wird darauf hingewiesen.

- Motoröl ablassen oder Maschine nach links lehnen.
- Gehäusedeckelschrauben schrittweise über Kreuz ausdrehen (Bild 118). Deckel abnehmen. Falls schwergängig, vorsichtig Gummihammer zu Hilfe nehmen. Auf Verbleib der zwei Passhülsen achten.
- 600 R: Befestigungsschrauben der Kupplungsfedern schrittweise über Kreuz ausdrehen (Bild 119). Druckplatte, Lager und Druckstück entfernen. Stahl- und Reibscheiben der Kupplung abnehmen.
- Blechlasche der Kupplungsmutter flachbiegen (Bild 120), mit Universalkupplungshalter Kupplungsnabe gegenhalten und Kupplungsmutter ausdrehen (Bild 121).
- Kupplungsnabe abnehmen.
- 900 R: Seegerring ausfedern und Druckplatte ① Bild 122 abnehmen.
- Druckscheibe ① Bild 123, Ausrücklager ② und Druckstück ③ abnehmen.
- Druckstangen ④ Bild 124 und ⑤ Bild 125 abnehmen.
- Kupplungskorb blockieren und Federmutter SW 50 ausdrehen (Bild 126)
- Kupplungsmembranfedern ① Bild 127, Federsitz ② und Kupplungsdruckplatte ③ abnehmen.
- Belag- und Stahlscheiben entnehmen.
- Mit Universalkupplungsnabenhalter den Innenkorb festhalten und Zentralmutter ausdrehen, siehe Bild 121.
- 600 R/900 R: Kupplungsnabe bzw. Innenkorb entnehmen, dabei auf Verbleib der Anlaufscheibe ① Bild 128 achten.
- Kupplungskorb von Hand hin- und herruckeln, damit Korbführungshülse vorsteht und zusammen mit Nadellager abgenommen werden kann (Bild 129). Dabei Kupplungskorb festhalten, da-

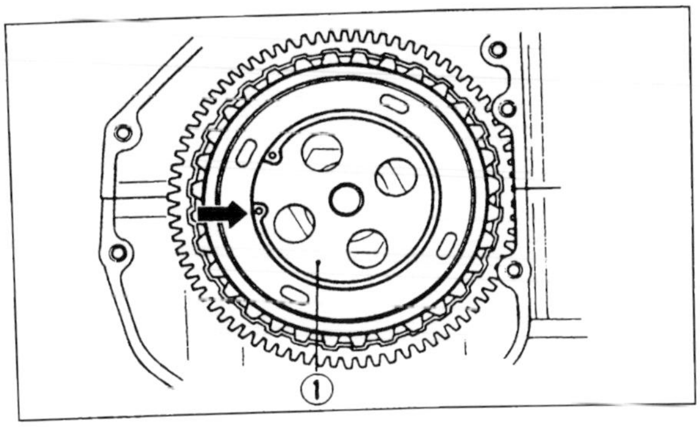

Bild 122 ◄
900 R: Seegerring ausfedern und Ausrückplatte ① abnehmen

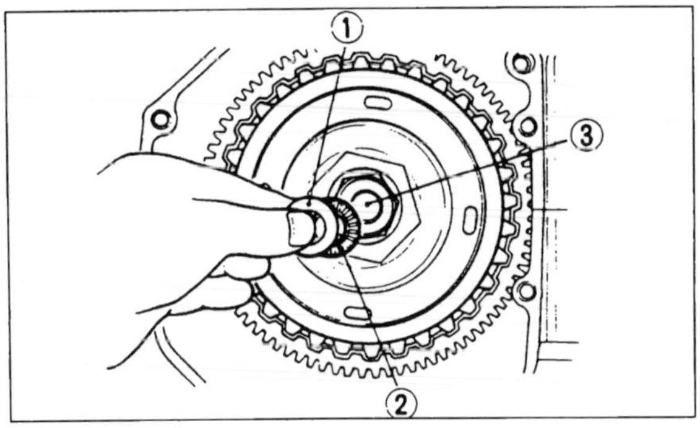

Bild 123
900 R: Druckscheibe ①, Lager ② und Druckstück ③ abnehmen

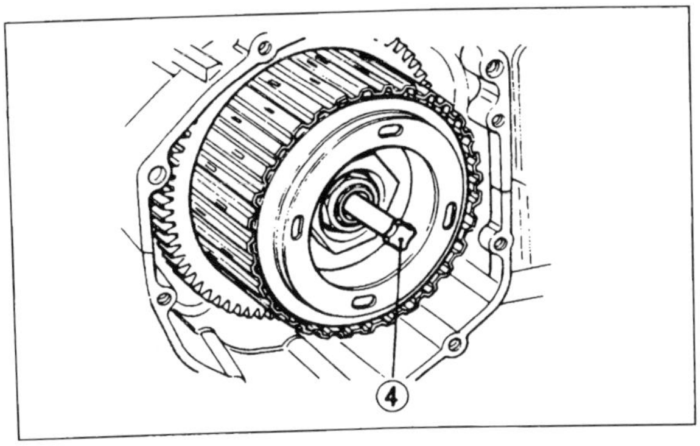

Bild 124 ◄
900 R: Kupplungsdruckstange ④ abnehmen

Bild 125
900 R: Kupplungsdruckstange ⑤ abnehmen

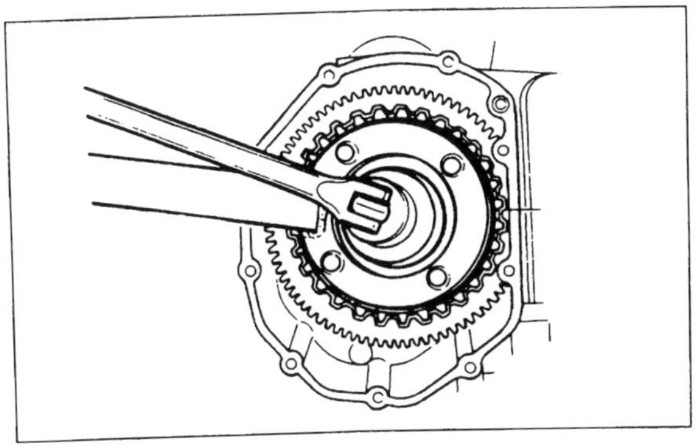

Bild 126 ◄
900 R: Mit Kupplungsdruckplatten-Halter gegenhalten

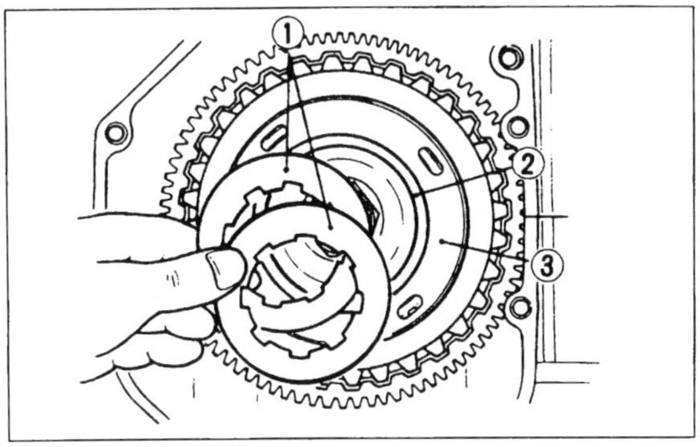

Bild 127
900 R: Kupplungsmembranfedern ①, Federsitz ② und Druckplatte ③ abnehmen

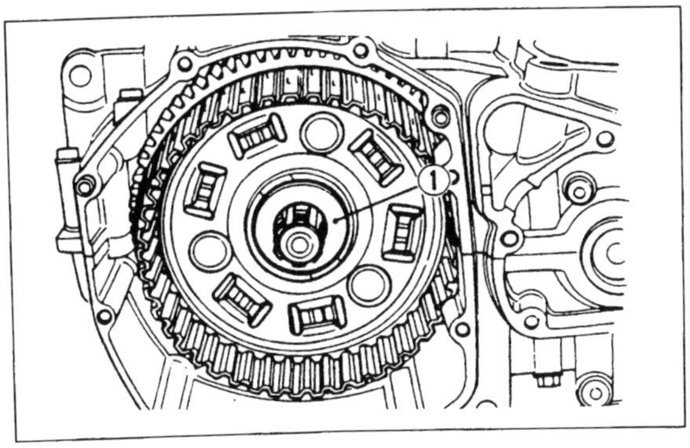

Bild 128 ◄
Druckscheibe ① entfernen

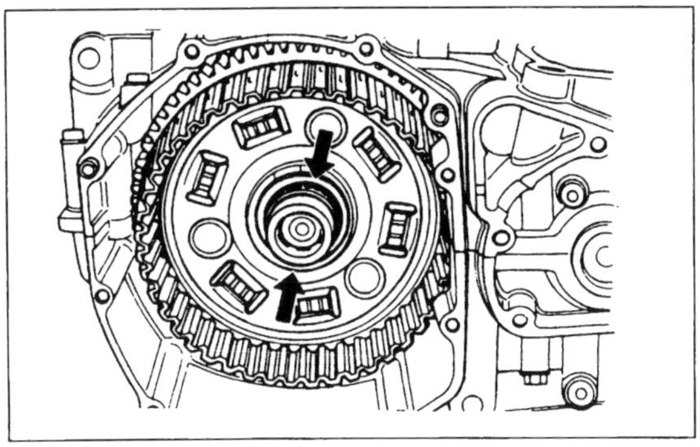

Bild 129
Führungshülse und Nadellager entnehmen

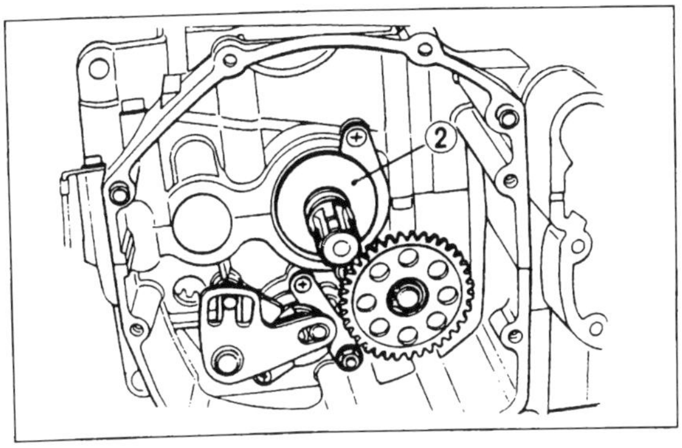

Bild 130 ◄
Druckscheibe ② abnehmen

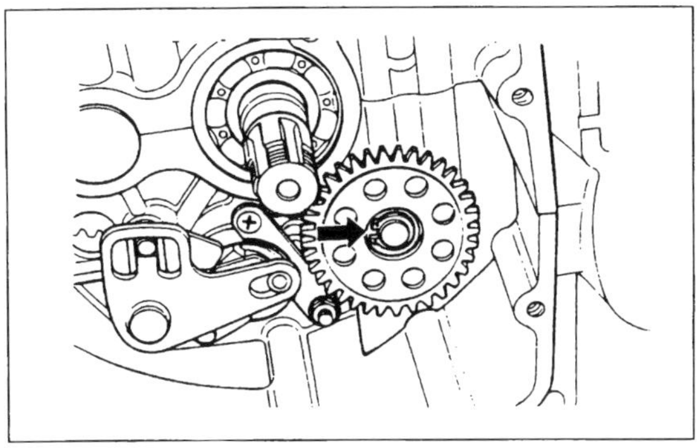

Bild 131
Seegerring an Ölpumpenabtriebsrad ausfedern

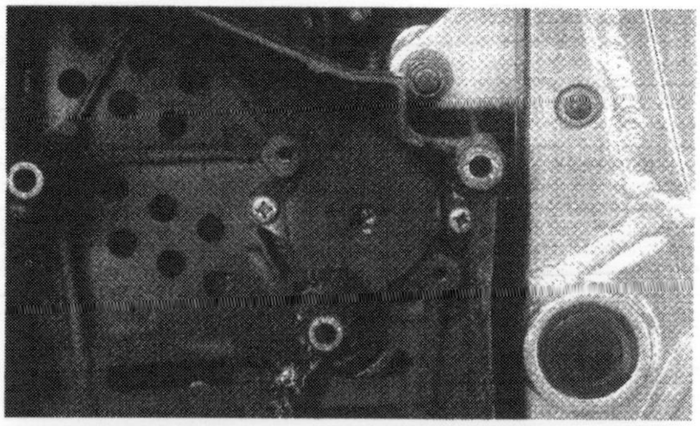

Bild 132
Nehmerzylinder lösen

Bild 133
Nehmerzylinder mit Befestigungsschrauben und Entlüftungsventil

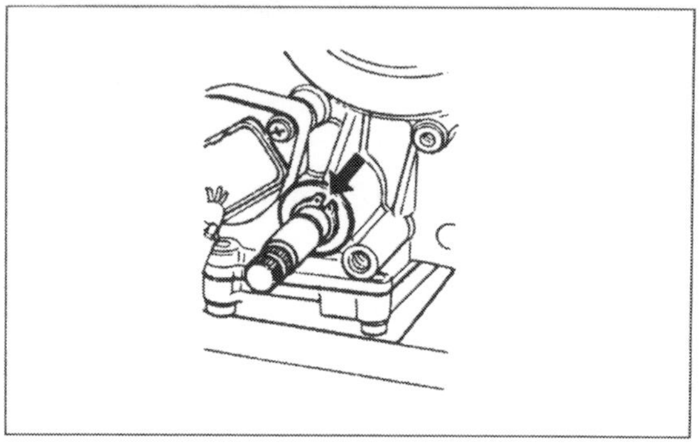

Bild 134
Schaltautomat: Sicherungsring ausfedern

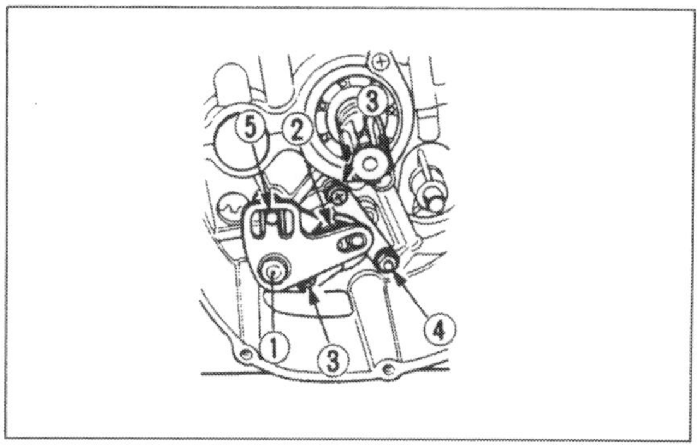

Bild 135
Schaltautomat
1 Schaltwelle
2 Ratsche
3 Befestigungsschraube
4 Befestigungsmutter
5 Anschlagschraube

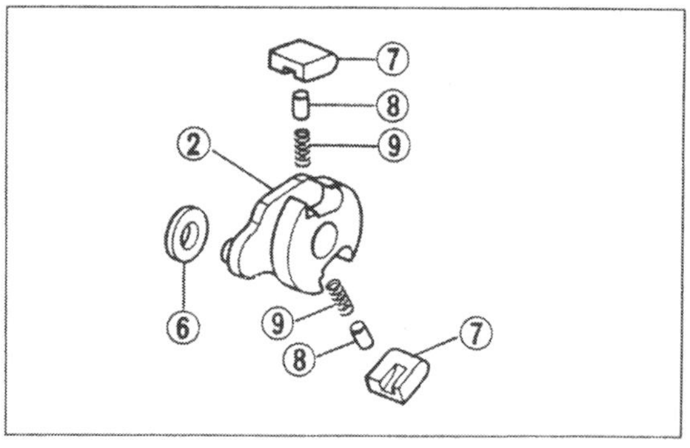

Bild 136
Schaltautomat
2 Ratsche
6 Scheibe
7 Klaue
8 Stift
9 Feder

mit Korb nicht auf Hauptwelle «kracht». Kupplungskorb vorsichtig herausführen. Auf Verbleib der Anlaufscheibe ② Bild 130 achten.

- Seegerring ausfedern und Ölpumpenabtriebsrad abnehmen (Bild 131).
- 900 R: Zum Ausbau des Nehmerzylinders der **Kupplungshydraulik** die Motorritzel-Abdeckung ausbauen wie in Kapitel Motorausbau 10.1 / Seite 54 beschrieben.
- Um Nehmerkolben auszudücken, innen zwei Kreuzschlitzschrauben lösen und Kolben-Halteblech abnehmen (Bild 132).
- Auffanggefäss für Hydraulikflüssigkeit bereitstellen und durch Pumpen am Handhebel Kolben ausdrücken.
- Um Nehmerzylinder auszubauen, auf Vorderseite Hydraulikanschluss abnehmen und zwei Befestigungsschrauben lösen (Bild 133).
- Kolbendichtringe im Nehmerzylinder mit kleinem Schraubendreher aushebeln. Darauf achten, dass Kolbenlauffläche nicht zerkratzt wird. Handpumpe wie Geberzylinder der Bremsanlage zerlegen, siehe Seite 81.
- **Schaltautomat:**
- E-Ring von Schaltwelle aushebeln (Bild 134).
- Schaltwelle ① Bild 135 nach rechts herausziehen.
- Schaltratschenarretierung nach Ausdrehen der Befestigungsschrauben ③, der Mutter ④ und der Anschlagschraube ⑤ abnehmen. Schaltratsche ② abnehmen.
- Beim Ausbau der Ratsche auf Verbleib der Kleinteile achten (Bild 136).

9.2 Prüfen und Vermessen

- Stärke der Kupplungsreibscheiben mit Messschieber messen (Bild 137). Sollwert: 2,12 bis 2,28 mm; Verschleissgrenze: 1,82 mm. 900 R: Reibscheiben Nr. 1 (8 Stück) und Nr. 2 (2 Stück); Sollwert: 2,52 bis 2,68 mm. Sämtliche Reib- und Stahlscheiben mit 5 kg Gewicht zusammendrücken; Höhe: 48,5 bis 49, 3 mm.
- Reib- und Stahlscheiben auswechseln, wenn sie Anzeichen von Riefen oder Verfärbung aufweisen.
- Stahlscheiben auf Richtplatte mit Fühlerlehre auf Verzug prüfen (Bild 138). Verschleissgrenze 0,10 mm. Scheiben immer im Satz auswechseln.
- Ungespannte Länge der Kupplungsfedern messen (Bild 139). Verschleissgrenze 47,5 mm. Kupplungsfedern im Satz wechseln. 900 R: Ungespannte Höhe der Kupplungsfeder messen (Bild 140). Verschleissgrenze: 3,1 mm.
- 600 R: Ausrücklager auf Verschleiss und

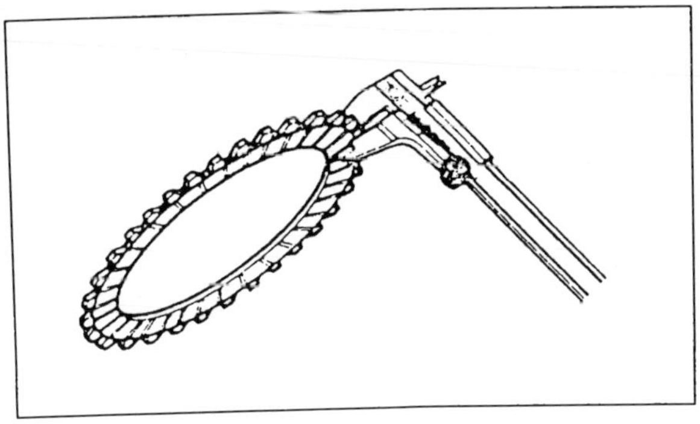

Bild 137 ◄
Belagscheiben-Dicke messen

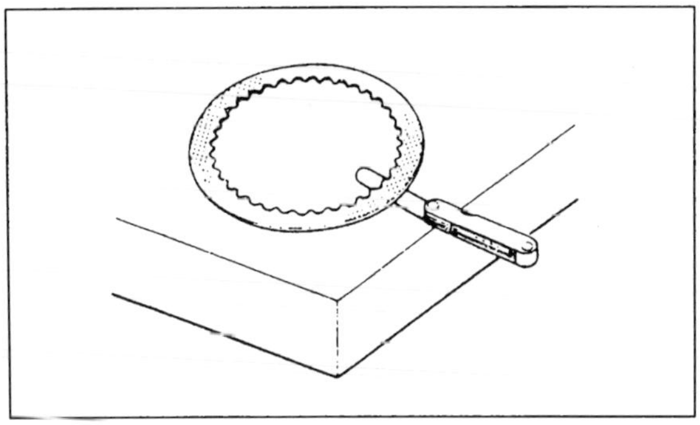

Bild 138
Stahlscheiben-Verzug messen

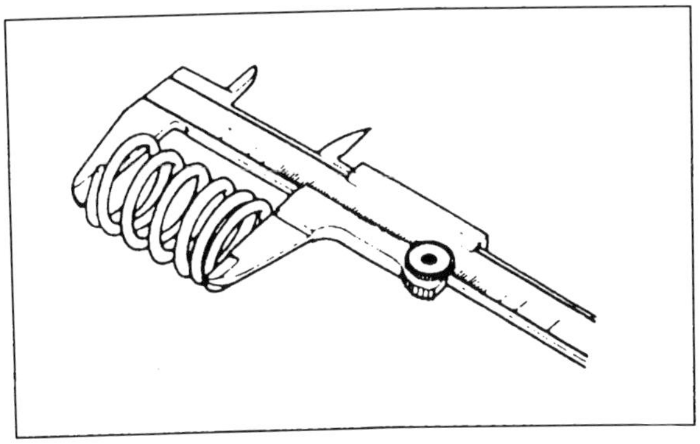

Bild 139 ◄
Freie Federlänge messen (600 R)

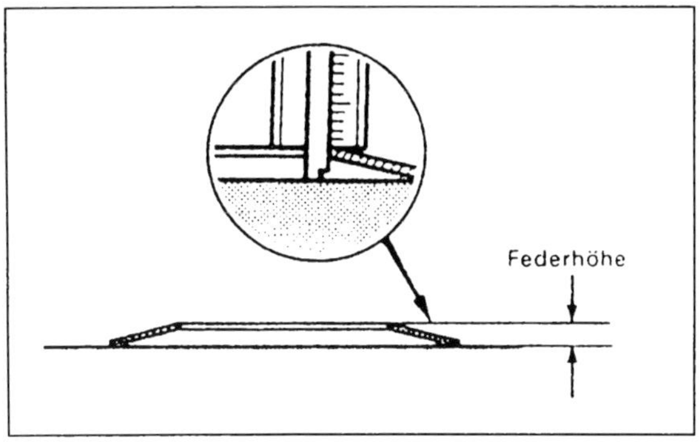

Bild 140
Höhe der Tellerfeder messen (900 R)

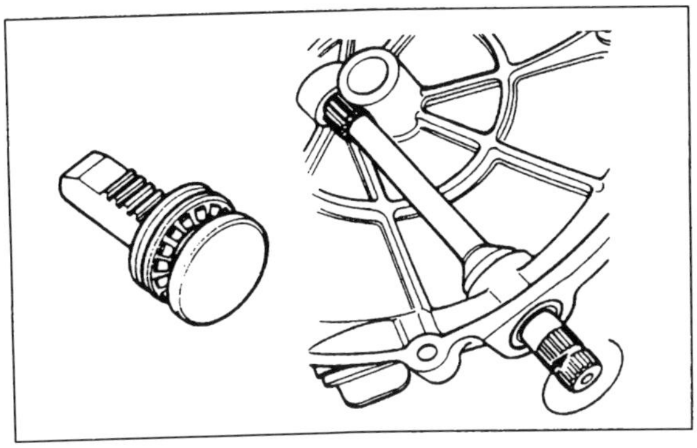

Bild 141 ◄
Ausrück-Zahnstange und -Ritzel

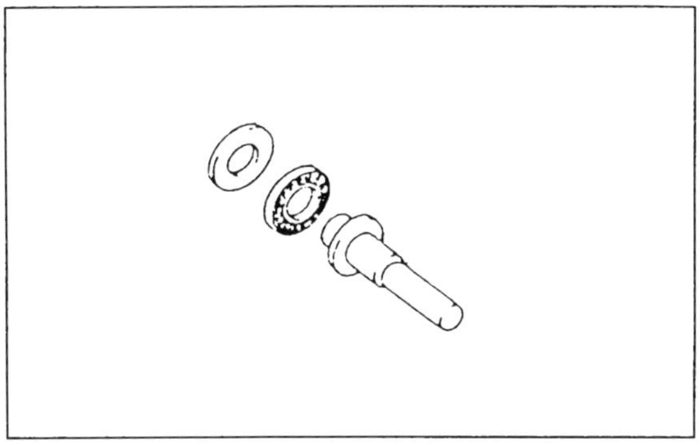

Bild 142
Kupplungs-Ausrücklager

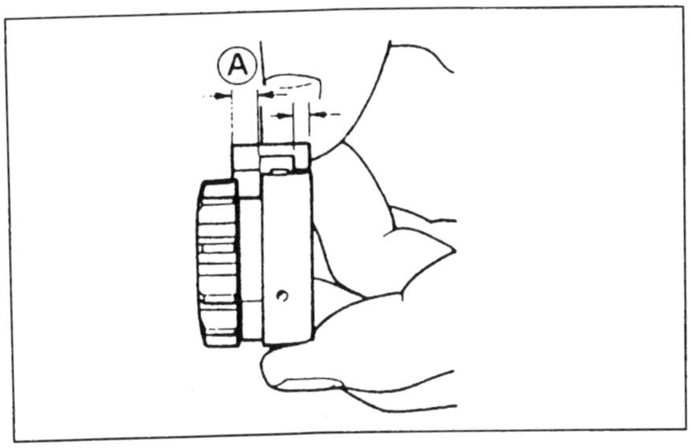

Bild 143 ◄
Abstandsmass «A» weist nach aussen

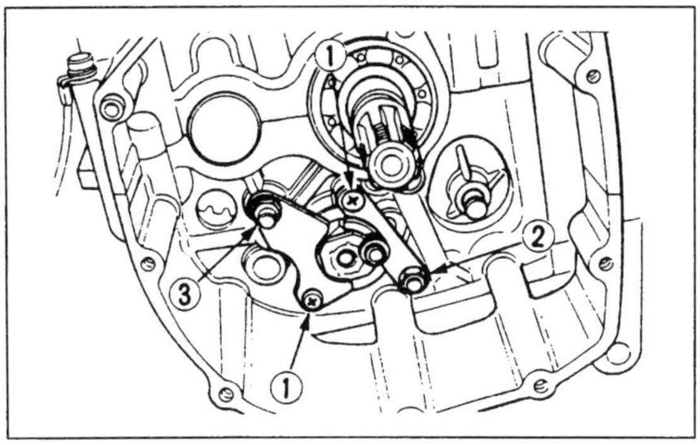

Bild 144
Schaltwalzen- und Nockenführungsblech anbringen
Flüssige Schraubensicherung auf Befestigungs-Schrauben ①, -Mutter ② und Anschlagschraube ③ auftragen

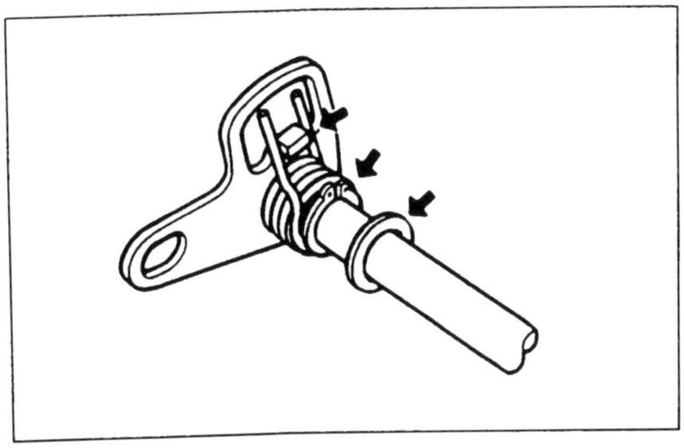

Bild 145 ◄
Schenkelfeder vorspannen

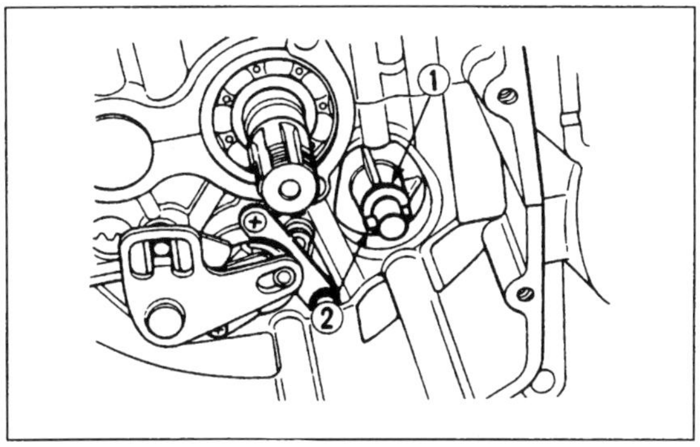

Bild 146
Anlaufscheibe ① und Splint ② anbringen

Bild 147
Kupplungskorb mit Generator- und Ölpumpenantriebsrad
1 Nadellager
2 Nadellagerhülse

Bild 148
Anlaufscheibe anbringen

Bild 149
Scheibenfeder, Sicherungsblech und Mutter

Bild 150
900 R: Kupplungsnabe (Innenkorb) montieren; Anlaufscheibe nicht vergessen!

Ausrückritzel auf freie Drehbarkeit untersuchen (Bild 141).

- 900 R: Ausrücklager auf Beschädigung oder Verschleiss prüfen (Bild 142).
- Druckstange darf maximal 0,3 mm Schlag aufweisen.
- Schlitze im Kupplungskorb und -Nabe dürfen keine von Scheiben verursachten Riefen, Kerben oder Scharten aufweisen. Gegebenenfalls mit Schlüsselfeile begradigen.
- Zahnräder von Kupplung, Primärtrieb und Ölpumpen-Antrieb auf aussergewöhnliche und übermässige Abnutzung oder Beschädigung untersuchen. Auch bei aussergewöhnlichen Geräuschen beim Ablaufen Zahnräder paarweise ersetzen.
- Kupplungsausrücklager auf ruckfreien ungehinderten Lauf prüfen (Fingerprobe).
- Klauen und Zapfen der Schaltratsche und Welle auf Beschädigung und übermässigen Verschleiss untersuchen. Gegebenenfalls ersetzen.

9.3 Montage

Schaltautomat: Ratschenmechanismus in Schaltwalze einsetzen. Darauf achten, dass breite Schulter der Mitnehmerklinken nach aussen weist (Bilder 136 und 143).

- Befestigungsschrauben ①, Befestigungsmutter ② und Anschlagschraube ③ Bild 144 der Schaltwalzen-Arretierung mit flüssiger Schraubensicherung eindrehen (Anschlagschraube ③ 19 Nm).
- Schaltwelle mit vorgespannter Schenkelfeder, Sicherungsring und Belagscheibe (Bild 145) leicht gefettet einschieben und mit E-Ring (Bild 134) sichern.
- Anlaufscheibe ① Bild 146, Sicherungssplint ② und Abtriebszahnrad auf Ölpumpenwelle anbringen und mit neuem Seegerring sichern.
- **Kupplung:** Anlaufscheibe auf Hauptwelle aufschieben.
- Kupplungskorb mit vormontiertem Generator- und Ölpumpenantriebsrad auf Hauptwelle aufsetzen. Lagerhülse und Nadelkäfig gefettet einschieben (Bild 147).
- Kupplungskorb mit Ölpumpenabtriebsrad und Kurbelverzahnung (Primärtrieb) in Eingriff bringen. Dabei mit Schraubendreher Ölpumpenabtriebsrad drehen.
- Anlaufscheibe und Kupplungsnabe (Innenkorb) aufschieben (Bilder 148 und 150).
- 600 R: Neues Sicherungsblech verwenden (Bild 149).
- 900 R: Federsitz ③ Bild 151 und Federschei-

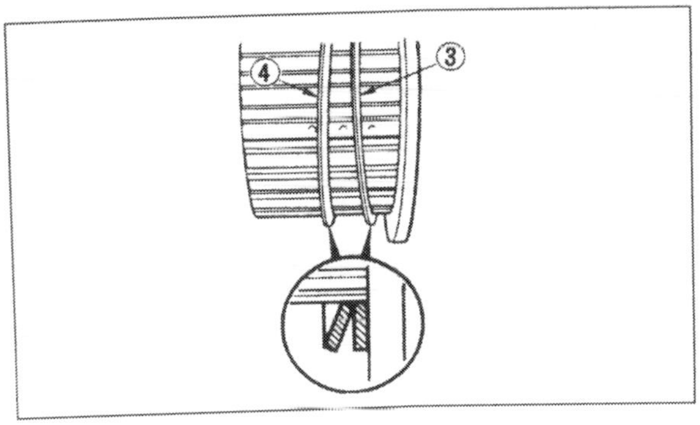

Bild 151 ◄
Belagfeder ④ und Federsitz ③

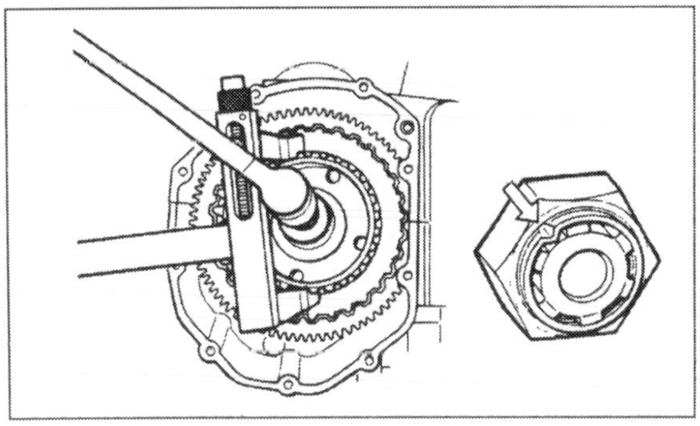

Bild 152
Kupplungsmutter anziehen; mit Zentrierkörner sichern

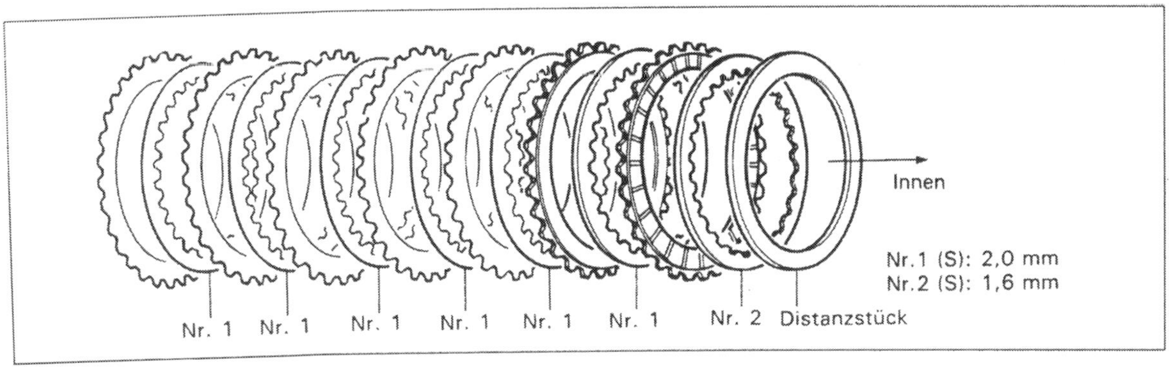

Bild 153
Reib- und Stahllamellen (600 R)

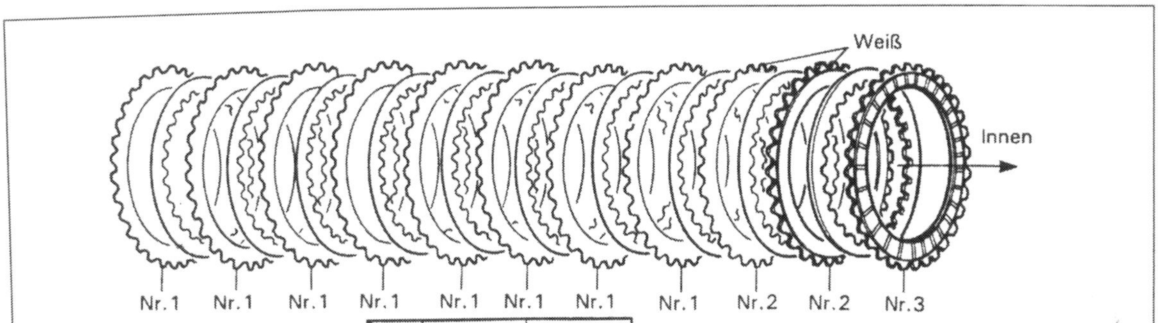

	I.D.	FARBE
Nr.1	ϕ110	KEINE
Nr.2	ϕ110	WEISS
Nr.3	ϕ116	KEINE

Bild 154
Reib- und Stahllamellen (900 R)

be ④ auf Kupplungsnabe aufschieben.

● Hauptwelle bzw. Kupplungsnabe (Innenkorb) mit Kupplungsnabenhalter blockieren und Zentralmutter anziehen. Anzugsmoment: 80 bis 100 Nm (600 R), 150 Nm (900 R).

● 600 R: Sicherungsblech an Zentralmutter anlegen.

● 900 R: Zentralmutter mit Zentrierkörner sichern (Bild 152).

● ⚠ Neue Belagscheiben mit sauberem Motoröl schmieren.

● Belag- und Stahlscheiben abwechselnd einsetzen (Bilder 153 und 154).

● 600 R: Ausrücklager in Druckkorb einsetzen (Bild 155).

● Druckkorb aufsetzen und Kupplungsfedern anbringen. Sechs Schrauben schrittweise über Kreuz anziehen (11 bis 13 Nm).

● 900 R: Kupplungsdruckplatte ③ Bild 127,

Bild 155
Ausrücklager einsetzen

Kupplungsfedersitz ② und zwei Tellerfedern ① aufsetzen. Federvorspannmutter anbringen (Bild 157).

● Bei eingebautem Motor mittels Bremse und eingelegtem Gang Hauptwelle blockieren, sonst Spezialwerkzeug verwenden (Bild 126). Federvorspannmutter SW 50 anziehen. Anzugsmoment 100 Nm.

● Kupplungsdruckstange (Bild 124) und Ausrücklager (Bild 158) gefettet einsetzen.

● Druckplatte mit Seegerring (scharfe Kante

Bild 156
Gehäusedeckel aufsetzen

Bild 157
Federteller mit zwei Federscheiben und Vorspannmutter SW 50 montieren

Bild 158 ►
Ausrücklager einsetzen

Bild 159
Kupplungsdruckplatte mit Seegerring montieren

Bild 160 ►
Druckstange einsetzen

weist nach aussen) einsetzen, siehe Bild 159.

● Druckstange auf Ritzelseite einsetzen (Bild 160).

● Dichtflächen von Kupplungsgehäuse und Deckel säubern (öl- und fettfrei).

● Dichtmasse (Hylomar o. ä.) dünn im Bereich der Motorgehäuse-Trennlinie auftragen, siehe Bild 159.

● 600 R: Zahnstange des Ausrücklagers muss in Verzahnung der Ausrückwelle eingreifen (Bild 156).

● Zwei Passhülsen einsetzen, Deckel mit neuer Dichtung aufsetzen und Deckelschrauben über Kreuz anziehen.

Zwei Deckelschrauben -A- Bild 118 mit neuen Dichtscheiben einbauen.

● 600 R: Betätigungshebel und Seilzug wieder anbringen. Spieleinstellung wie im Wartungskapitel beschrieben.

● 900 R: Kupplungsnehmerzylinder wie Bremszylinder montieren, siehe Seite 89.

Ritzelabdeckung mit Nehmerzylinder montieren.

10 Motor

Bild 161
Krümmerschrauben lösen

Bild 162
Vordere Auspufftopf-Befestigungsschrauben lösen

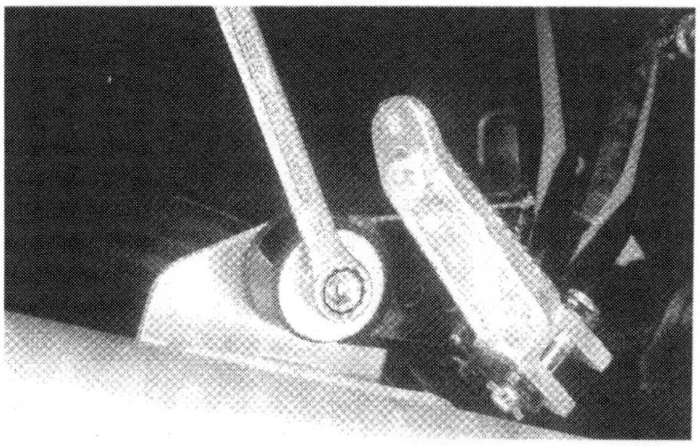

Bild 163
Hintere Auspufftopf-Befestigungsschrauben lösen

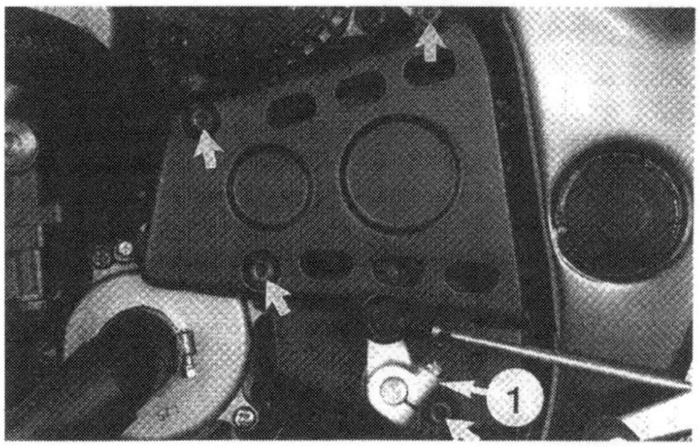

Bild 164
Befestigungsschrauben der Ritzelabdeckung
1 Klemmschraube

10.1 Ausbau

● Der Motor muss zur Wartung von Zylinder, Kolben, Kurbelwelle, Pleuel, Getriebe, Starterfreilauf und Ölpumpe ausgebaut werden.

● ⚠ Motorrad sicher aufbocken.
● Verkleidung abbauen.
● Sitzbank und Tank abnehmen.
● Luftfiltergehäuse und Vergaser abnehmen.
● Massekabel von Batterie trennen.
● Öl und Kühlmittel ablassen.
● Kühler abnehmen (Kühlermotor-Stecker trennen!).
● ⚠ Laut SUZUKI können Zylinderkopf, Zylinder und Kolben bei eingebautem Motor ausgebaut werden, ist aber wegen der beengten Platzverhältnisse nicht ratsam (sozusagen nur für unterwegs - womöglich mit Ausbau der Zuganker!).
● Befestigungsschrauben an Zylinderkopf (Bild 161) und Auspufftopf (Bilder 162 und 163) lösen und Auspuffanlage abnehmen.

Ritzelausbau:
● Kettenspannung lockern, siehe Seite 24.
● Schaltgestänge nach Ausdrehen der Klemmschraube ① Bild 164 von Schaltwelle abnehmen.
● Motorritzelabdeckung abnehmen (Bild 164).
● 900 R: Ritzelabdeckung mit Kupplungsnehmerzylinder abnehmen. Befestigungsschrauben (Bild 165) nur ausdrehen, um Nehmerzylinder auszubauen.
● Ritzelmutter lösen (gegebenenfalls Hinterrad mit Bremse blockieren) und Ritzel mit Kette von Welle abziehen (Bild 166).
● Stecker von Zündkerzen, Generator, Pickup und Leerlaufanzeige ausklinken.
● Fussrastenhalterungen abnehmen.
● Motormasse abnehmen.

● Motor mit hydraulischem Wagenheber untermauern, um Motor- und Rahmenbefestigungen (Bilder 167 und 168) zu entlasten.

● Sämtliche Motorbefestigungen ausdrehen (selbstsichernde Muttern, die nicht wiederverwendet werden können, Neuteile besorgen) und Motor herausnehmen.

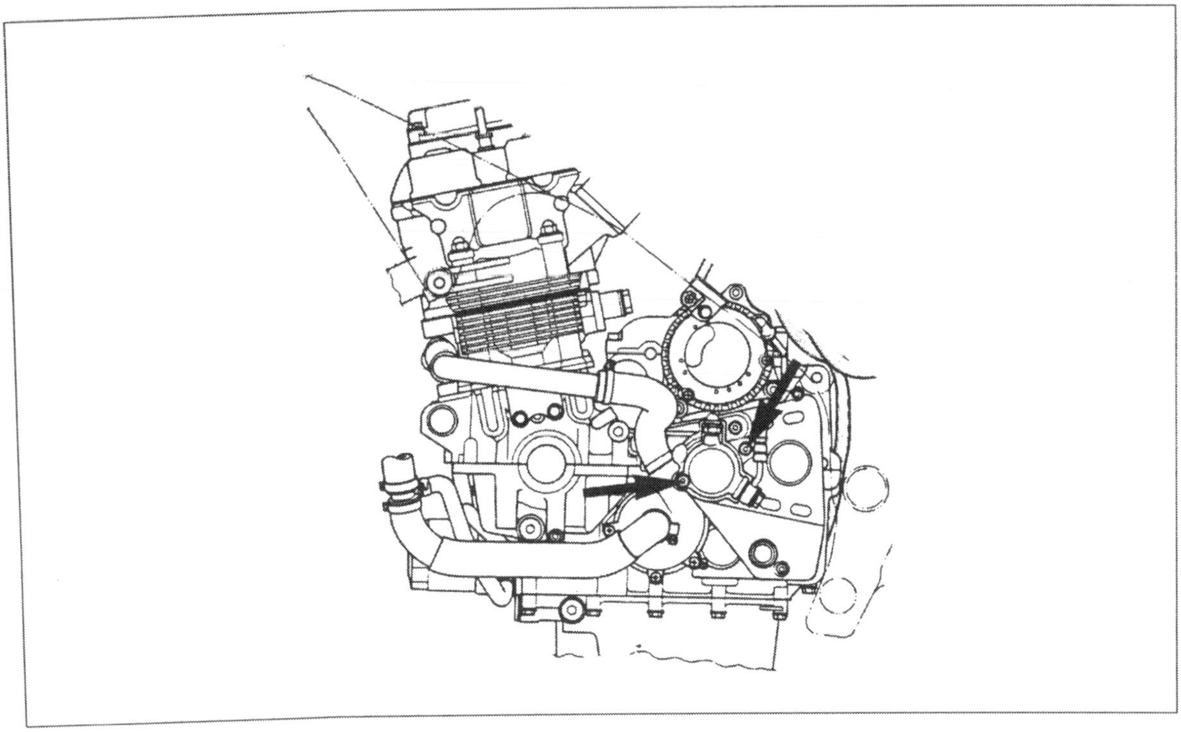

Bild 165
Ritzelabdeckung (900 R)

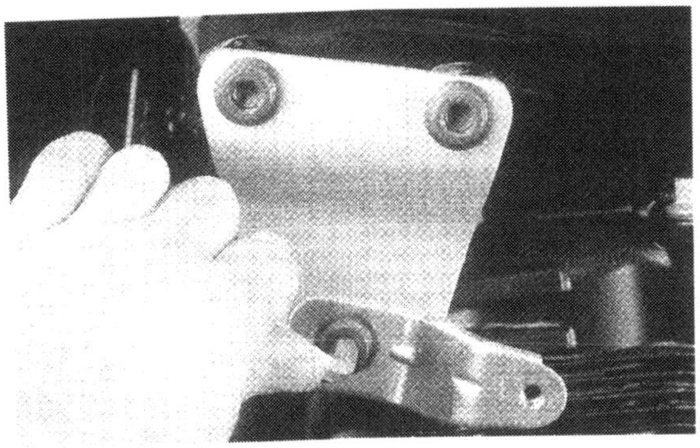

Bild 166 ◄
Ritzelmutter

Bild 167
Motorbefestigungsschrauben

Bild 168 ◄
Motorbefestigungsschrauben

10.2 Motoreinbau

- Motoreinbau erfolgt im wesentlichen in umgekehrter Reihenfolge des Ausbaus.
- Motor in Rahmen heben. Mit einstellbarer Stütze (hydraulischer Wagenheber) oder mit Helfer Motor auf Aufhängungspunkte ausrichten. Schrauben der Motoraufhängung und Motorträger von links einschieben. Dabei Distanzstücke nicht vergessen.
- Anzugsmoment der Rahmen / Rahmen-Verbindungen, siehe Bild 169.
- Vorderes Kettenritzel samt Kette auf Getriebewelle aufschieben und Ritzelmutter anziehen (115 Nm).
- Sämtliche Elektrik-Verbindungen installieren (Generator, Pickup, Starter, Leerlauf und Motormassekabel).
- Auspuff mit neuen Dichtungen anbringen.
- Züge und Kabel wie in Kapitel 19 gezeigt verlegen.

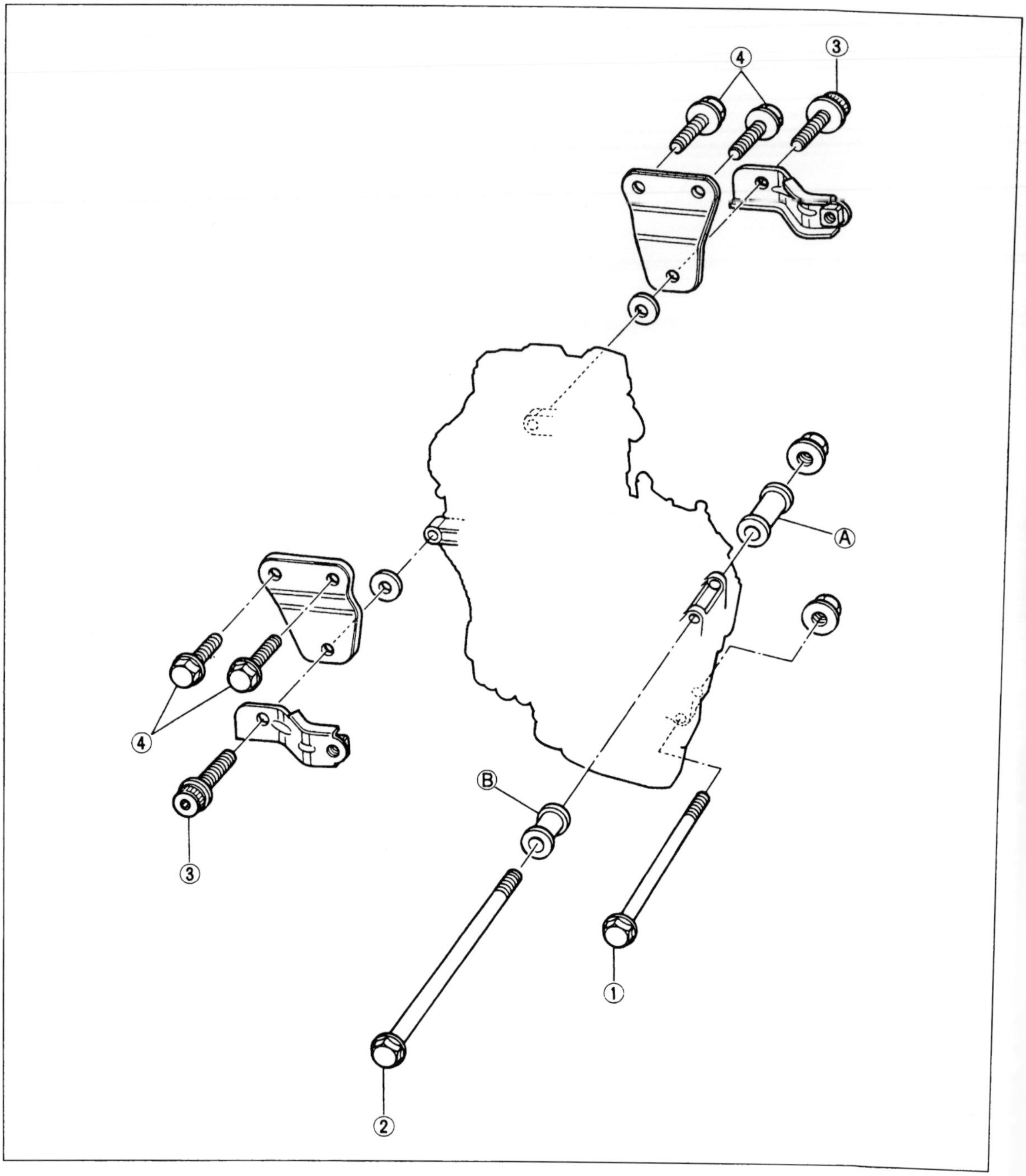

Bild 169
Motorbefestigung
1 140 mm; 70 - 88 Nm, 79 Nm (900 R)
2 280 mm; 70 - 88 Nm, 79 Nm (900 R)
3 30 mm; 50 - 60 Nm, 79 Nm (900 R)
4 30 mm; 50 - 60 Nm, 79 Nm (900 R)
A 65 mm
B 45 mm

10.3 Inbetriebnahme des überholten Motors

● Motor mit Öl befüllen, alle nötigen Kontroll- und Einstellarbeiten an Bremse, Kupplung, Antriebskettenspannung, Vergaser und Gaszugbetätigung vor dem ersten Start durchführen.
● Es kann sein, dass die Abgase des Motors in den ersten Minuten des Motorlaufes eine stark blaue Färbung haben. Das ist auf die Verbrennung desjenigen Motoröls zurückführen, das bei der Montage des Motors aus Sicherheitsgründen in etwas zu reichlichem Masse beigegeben wurde. Also nicht von der beschriebenen Erscheinung beunruhigen lassen.
● Vor Teilnahme am öffentlichen Strassenverkehr Bremsen, Lichtanlage, Blinkanlage, Kupplung und Gangschaltung auf Funktionstüchtigkeit kontrollieren.
● Neu eingebaute Motorenteile benötigen eine gewisse Einlaufzeit. Deshalb während der ersten 500 km Fahrstrecke den Motor nicht im oberen Drehzahlbereich «jubeln» lassen, ihn aber auch nicht untertourig Steigungen «hinaufquälen».
● Nach etwa 1000 km Ventilspiel kontrollieren und im Rahmen eines Ölwechsels auch neues Ölfilter spendieren.

11 Zylinderkopf

11.1 Demontage

● Nockenwellen und Tassenstössel wie in Kapitel 3.7 beschrieben ausbauen.
● ⚠ Darauf achten, dass Teile von linkem Ventil nicht mit rechtem vertauscht werden.
● Kühlmittelrohre (Bilder 170 und 171) abnehmen.
● Ölleitung ① Bild 172 nach Ausdrehen der Anschlussschrauben abnehmen.
● Auspuffkrümmer abbauen.
● Zylinderkopfschraube -A- Bild 173 auf Auslassseite ausdrehen.
● Zylinderkopfmuttern entgegen der in Bild 174 angegebenen Reihenfolge schrittweise jeweils um 1/4 Umdrehung lockern, dann ganz ausdrehen.
● TIP Falls Zylinderkopf festgebacken, helfen leichte Gummihammerschläge in Gegend von Ein- und Auslass, um Kopf zu lockern. Nicht auf Kühlrippen schlagen! Kopf nach oben abnehmen. Auf Verbleib der zwei Passhülsen achten!
● ⚠ Vor Ausbau der Ventile Dichtheit der Ventilsitze prüfen (Kapitel 11.2).
● Ventile mit Ventilfederhalter ausbauen (Bild 175). Ventilfedern nur soweit zusammendrücken, bis Ventilkeile mit Pinzette oder Magnetheber entfernt werden können oder herausfallen (Bild 176). Teile nicht mischen und so aufbewahren, dass sie in ursprünglicher Einbaulage wieder montiert werden können!
● Vor Entnahme der Ventile Ventilkeilnuten auf Aufwerfungen oder Grate untersuchen. Gegebenenfalls mit feinem Ölstein Grate entfernen, da sonst Ventilführungen zerschrammt werden.
● Ventilschaftdichtungen mit Zängchen abziehen.

11.2 Prüfen und Vermessen

● Steuerketten-Führungsschienen auf Beschädigung und übermässigen Verschleiss prüfen.
● Mit Haarlineal Zylinderkopf, Zylinderdichtfläche und Zylinderkopfdeckel in mehreren

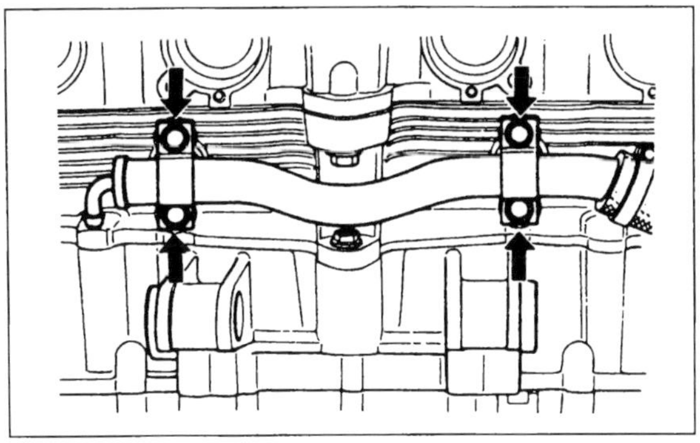

Bild 170
Kühlmittelschlauch-Befestigungsschrauben

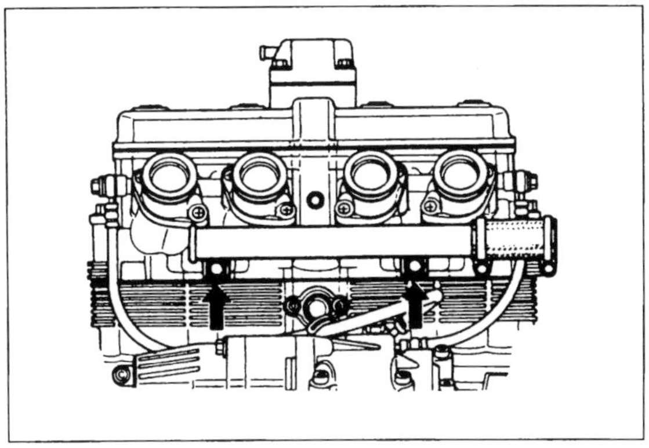

Bild 171
Kühlmittelschlauch-Befestigungsschrauben

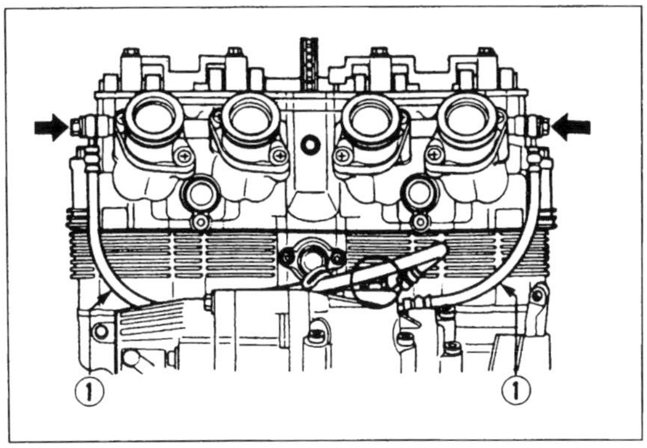

Bild 172
Ölleitung-Befestigungsschrauben
1 Ölleitung

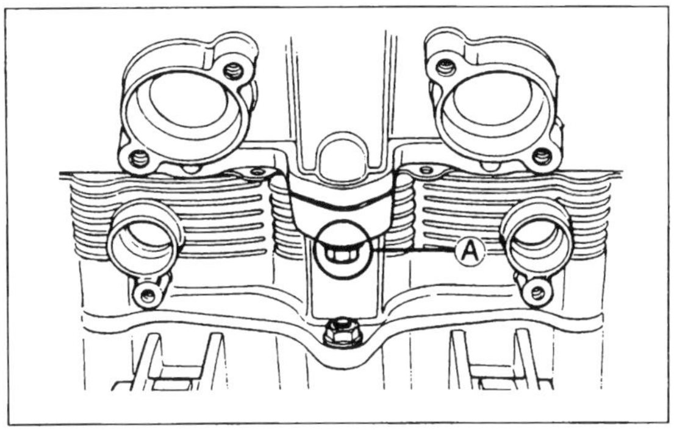

Bild 173
Befestigungschraube -A- ausdrehen

Bild 174
Anzugsreihenfolge der Zylinderkopfschrauben. Schrauben entgegen der angegebenen Reihenfolge ausdrehen.

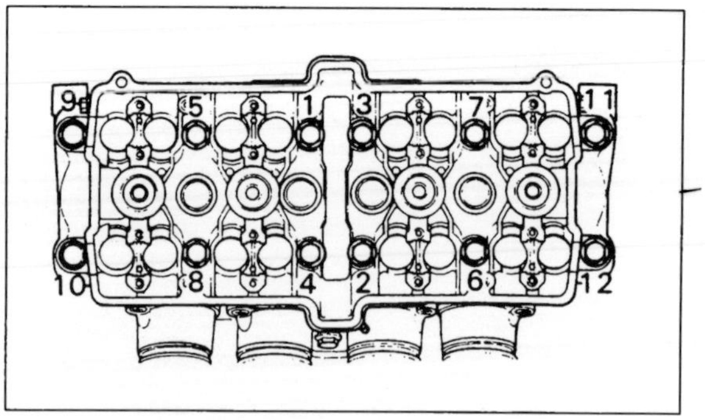

Bild 175 ►
Ventilfederspanner

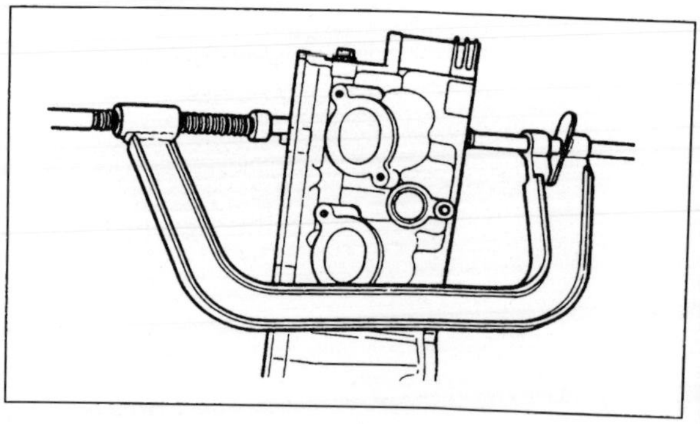

Bild 176
Ventikeilhälften ① entnehmen

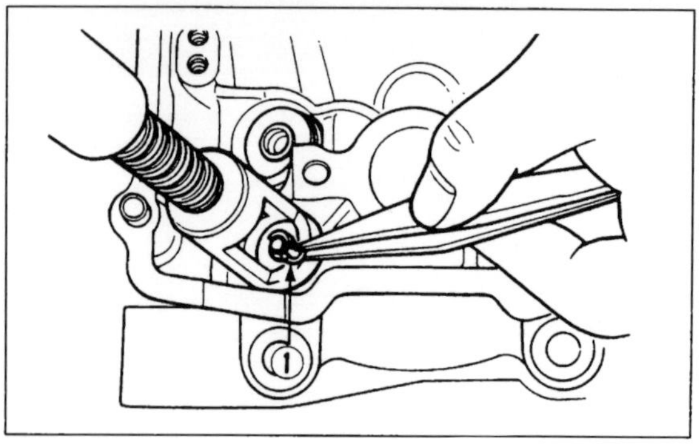

Bild 177 ►
Auf Verzug prüfen

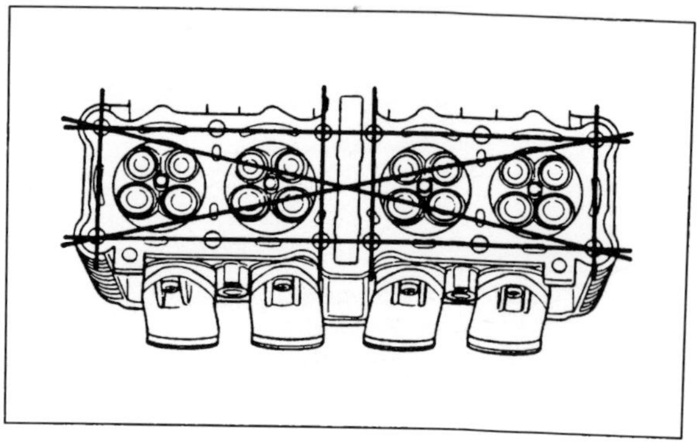

Bild 178
Ventilschaftschlag messen

Bild 179 ►
Ventilteller-Schlag messen

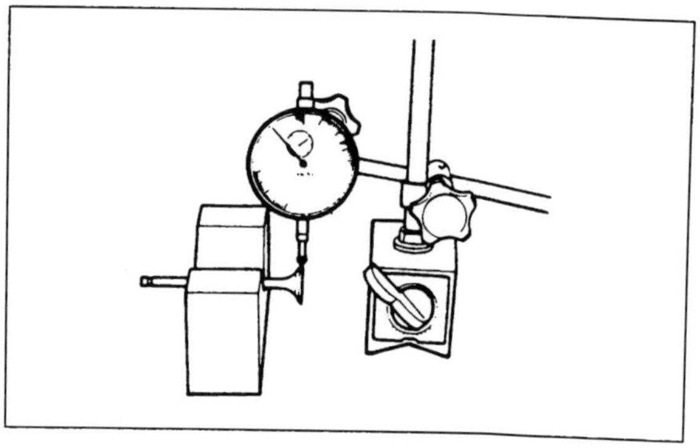

Bild 180
Tellerhöhe messen

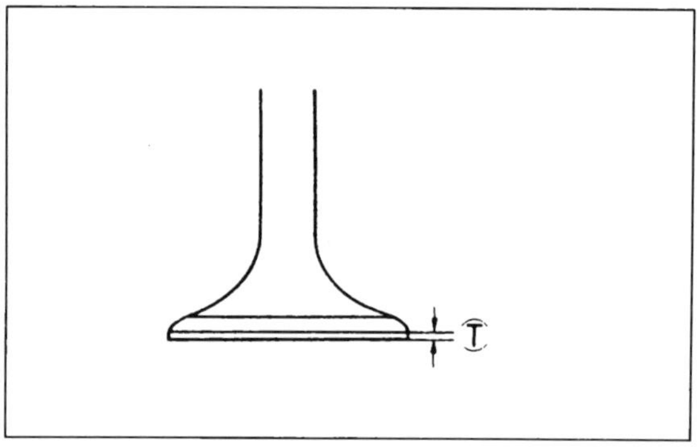

Bild 181 ►
Spielmessung Ventilführung/Ventilschaft

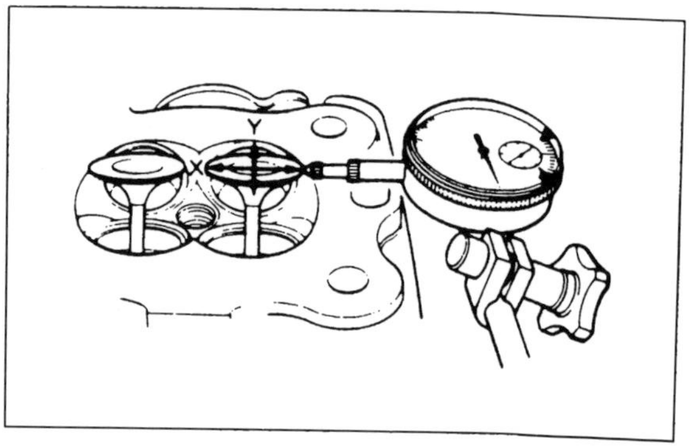

Bild 182
Ventilschaft-Durchmesser prüfen

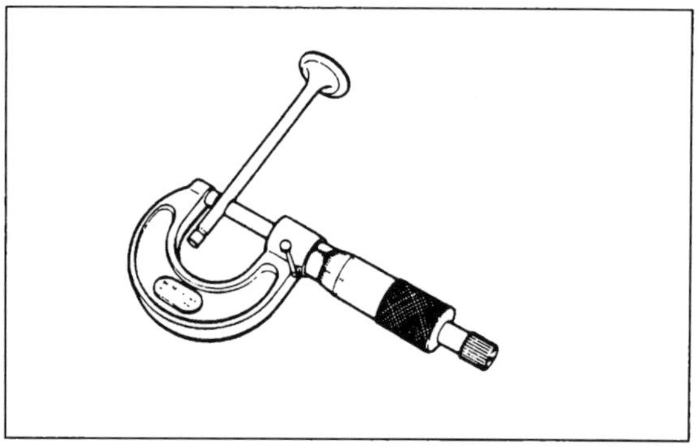

Bild 183 ►
Ventilsitz einläppen

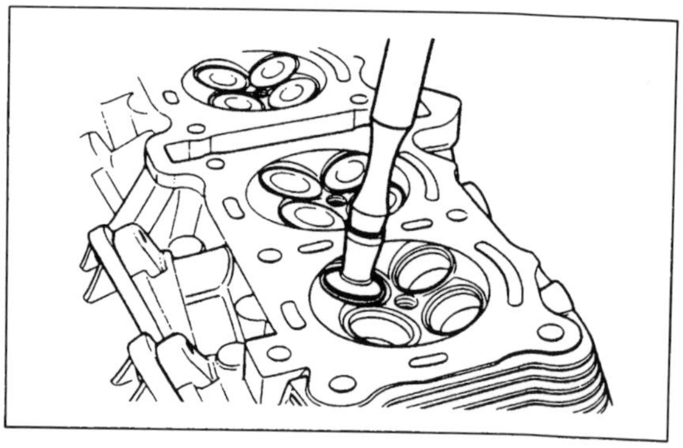

Richtungen auf Verzug prüfen (Bild 177); Verschleissgrenze 0,2 mm.

- Jedes Ventil auf Verbiegung, Kratzer und abormalen Verschleiss am Schaft untersuchen. Jedes Ventil muss in seiner Führung sauber gleiten.
- Ventildichtflächen am Ventil und Zylinderkopf auf abnormalen Verschleiss (Grübchenbildung oder Ausbrüche) untersuchen. Ventilsitz muss glattes und riefenfreies Tragbild zeigen. Falls Sitzfläche am Ventilteller verbrannt oder ungleichmässigen Kontakt mit Ventilsitz hat, Ventil erneuern. Gegebenenfalls Ventil erneuern und Sitz im Kopf neu fräsen lassen.
- Schlag der Ventilschäfte wie in Bild 178 gezeigt messen; maximal zulässiger Schlag 0,05 mm.
- Radialschlag des Ventiltellers messen (Bild 179); Verschleissgrenze: 0,03 mm.
- Mit zunehmendem Sitzflächenverschleiss nimmt Mass «T» / Bild 180 ab. Verschleissgrenze: 0,5 mm.
- Ventilschaftspiel messen (Bild 181). Verschleissgrenze: Einlass/Auslass 0,35 mm.
- Durchmesser der Ventilschäfte messen (Bild 182). Sollwert: Einlass 4,465 bis 4,480 mm; Auslass 4,455 bis 4,470 mm.
- Falls Ventilschaft zu dünn, mit neuem Ventil prüfen, ob Spiel wieder in Toleranz ist. Ventilsitz in jedem Fall im Fachbetrieb auf neues Ventil einschleifen lassen.
- Schliesst ein Ventil nicht einwandfrei dicht ab, Ventilsitz läppen (Bild 183). Prüfung: Zylinderkopf senkrecht halten und bei eingebautem Ventil in Einlass- oder Auspuffkanal Kraftstoff giessen, am Ventil darf nichts auslaufen.
- Läppmittel auf Ventilsitz auftragen, Ventil von innen mit speziellem Gummisauger oder von aussen mit Schlauchstück und Holzstift quirlen (mit 2 - 3 kg Druck). Läppmittel darf nicht zwischen Ventilschaft und Führung geraten! Genügt Nachläppen nicht zum Abdichten, Ventil erneuern oder Dichtfläche in Fachbetrieb überschleifen lassen.
- ⚠ Ist Ventilsitzring im Zylinderkopf oder Ventil zu breit oder zu schmal, muss er in Fachwerkstatt neu gefräst werden; Sollventilsitzbreite (Bild 184): 1,0 ± 0,1 mm.
- Fräswinkel werden von SUZUKI mit 15°, 30°, 45° und 60° angegeben. (Bild 185).
- Ventilschaftende darf keinen abnormalen Verschleiss (Ausbrüche oder Aufwerfungen) aufweisen. Gegebenenfalls kann Schaftende im Fachbetrieb nachgeschliffen werden.
- Ungespannte Länge der Ventilfedern messen (Bild 186). Verschleissgrenze: 43,0 mm.
- Unter Last (18,6 bis 21,4 kg) muss Ventilfeder eine Länge von 38 mm aufweisen (Bild 187).

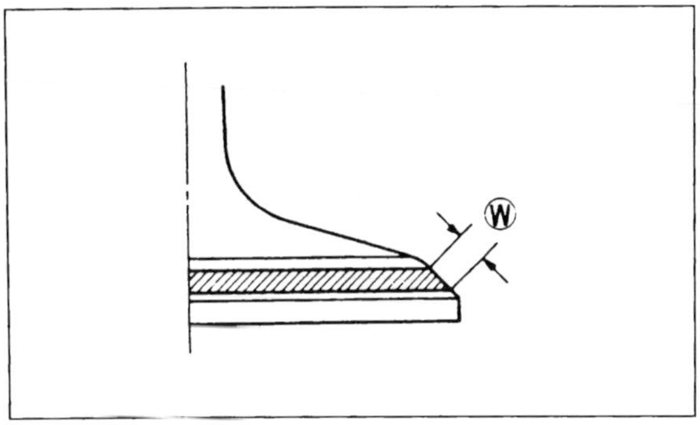

Bild 184
Ventilsitz-Breite messen

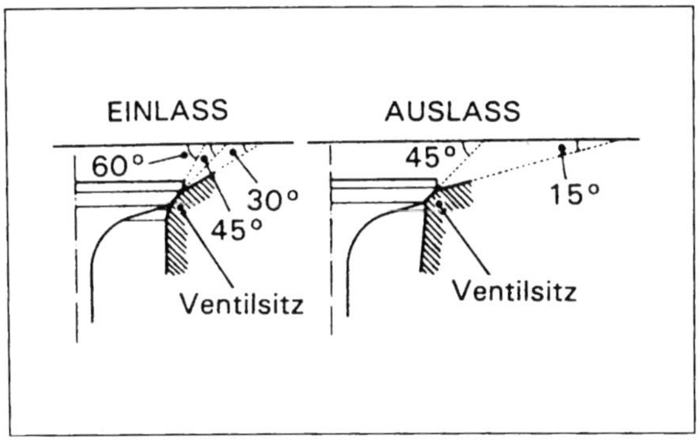

Bild 185
Ventilsitz-Fräswinkel

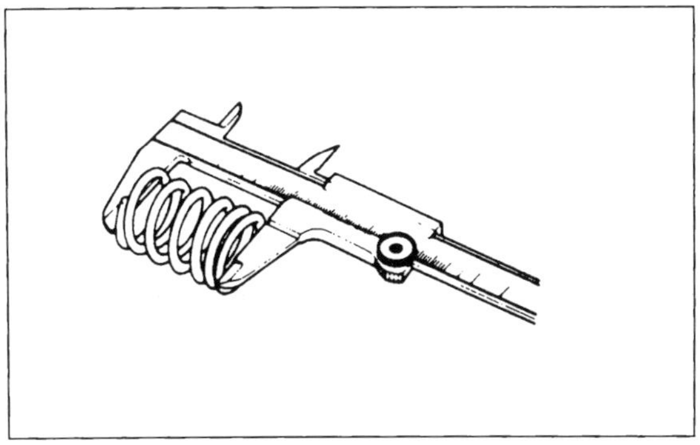

Bild 186
Freie Federlänge messen

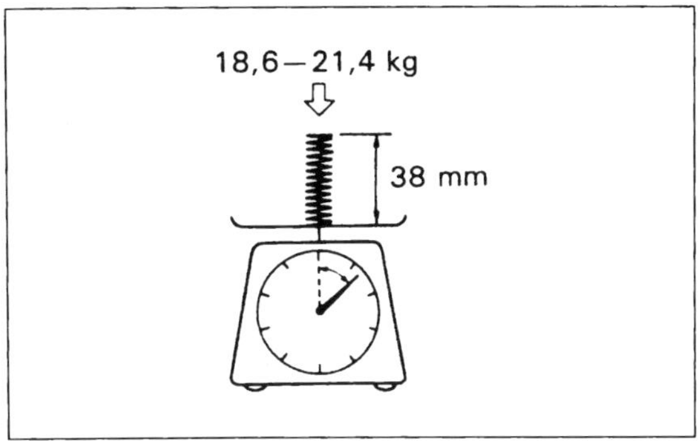

Bild 187
Federhöhe unter Last messen

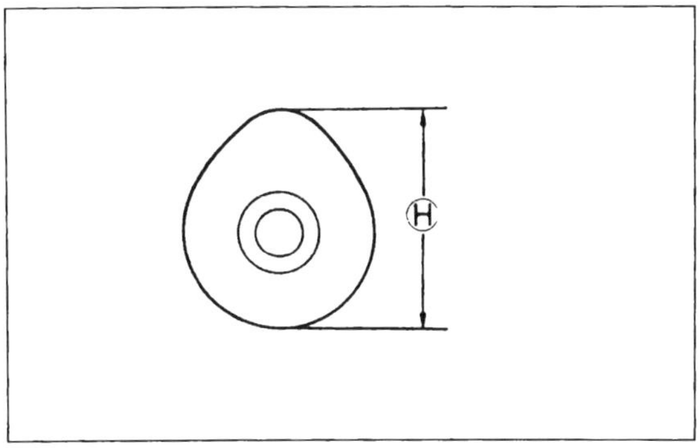

Bild 188
Nockenhöhe messen

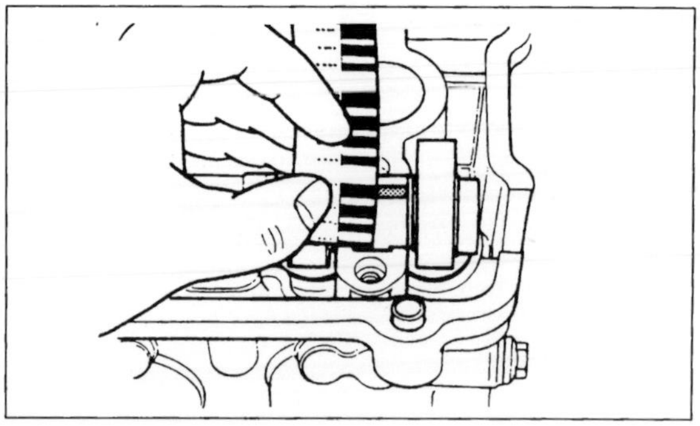

Bild 189
Lagerspiel messen (Plastigage)

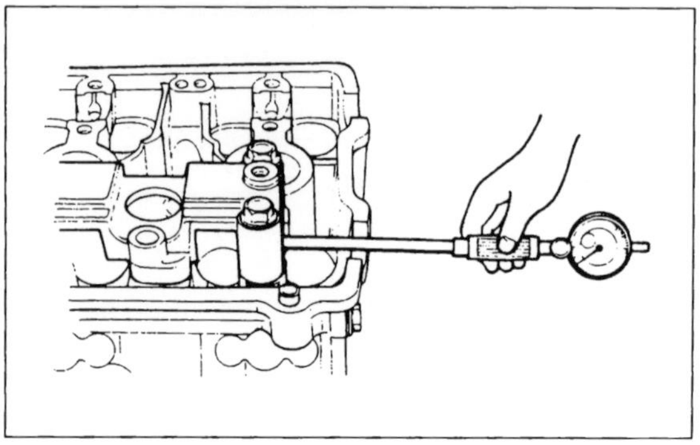

Bild 190
Innendurchmesser der Lagerböcke messen

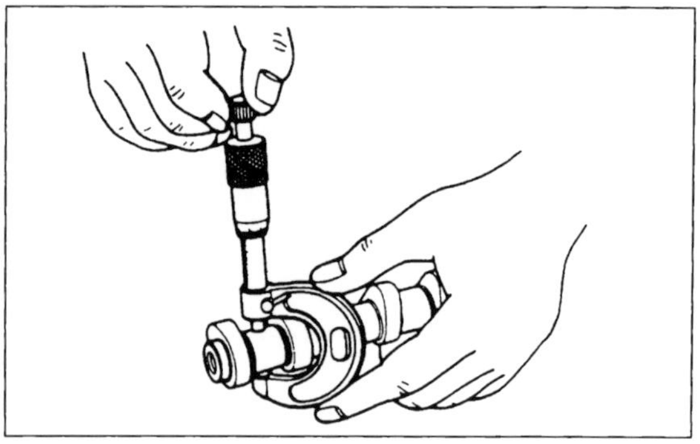

Bild 191
Lagerdurchmesser abnehmen

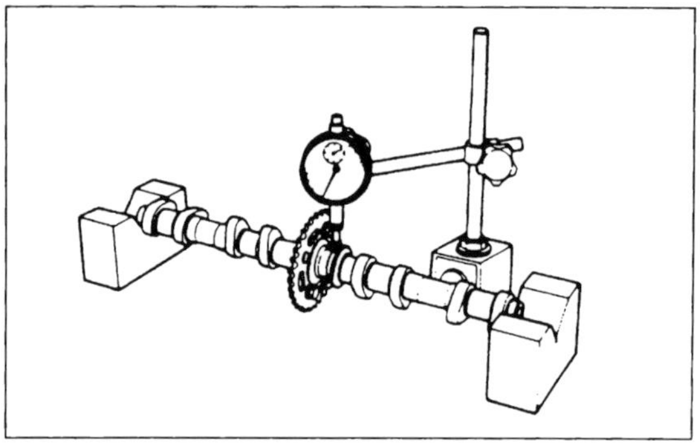

Bild 192
Nockenwellen-Schlag messen

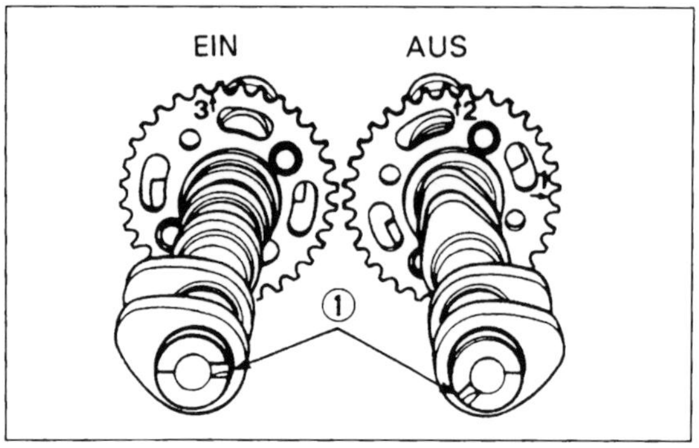

Bild 193
Kettenräder-Schrauben mit flüssiger Schraubensicherung eindrehen
1 Kerbe

- Nockenhöhe messen (Bild 188). Sollwerte und Verschleissgrenzen siehe Technische Daten ab Seite 123.
- Spiel der Nockenwellenlager mit Kunststoff- (Plastigage-) Streifen messen. Verschleissgrenze: 0,150 mm.
- Dazu Messstreifen in ölfreies geöffnetes Lager legen, Welle einsetzen, Lagerdeckel aufsetzen und mit vorgeschriebenem Drehmoment anziehen (10 Nm, Kapitel 3.7). **Welle nicht drehen!**
- Nach Wiederöffnen Lagerspiel an Quetschbreite des Streifens ablesen (je breiter der Streifen, desto geringer das Spiel), siehe Bild 189. Bei Überschreiten der Verschleissgrenze Innendurchmesser des Nockenwellenlagers und Lagerzapfen der Nockenwelle messen.
- Lagerdeckel anbringen und Innendurchmesser mit Innentaster messen (Bild 190). Sollwert: 22,012 bis 22,025 mm.
- Aussendurchmesser des Nockenwellen-Lagerzapfens mit Mikrometer messen (Bild 191). Sollwert Ein- und Auslass: 21,959 bis 21,980 mm.

Gegebenenfalls Nockenwelle austauschen und Lagerspiel erneut überprüfen. Falls Spiel noch immer Verschleissgrenze überschreitet, müssen Zylinderkopf und Lagerdeckel ausgewechselt werden.

- Lauf- und Lagerflächen und Nockenwelle auf Riefen, Beschädigungen oder Anzeichen unzureichender Schmierung untersuchen. Ölbohrungen dürfen nicht verstopft sein.
- Mit Dreikantschaber Ölkohleablagerungen aus Brennraum entfernen (keine Kratzer hinterlassen!). Bereich zwischen Zündkerzengewinde und Ventilführungen auf Risse kontrollieren.
- Schlag der Nockenwelle mit Messuhr am mittleren Lagerzapfen messen (Bild 192). Verschleissgrenze: 0,10 mm.

11.3 Montage

- ⚠ Sämtliche Einzelteile wieder in ursprüngliche Einbaulage einbauen.
- Unteren Ventilfedersitz auflegen (nicht verwechseln mit Federteller) und neue Ventilschaftdichtringe ölbenetzt von Hand aufdrücken. Ventilschäfte mit Öl benetzen und in Führungen schieben.
- Falls Steuerkettenräder von Nockenwellen demontiert, Kettenräder in der in Bild 193 gezeigten Stellung befestigen. Flüssige Schraubensicherung auf Gewinde auftragen.

Anzugsmoment 25 Nm.

- Ventilfedern mit engen Windungen nach unten weisend (zum Zylinderkopf hin) einsetzen. Ventil-

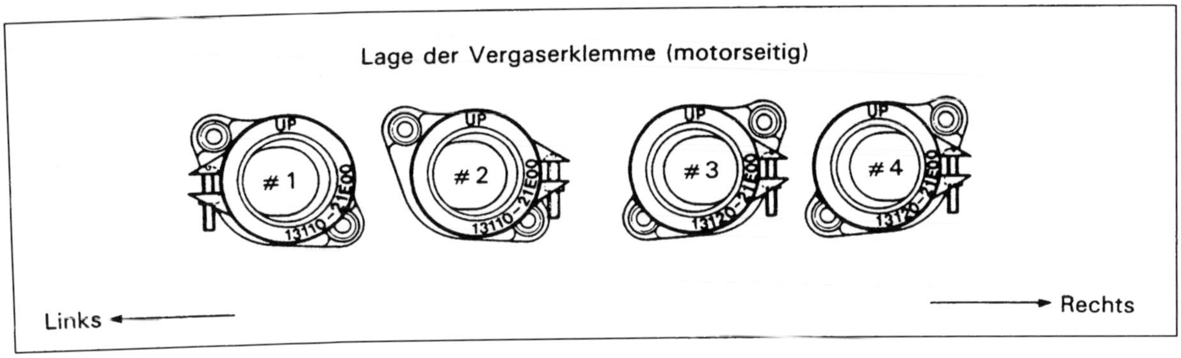

Bild 194
Einbaulage der Ansaugstutzen und Schlauchklemmen

federn sind im Neuzustand mit Farbe gekennzeichnet (Bild 196).

- Federteller aufsetzen und mit Ventilfederspanner Federn soweit zusammendrücken, dass Ventilkeile eingesetzt werden können (Bild 195).
- ⚠ Ventilfedern nicht mehr als unbedingt nötig zusammendrücken.
- Mit Gummihammer leicht auf Ventilschäfte klopfen, damit sich Ventilkeile setzen.
- Vergaseransaugstutzen mit möglichst wenig Überstand und neuen O-Ringen am Zylinderkopf anbringen (Bild 194).
- Steuerkettenführung ① Bild 197, zwei Passhülsen und neue Zylinderkopfdichtung anbringen.
- Zylinderkopf aufsetzen und in der in Bild 174 angegebenen Reihenfolge in zwei Schritten anziehen. Anzugsmoment des letzten Durchgangs 40 bis 45 Nm.
- Tassenstössel und Nockenwellen (mit Ventilspielkontrolle) montieren wie in Kapitel 3.7 beschrieben.
- Ölleitungen mit neuen Dichtungen anbringen.
- Kühlmittelrohre mit neuen O-Ringen anbringen.

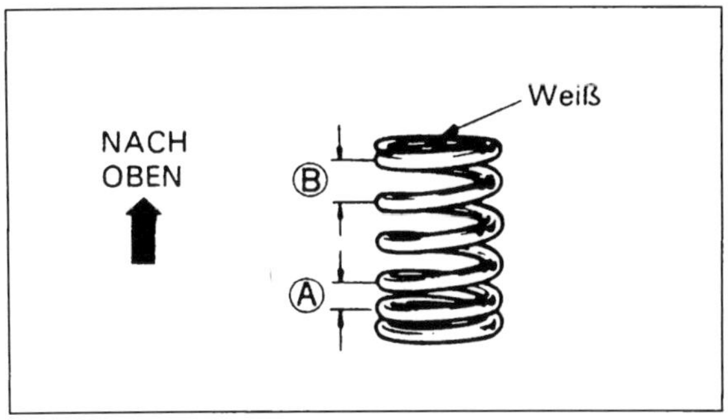

Bild 195
Grosser Windungsabstand B nach oben weisend; kleiner Abstand A nach unten

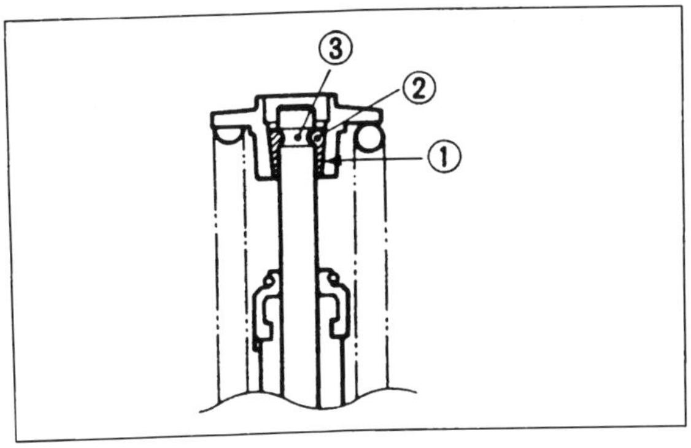

Bild 196 ◄
Ventilfeder montieren
1 Ventilkeil
2 Wulst
3 Ventilschaftnut

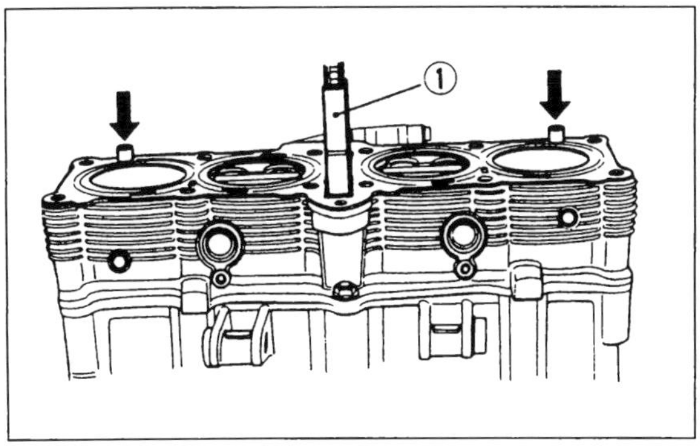

Bild 197
Zylinderkopfdichtung und Passhülsen anbringen
1 Steuerkettenführung

12 Zylinder und Kolben

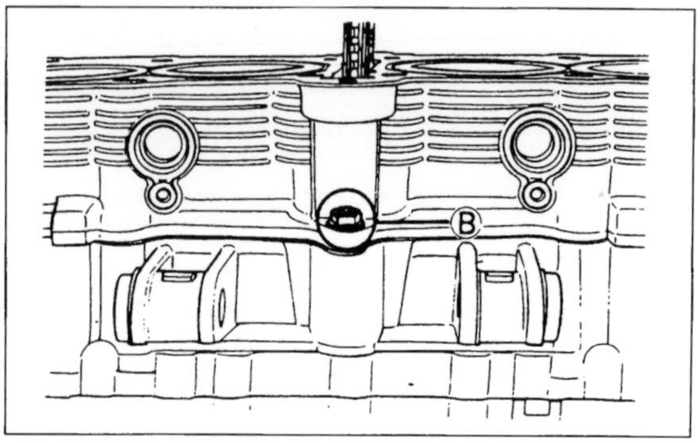

Bild 198
Zylindermutter -B- ausdrehen

Bild 199
Einbaulage der Kolben notieren

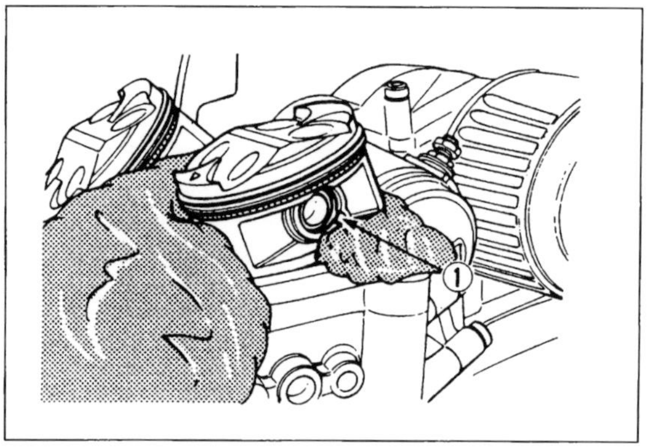

Bild 200
Kolbenbolzen-Sicherung aushebeln
1 Sicherungsring

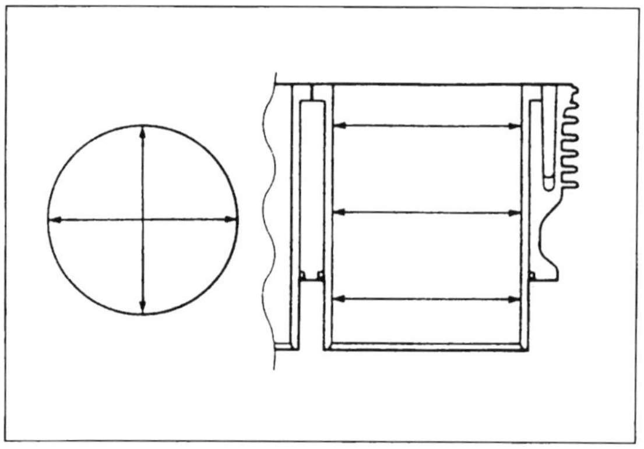

Bild 201
Messpunkte/Zylinder

12.1 Demontage

- Befestigungsschraube -B- Bild 198 vorn (Auslasseite) ausdrehen.
- Zylinder und Kolben bei abgenommenem Zylinderkopf demontieren.
- Falls festgebacken, Zylinder vorsichtig mit Gummihammer lockern. Nicht auf Kühlrippen klopfen!
- Vor Ausbau Einbaulage der Kolben von links nach rechts markieren (Bild 199).
- Bevor Zylinder Kolbenringe freigibt und ganz nach oben abgezogen wird, Zylinderbohrung im Gehäuse mit Putzlappen bedecken, damit Bruchstücke eines eventuell gebrochenen Kolbenrings nicht ins Kurbelgehäuse fallen (Bild 200).
- Kolbenbolzen-Sicherungsring ① Bild 200 aushebeln.
- Kolbenbolzen von Hand herausdrücken. Bolzenausdrücker nur verwenden, wenn Kolben schon Schrott ist.
- ⚠ Kolbenbolzen keinesfalls mit Durchschlag austreiben. Pleuel ist schnell krummgeschlagen!
- Kolbenringe mit beiden Daumen etwas aufweiten und über Kolben schieben. Ringe nicht zu weit aufbiegen, da sie leicht brechen.
- Mit Dreikantschaber Kolbenboden vorsichtig entkohlen (keine Riefen hinterlassen!).
- Ringnuten mit eventuell gebrochenem Kolbenring entkohlen.

12.2 Prüfen und Vermessen

- Lauffläche im Zylinder und Kolbenhemd dürfen keine Ausbrüche, Riefen oder Kratzer aufweisen.
- Zylinderblock auf Verzug prüfen, siehe Bild 177. Verschleissgrenze: 0,2 mm.
- Zylinderdurchmesser auf drei Ebenen in Fahrtrichtung und im rechten Winkel dazu messen (Bild 201). Verschleissmass 65,075 mm (600 R), 73,085 mm (900 R).
- Maximale Konizität des Zylinders ermitteln:

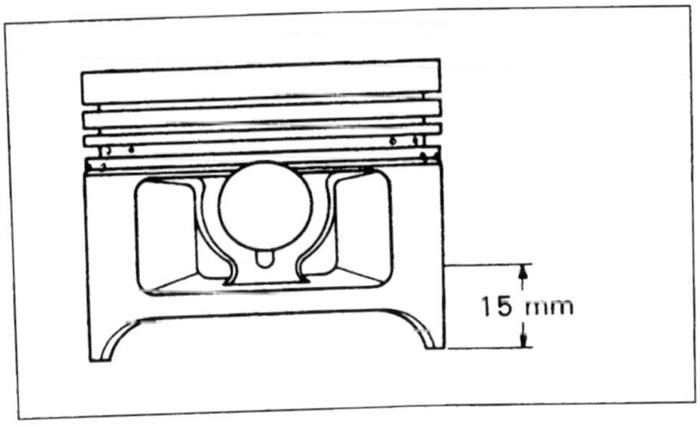

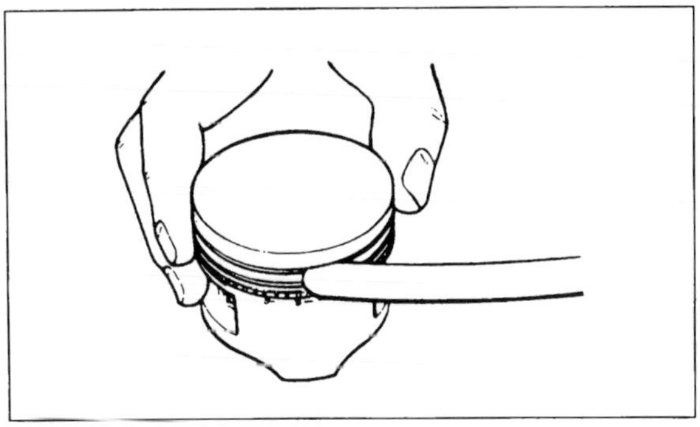

Bild 202 ◄
Messebene Kolben

Bild 203
Ringnutspiel messen

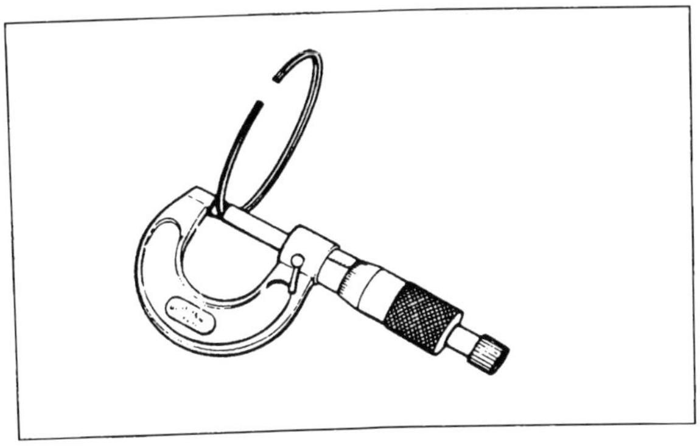

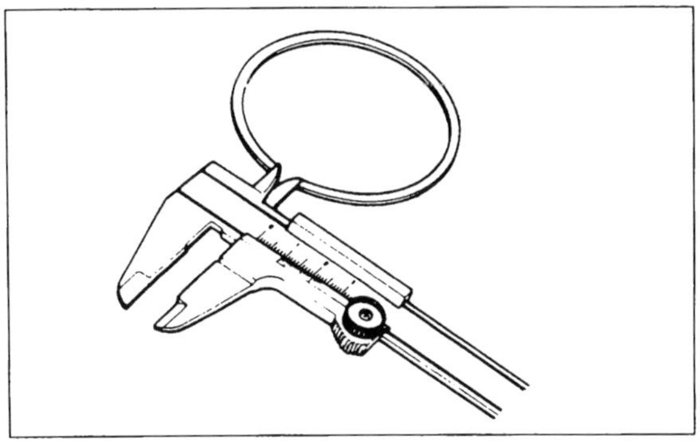

Bild 204 ◄
Ringdicke messen

Bild 205
Freien Ringspalt messen

- Maximaler abzüglich minimaler Durchmesser. Verschleissgrenze: 0,05 mm.
Falls Messung Verschleissgrenze überschreitet, Zylinder in SUZUKI- oder Fachwerkstatt mit Übermasskolben (erhältlich in 0,50 mm-Stufen) überholen lassen.
- Aussendurchmesser des Kolbens am Kolbenhemd 15 mm über Unterkante, im rechten Winkel zur Bolzenachse messen (Bild 202). Verschleissgrenze: 64,880 mm (600 R), 72,880 mm (900 R). Errechnetes Spiel des Kolbens im Zylinder (grösster Zylinderdurchmesser abzüglich Kolbendurchmesser) darf maximal 0,120 mm betragen.
- Für den Fall einer Reparatur Ringe und Kolben als Satz erneuern. Zylinder mit entsprechendem Laufspiel in Fachwerkstatt aufbohren und honen lassen.
- Mit Fühlerlehre Spiel zwischen Kolbenring und Ringnut abtasten (Bild 203). Verschleissgrenze erster und zweiter Ring 0,180 mm. Kolbenring muss frei, ohne zu klemmen, durchrollen.
- Kolbenringnutbreite messen. Sollwert 1. Ring: 0,83 bis 0,85 mm / 1,02 bis 1,04 mm (900 R); 2. Ring: 0,82 bis 0,84 mm / 1,02 bis 1,04 mm (900 R); Ölabstreifring: 1,51 bis 1,53 mm /2,01 bis 2,03 mm (900 R).
- Kolbenringstärke messen (Bild 204). Sollwert 1. und 2. Ring: 0,77 bis 0,79 mm (600 R) 0,97 bis 0,99 mm (900 R).
- Falls zulässige Spielwerte überschritten, Kolben und Ringe ersetzen.
- Freien Kolbenringspalt messen (Bild 205). Verschleissgrenze 1. Ring: 6,0 mm / 5,5 mm (900 R); 2. Ring: 6,4 mm / 5,8 mm (900 R).

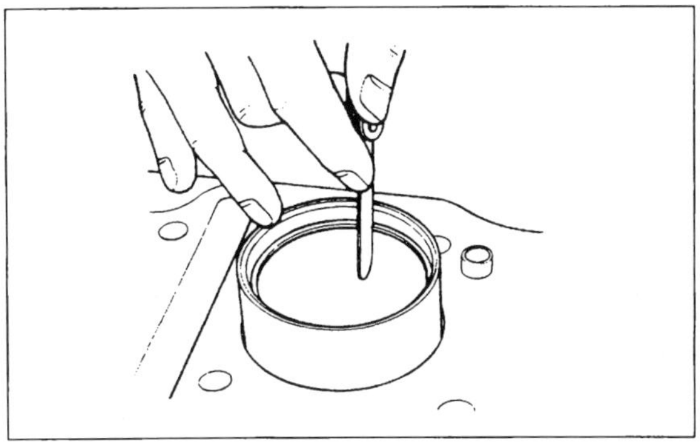

Bild 206
Ringspalt messen

- Kolbenringe einzeln in Zylinder schieben rechtwinkelig zur Zylinderbohrung mit Kolben ausrichten. Mit Fühlerlehre Stoss-Spiel ausfühlen

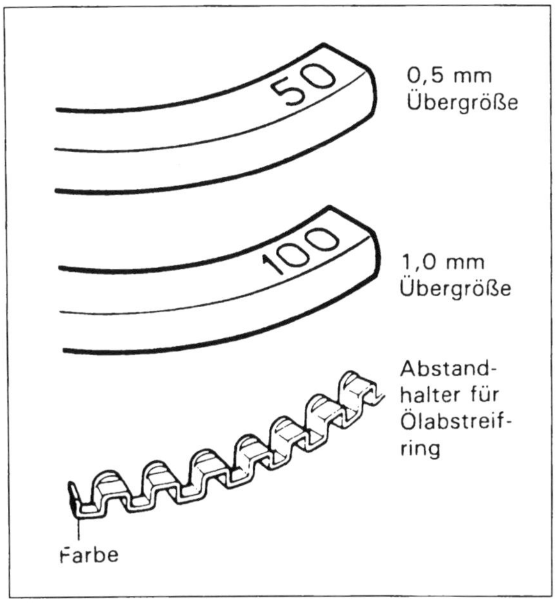

Bild 207
Übermass-Markierungen

Bild 208
Durchmesser Kolbenauge

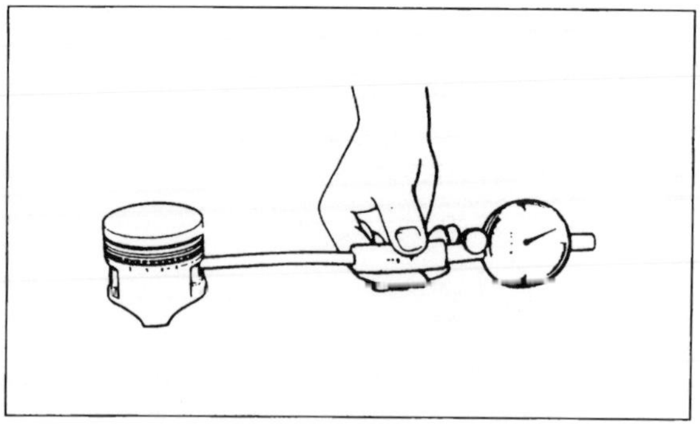

Bild 209 ►
Kolbenbolzen an mehreren Punkten messen

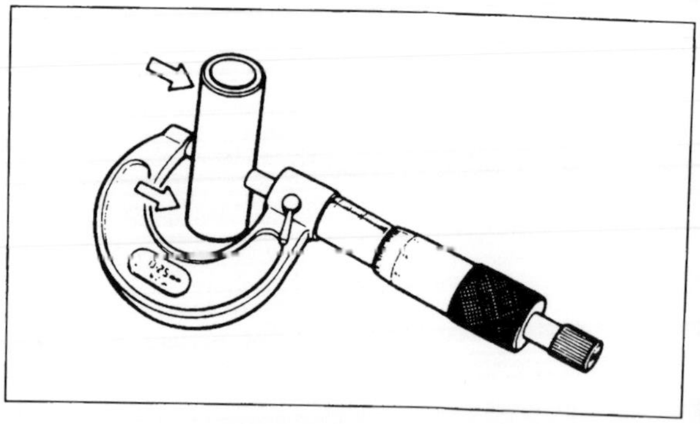

Bild 210
Durchmesser Pleuelauge

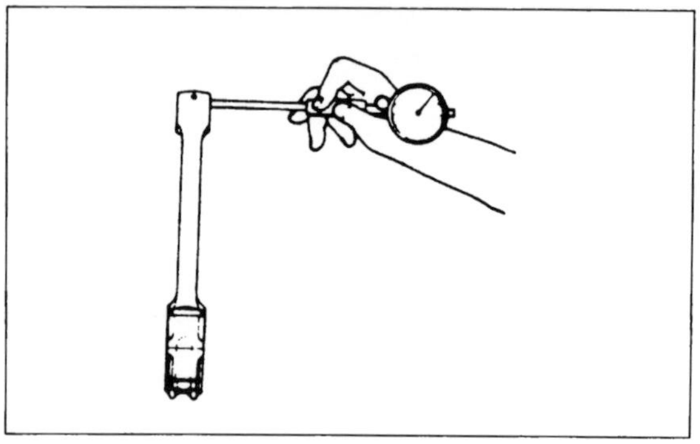

Bild 211 ►
Kolbenring-Profile

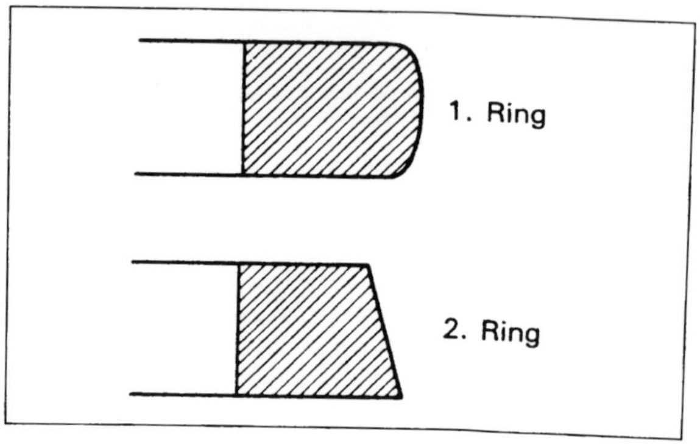

Bild 212
Markierungen nach oben weisend einbauen

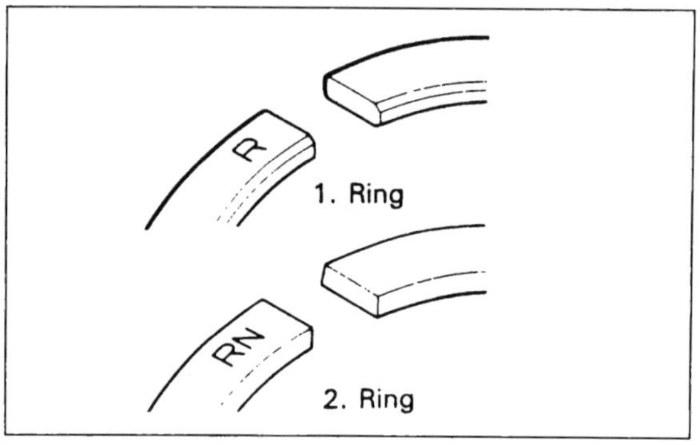

Bild 213 ►
Ölabstreifring
1 Abstandhalter
2 Seitenschiene

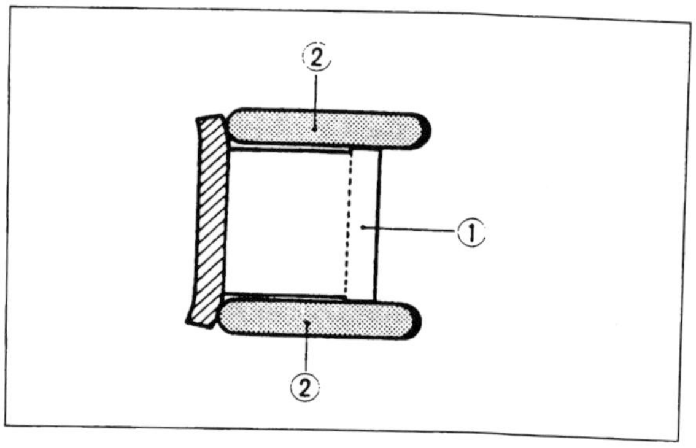

Bild 214
Ringspaltverteilung

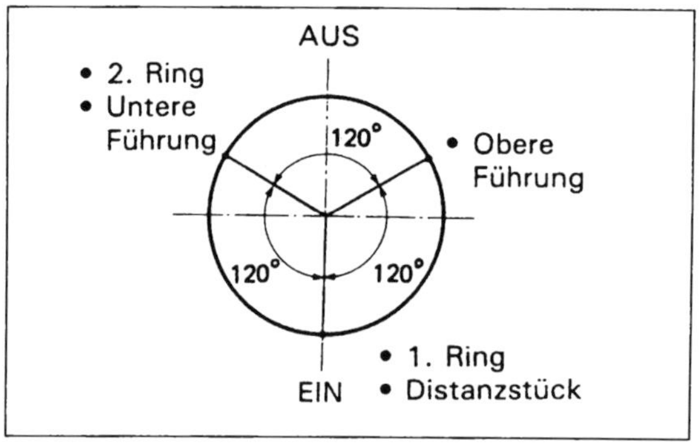

Bild 215 ►
Markierungen zeigen in Auslass-Richtung

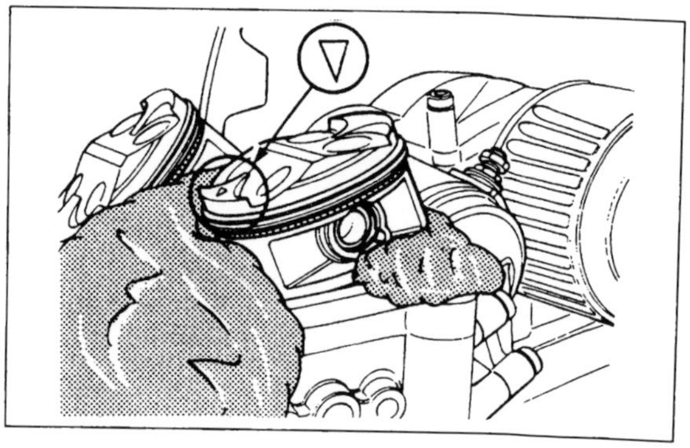

Bild 216
Neue O-Ringe ① auflegen

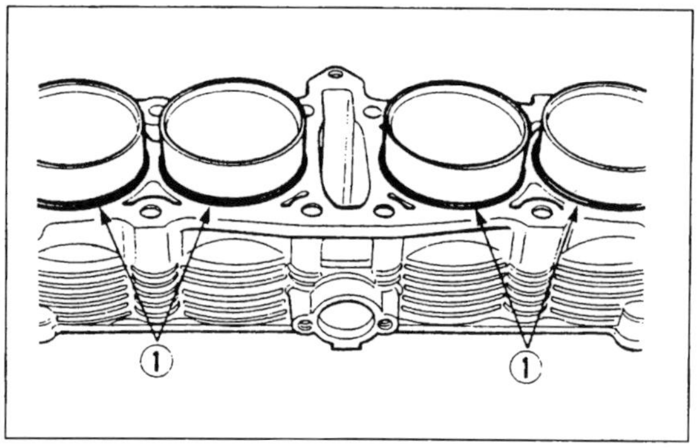

Bild 217 ►
Zylinderdichtung und Passhülsen anbringen
«UP»-Kennzeichnung weist nach oben

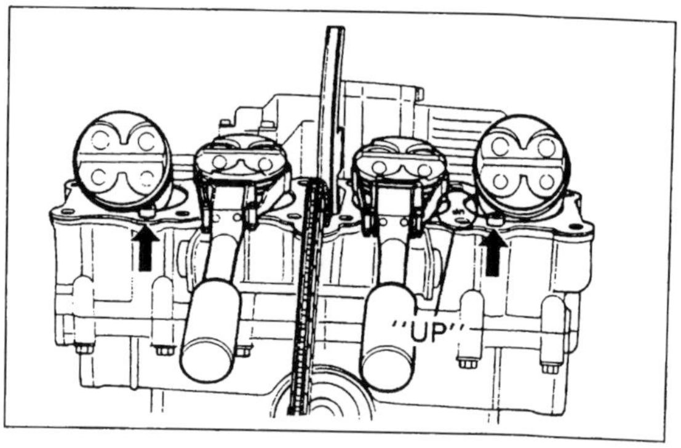

(Bild 206). Sollwert 1. Ring: 0,5 mm; 2. Ring: 0,5 mm / 1,0 mm (900 R).

- Kolbenbolzen darf leicht eingeölt weder im Pleuel noch im Kolben Spiel aufweisen und muss frei beweglich sein.
- Übergrössen-Kolbenringe tragen auf Oberseite Grössenmarkierung (Bild 207): «50» für 0,5 mm-Übergrösse und «100» für 1,0 mm-Übergrösse. Ölabstreiferringe haben im ersten Übermass rote und im zweiten gelbe Farbmarkierung.
- Innendurchmesser der Kolbenbolzenbohrung messen (Bild 208). Verschleissgrenze: 16,030 mm / 19,030 mm (900 R).
- Aussendurchmesser des Kolbenbolzens messen (Bild 209). Verschleissgrenze: 15,980 mm / 18,980 mm (900 R).
- Innendurchmesser des oberen Pleuelauges messen (Bild 210). Verschleissgrenze: 16,040 mm / 19,040 mm (900 R).

12.3 Montage

- Ölabstreifring und Kolbenringe mit Markierung nach oben weisend an Kolben montieren (Bilder 211, 212 und 213). Dabei Ringe nicht weiter als unbedingt nötig aufweiten, da sie leicht brechen.
- Kolbenringstösse gleichmässig am Kolbenumfang verteilen (Bild 214).
- Mit Lappen Öffnung des Kurbelgehäuses abdecken, damit Sicherungsringe nicht hineinfallen können.

Pleuelaugen des Kolbens mit MoS_2-Fett schmieren und Kolbenbolzen einschieben.

- ⚠ Kolben mit Pfeil in Fahrtrichtung weisend montieren (Bild 215).
- Kolbenbolzen-Sicherungsringe (unbedingt Neuteile verwenden!) einsetzen.
- O-Ringe unten in Nut am Zylinderhals einlegen (Bild 216). Zwei Passhülsen anbringen und Fussdichtung mit wenig flüssiger Dichtmasse an Dichtfläche am Zylinderblock befestigen («UP»-Markierung weist nach oben, Bild 217).
- Kolben 2 und 3 im oberen Totpunkt mit passenden Holzleisten «untermauern» und Kolben und Zylinder gut geölt aufeinanderschieben, wobei Kolbenringe mit Fingern oder Ringspannern (Bild 217) zusammengedrückt werden. Kurbelwelle drehen und Kolben 1 und 4 in Zylinder einführen.
- Befestigungsmutter -B- Bild 198 anziehen (9 Nm).

13 Kurbelgehäuse und Starterfreilauf

13.1 Demontage

- Das Kurbelgehäuse muss zur Wartung von Kurbelwelle, Pleuel, Getriebe und Starterfreilauf geöffnet werden.
- Befestigungsschrauben ausdrehen und den Deckel des Starterfreilauf-Gehäuses abnehmen (Bild 218).
- Starterfreilauf und Zwischenrad mit Welle abnehmen (Bild 219).
- Rotorschraube ausdrehen und Rotor abnehmen (Bild 220).
- Zwei Befestigungsschrauben ausdrehen und Impulsgeber abnehmen (Bild 221).
- An Zwischenwelle vier Lagerschildschrauben und zwei Leelaufschalterschrauben ausdrehen und Schalter ausbauen. O-Ring ① Bild 222, Schalterkontakt ② und Feder ③ abnehmen.
- Im Kupplungsgehäuse zwei Lagerschildschrauben ausdrehen (Bild 223).
- Kurbelgehäuse umdrehen und Befestigungsschrauben der Ölwanne (Bild 224) schrittweise über Kreuz ausdrehen.
- Ölsumpffilter ① Bild 225 nach Ausdrehen der Befestigungsschrauben abnehmen.
- Zwei Befestigungsschrauben ausdrehen und Ölsumpffilter abnehmen. Ansaugglocke nach Ausdrehen von zwei Befestigungsschrauben abnehmen (900 R).
- Belagscheibe ② Bild 226 und O-Ringe ③ abnehmen.
- Befestigungsschrauben oben lösen (Bild 227).
- Gehäuseschrauben unten ausdrehen (Bild 228).
- Kurbelwellenlagerschrauben entgegen der in Bild 231 angegebenen Anzugsreihenfolge lösen.

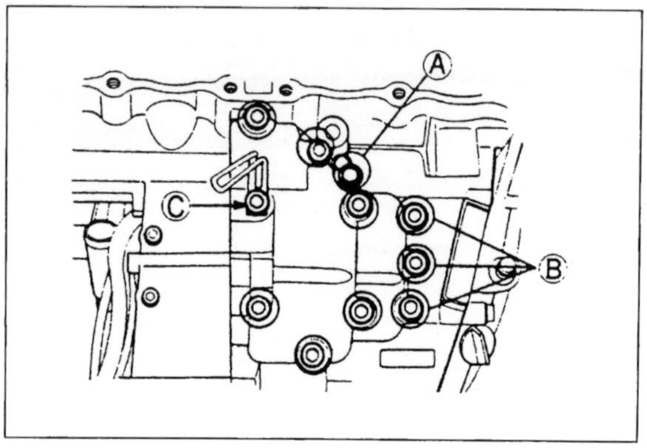

Bild 218
Deckelschrauben Starterfreilauf
Bei Wiedereinbau
A mit Kupferdichtscheibe
B mit Stahlscheibe/Gummidichtung
C mit Ölschlauchklemme

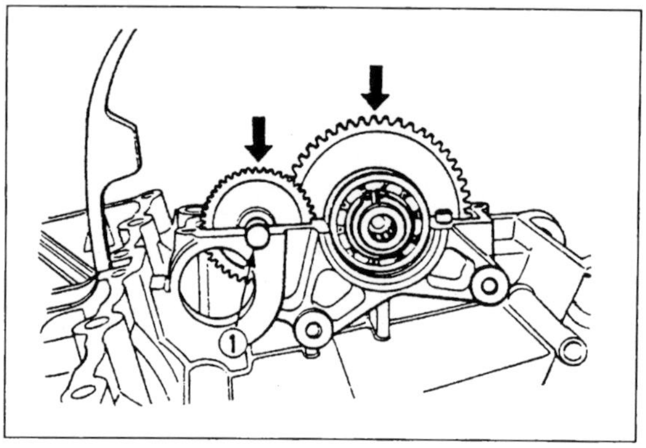

Bild 219
Welle und Zwischenrad abnehmen
1 Bei Wiedereinbau Abdeckkappe anbringen

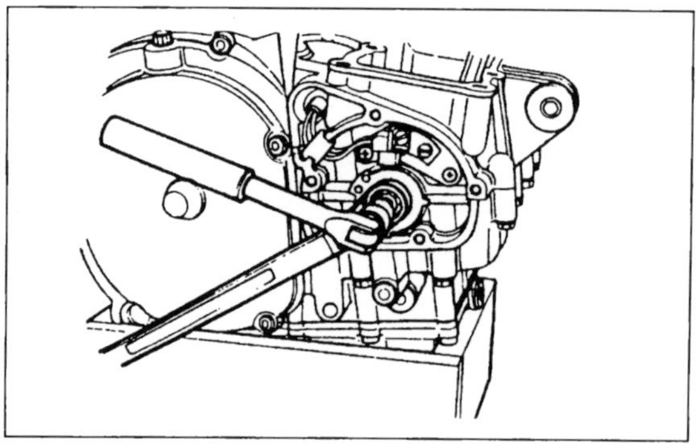

Bild 220
Rotorschraube ausdrehen

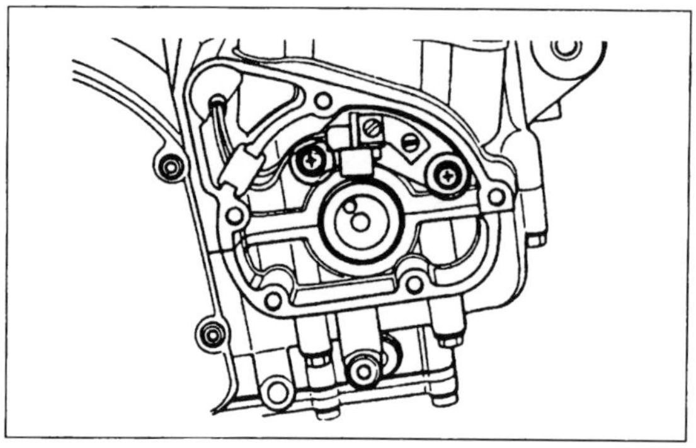

Bild 221
Befestigungsschrauben der Impulsgeber-Halteplatte

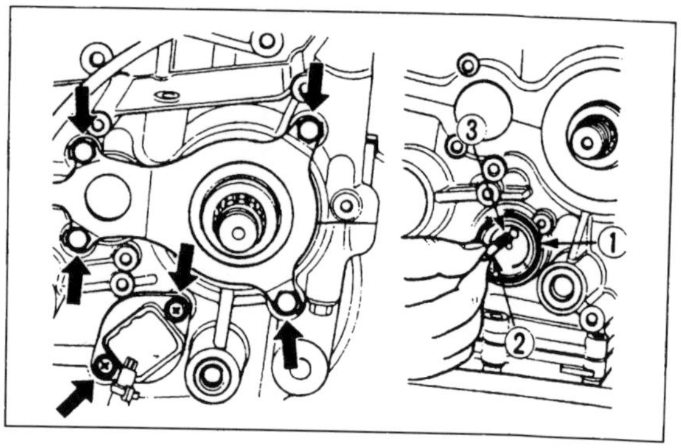

Bild 222 ►
Leerlaufschalter abnehmen
1 O-Ring
2 Schalterkontakt
3 Feder

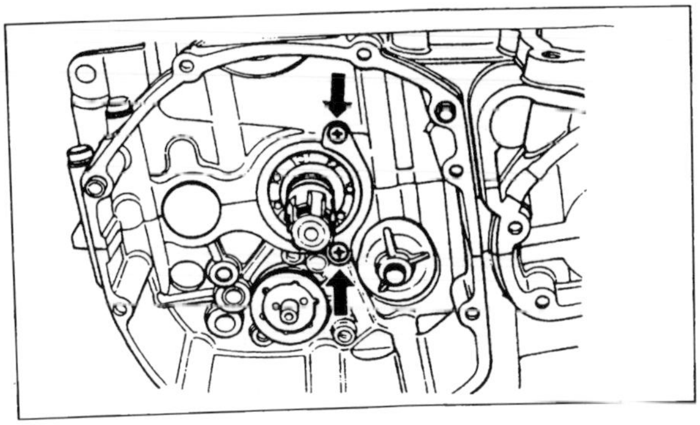

Bild 223
Lagerschild-Befestigungs-schrauben

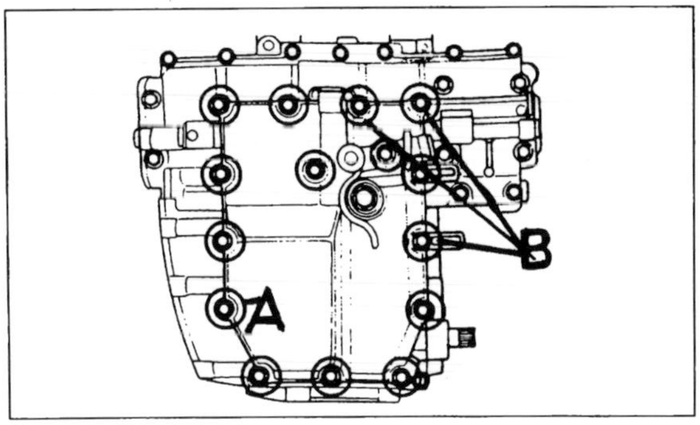

Bild 224
Ölwannen-Befestigungs-schrauben
Bei Wiedereinbau
A Neue Dichtung
B Kabelklemmen anbringen

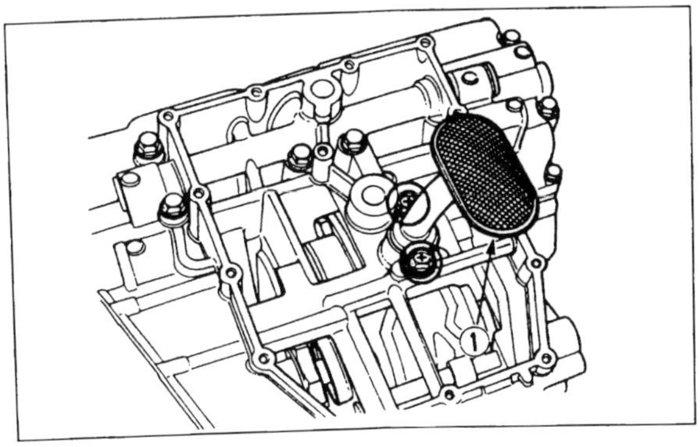

Bild 225
Ölsumpffilter-Befestigungs-schrauben
1 Filter

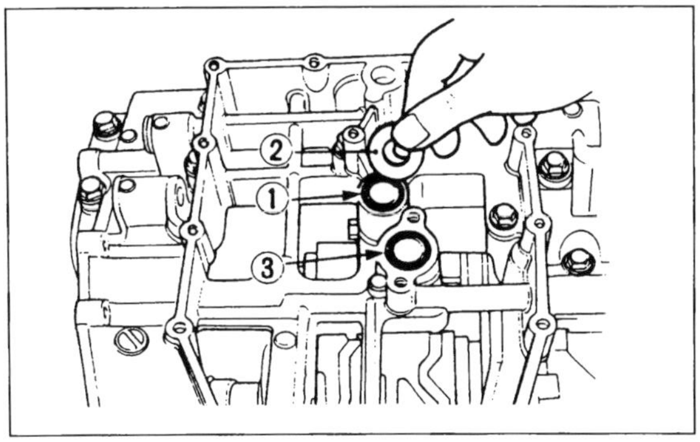

Bild 226
Beilagscheibe ① und O-Ringe ② entfernen

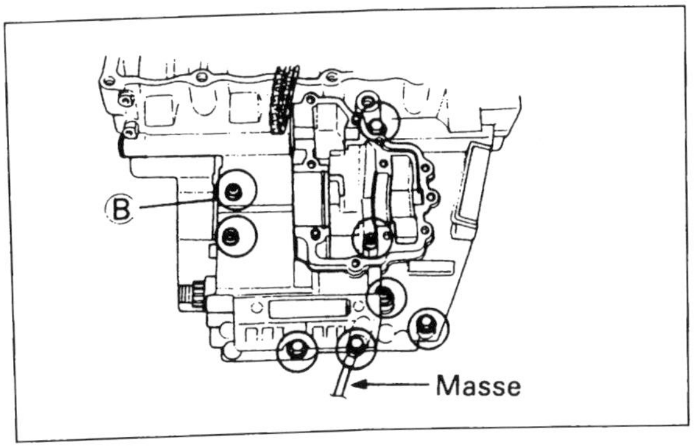

Bild 227
Gehäuseschrauben oben
B Bei Wiedereinbau Neue Dichtungen

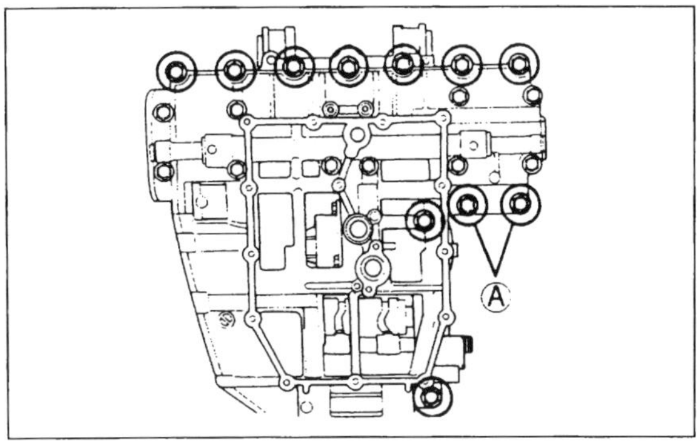

Bild 228
Gehäuseschrauben unten
A Bei Wiedereinbau neue Dichtungen

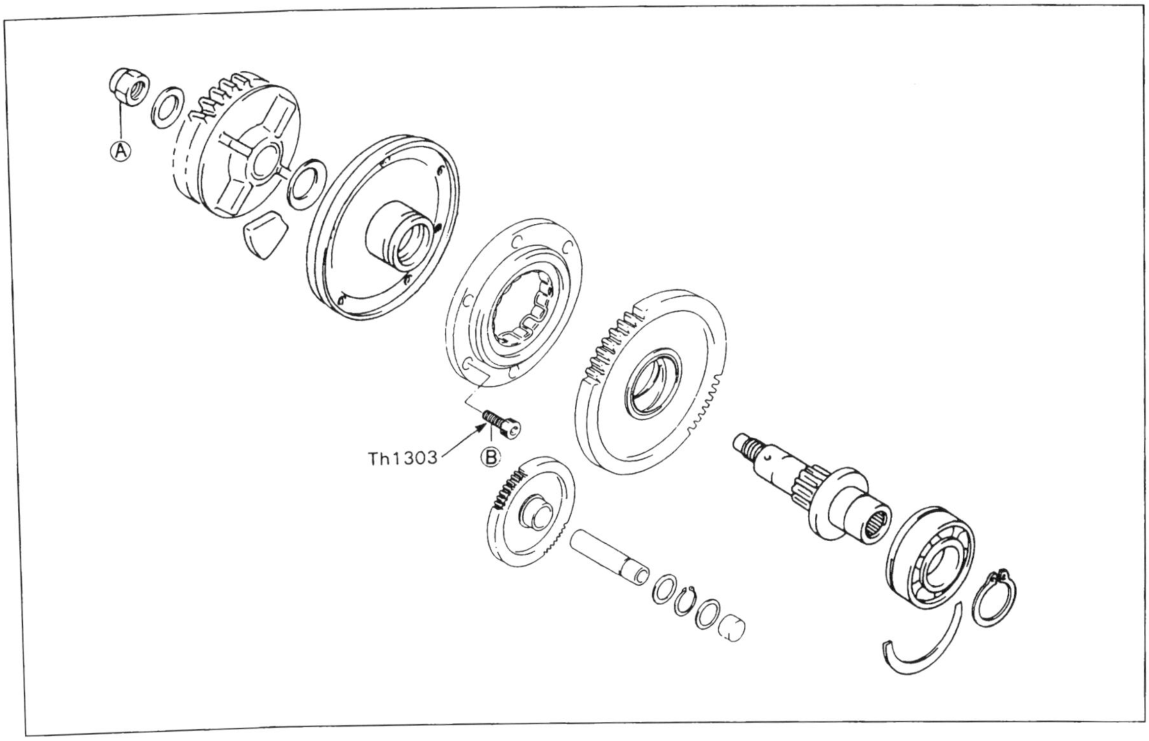

Bild 229
Startergetriebe
A 40 - 60 Nm
B 8 - 12 Nm
Th Thread Lock Super 1303 auftragen

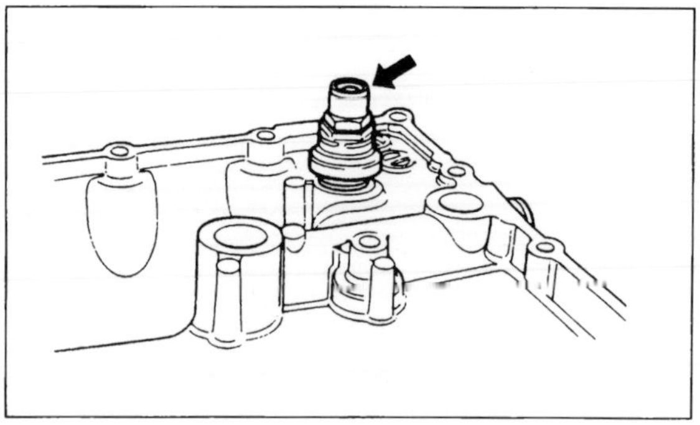

Bild 230
Öldruckregler einbauen

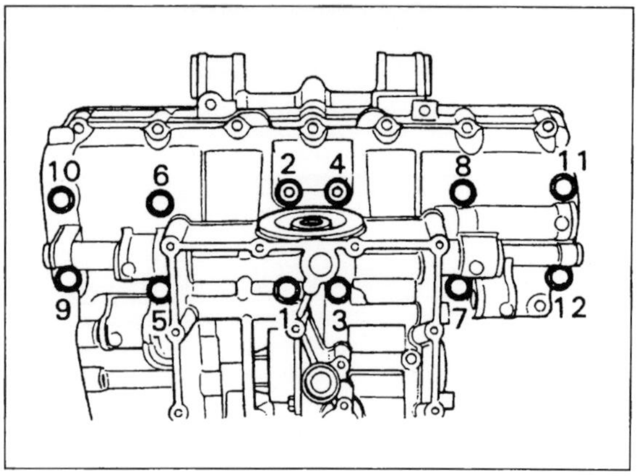

Bild 231
Kurbelwellenlagerschrauben in Anzugsreihenfolge

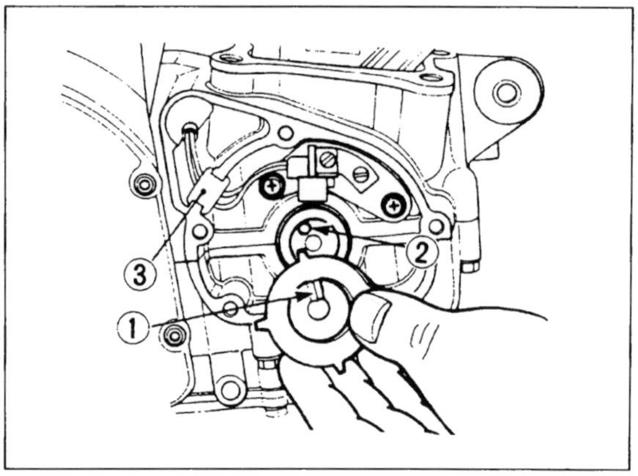

Bild 232
Zündgebergehäuse
1 Markierung auf Rotor
2 Markierung auf Kurbelwelle
3 Dichtmasse auftragen

- Jede Schraube erst um 1/4 Drehung lösen, dann erst ganz ausdrehen.
- Überdruckventil abnehmen, siehe Bild 230.
- Untere Kurbelgehäuse-Hälfte von oberer abnehmen. Sämtliche Wellen verbleiben in oberer Hälfte.
- Beim Trennen der Gehäusehälften sind neben einer Holzunterlage kräftige, aber bedachte (!), Gummihammerschläge nützlich.

Lager und Wellendichtringe

- Wellendichtringe bei jeder Motordemontage grundsätzlich erneuern. Sie können leicht ausgehebelt bzw. abgenommen werden.

13.2 Prüfen und Vermessen

- Starterfreilauf auf Welle aufsetzen und von Hand drehen. Starterfreilauf muss in einer Richtung frei drehbar sein, entgegengesetzt sperren.

13.3 Montage

- Kurbelwelle, Pleuel, Schaltmechanismus, Ölpumpe, Starterfreilauf und Getriebe einsetzen (siehe folgende Kapitel).
- Falls zerlegt, Starterfreilauf zusammenbauen. Befestigungsschraube -B- Bild 229 mit flüssiger Schraubensicherung versehen.
- Überdruckventil mit Scheibe an Ölwanne anbringen (Bild 230). Anzugsmoment: 25 bis 30 Nm.
- Passhülsen und O-Ringe in untere Gehäusehälfte einsetzen.
- Auf peinlich saubere Dichtflächen möglichst dünnen Dichtmassefilm (Drei-Bond-Silikondichtmasse o.ä.) auftragen. Etwa 3 mm Abstand zu Kurbelwellenlagern einhalten!
- Untere Gehäusehälfte auf obere Hälfte, die auf Holzunterlage sitzt, absenken. Dabei genau kontrollieren, dass Schaltgabeln in zugehörige Schaltrillen der Getrieberäder eingreifen.
- Wenn Gehäusehälften satt aufeinander sitzen, Hauptlagerschrauben in Bild 231 angegebener Reihenfolge in drei Durchgängen anziehen. Anzugsmoment des letzten Durchgangs für die 6-mm-Schrauben: 6 Nm, für die 8-mm-Schrauben: 13 Nm, für die 9-mm-Schrauben: 13 Nm.
- Untere und obere Gehäuseschrauben anbringen, siehe Bilder 227 und 228.
- Ölsumpffilter befestigen, siehe Bild 225.
- Auf öl- und fettfreie Dichtflächen neue Dichtung auflegen und Ölwanne aufsetzen.
- Die Befestigungsschrauben schrittweise über Kreuz anziehen, siehe Bild 224.
- Passstift einsetzen und Impulsgeber mit zwei Befestigungsschrauben anbringen.
- Rotormarkierung ① Bild 232 auf Kurbelwellenmarkierung ② ausrichten. Dichtmasse auf Kabel ③ auftragen.
- Kurbelwelle gegenhalten und Rotorschraube anziehen (25 Nm).
- Leerlaufschalter und Lagerschild anbringen.

14 Kurbelwelle und Pleuel

14.1 Demontage

- ⚠ Vor Entnahme der Kurbelwelle aus oberer Motorgehäusehälfte Axialspiel der Kurbelwelle messen, siehe Kapitel 14.2.
- ⚠ Vor Ausbau der Lagerschalen (Pleuel und Kurbelwelle) Lagerspiel messen, siehe Kapitel 14.2.
- Kurbelwelle mit Steuerkette und Pleuel von Hand entnehmen.
- ⚠ Auf Verbleib der Hauptlagerschalen und Axialspielscheiben -A- Bild 233 achten.
- Einbaulage und -Richtung der Pleuel markieren. Pleuelmuttern abwechselnd schrittweise lösen und Pleuel abnehmen.
- ⚠ **Auf keinen Fall** Schrauben aus Pleuelstangen entfernen.
- Lagerschalen (Kurbelwelle und Pleuel) mit kleinem Schraubendreher aushebeln.
- Zwei Kunststoffdämpfer ① Bild 234, Steuerkettenschiene ② und O-Ring ③ entfernen.

Bild 233
Kurbelwellen-Drucklager -A-

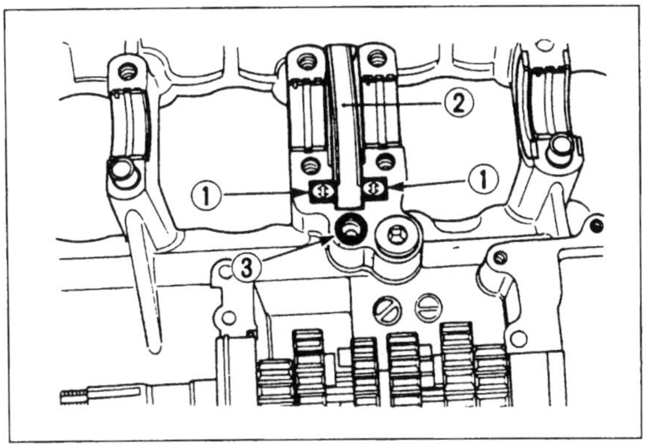

Bild 234
Dämpfer ①, Steuerkettenführung ② und O-Ring ③ entfernen

14.2 Prüfen und Vermessen

- Lagerschalen, Ketten und Zahnräder auf Beschädigung und übermässigen Verschleiss untersuchen.
- Pleuelfuss-Axialspiel mit Fühlerlehre messen (Bild 235). Verschleissgrenze: 0,30 mm.
- Pleuelfussbreite mit Mikrometerschraube und Kurbelzapfenbreite mit Innentaster messen (Bild 236). Sollwert Pleuelfussbreite: 20,95 mm bis 21,00 mm; Sollwert Kurbelzapfenbreite: 21,10 mm bis 21,15 mm.
- Kurbelwelle wie in Bild 237 lagern und Schlag der Lagerzapfen messen; Verschleissgrenze 0,05 mm. Dabei beachten, dass tatsächlicher Schlag nur der Hälfte des angezeigten Wertes entspricht.
- Mit «Plastigage» (im gut sortierten Werkzeughandel erhältlich) Lagerspiel von Kurbelwellen-Hauptlager und Pleuellager feststellen:

Pleuel-Lager

- ⚠ Darauf achten, dass der Kunststoffstreifen nicht über Ölbohrungen gequetscht wird und die-

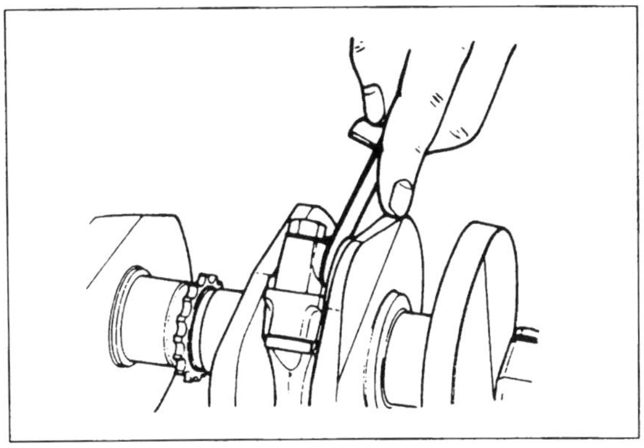

Bild 235
Pleuelfuss-Axialspiel messen

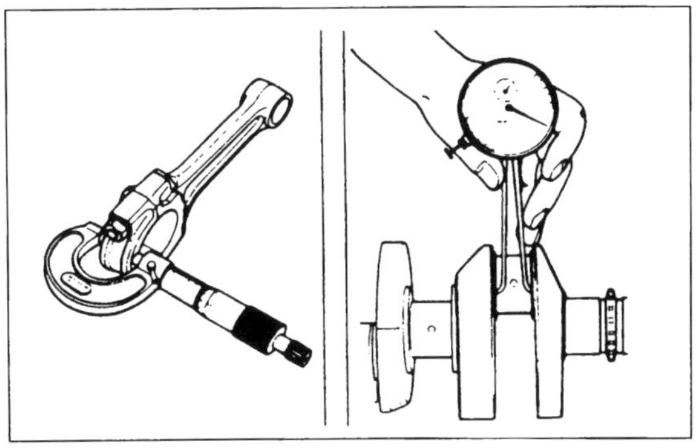

Bild 236
Pleuelfuss- und Hubzapfenbreite messen

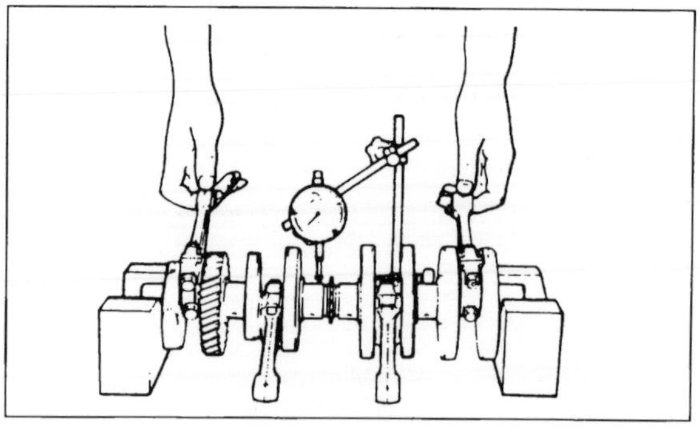

Bild 237
Kurbelwellen-Schlag messen

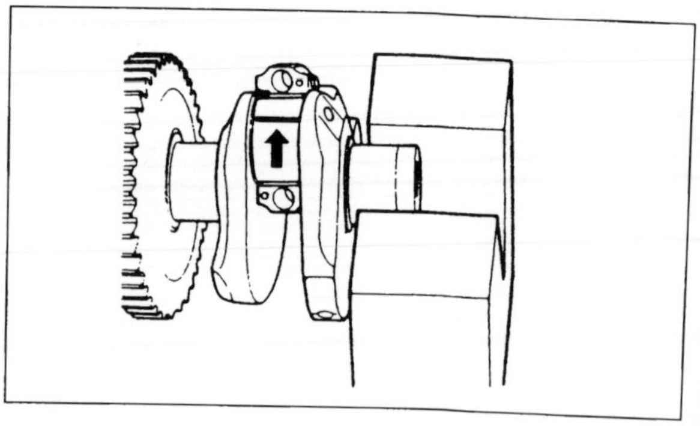

Bild 238 ▶
Plastigage einlegen

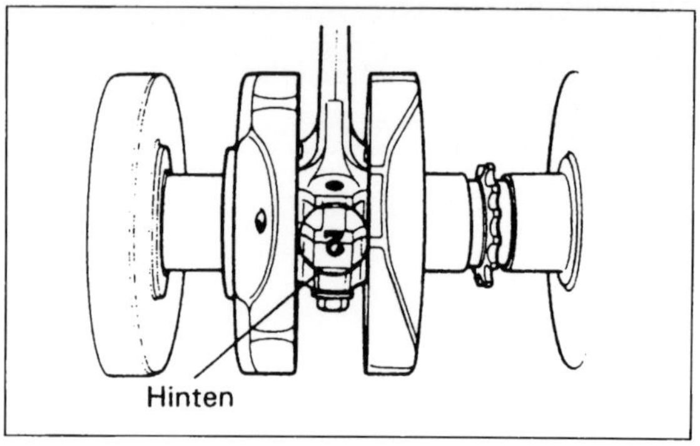

Bild 239
Markierung weist nach hinten

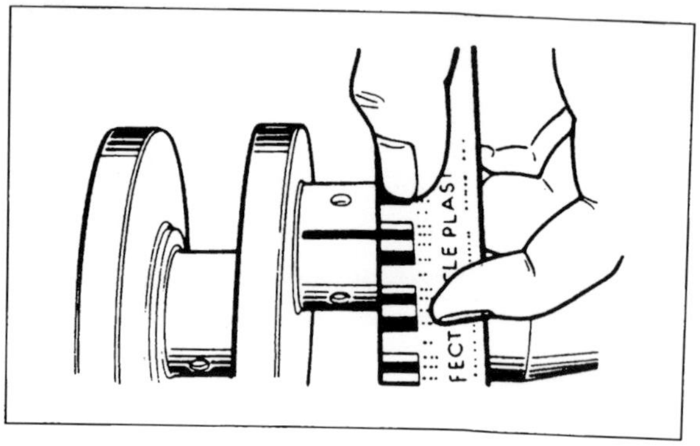

Bild 240 ▶
Plastigage-Spielmessung

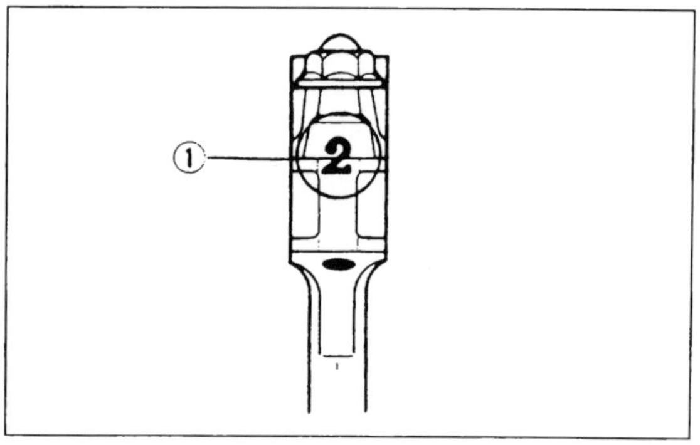

Bild 241
Pleuelstangen: Innendurchmesser-Kennzeichnung

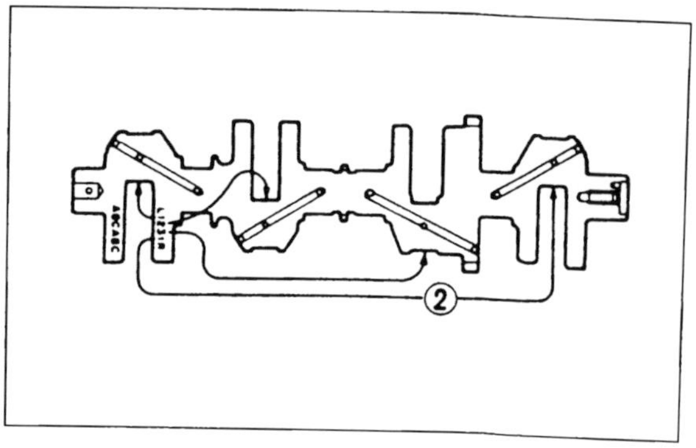

Bild 242 ▶
Pleuellager-Durchmessercodes ②

		Außendurchmesser des Hubzapfens ②		
	Kennummer	1	2	3
Innendurchmesser des Pleuels ①	1	Grün	Schwarz	Braun
	2	Schwarz	Braun	Gelb

Bild 243
Pleuellagerschalen-Wahltabelle

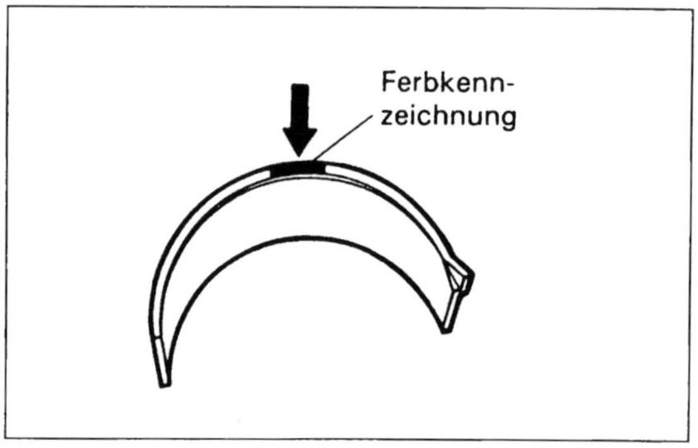

Bild 244
Lagerschalenmarkierung

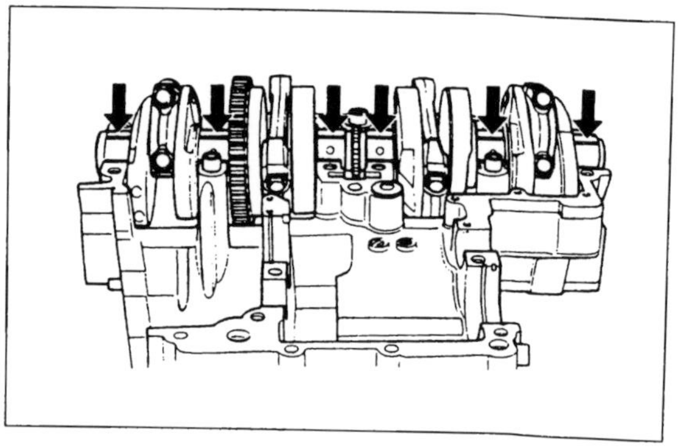

Bild 245 ▶
Plastigage einlegen

se verstopft. Messstreifen nicht am oberen oder unteren Totpunkt der Zapfen einlegen. **Pleuel und Kurbelwelle während der Montage nicht gegeneinander verdrehen!**

- Lagerdeckel montieren.
- ⚠ Auf richtige Einbaulage achten (Bild 239).
- Deckel in zwei Durchgängen abwechsend anziehen.
- Anzugsmoment 1. Durchgang: 32 bis 37 Nm, 2. Durchgang: 65 bis 68 Nm.
- Muttern wieder ausdrehen und Lagerdeckel abnehmen.
- Mit Plastigage-Skala Breite des Mess-Streifens bestimmen und so Lagerspiel feststellen (Bild 240). Massgebend ist breiteste Stelle des Mess-Streifens.
- Pleuelfuss-Radialspiel Sollwert: 0,32 mm bis 0,56 mm; Verschleissgrenze: 0,080 mm.

Pleuellagerwahl

- ⚠ Lagerschalen im Satz auswechseln.

Pleuel sind an Stirnseite mit «1» oder «2» gekennzeichnet (Bild 241).

Hubzapfen-Kennzeichnung «1», «2» oder «3» ist an innerer Kurbelwange von Zylinder 1 angebracht (Bild 242).

Richtige Lagerschale anhand Tabelle auswählen (Bild 243).

- Farbkennzeichnung der Lagerschalen, siehe Bild 244.

Kurbelwellen-Lager

- Radialspiel der Kurbelwellen-Hauptlager mit Plastigage-Messstreifen messen.
- Kurbelwellen-Lagerzapfen und Lagerschalen von Öl und Fett säubern.
- Kurbelwelle in obere Motorgehäusehälfte einsetzen.
- Messstreifen wie zur Pleuelspiel-Messung einlegen (Bild 245).
- Untere Kurbelgehäusehälfte aufsetzen und Hauptlagerschrauben ① bis ⑫ in zwei Durchgängen von innen nach aussen anziehen (Bild 231).
- ⚠ Kurbelwelle nicht drehen, wenn Messstreifen eingelegt ist.
- Anzugsmoment 1. Durchgang: 13 Nm; 2. Durchgang: 24 bis 28 Nm.
- Schrauben wieder lösen und untere Gehäusehälfte wieder abnehmen.
- Mit Plastigage-Skala Breite des Mess-Streifens bestimmen (Bild 246) und so Lagerspiel feststellen. Massgebend ist breiteste Stelle des Mess-Streifens.
- Hauptlager-Sollspiel: 0,020 mm bis 0,044 mm; Verschleissgrenze: 0,08 mm.

Hauptlagerwahl

- ⚠ Lagerschalen im Satz auswechseln.

Kennzeichnung «A» oder «B» der **Lagerinnendurchmesser** im Motorgehäuse ist an Rückseite der oberen Motorgehäusehälfte angebracht (Bild 247).

Kennzeichnung der **Kurbelwellen-Lagerzapfen** «A», «B» oder «C» ist auf äusserer Kurbelwange von Zylinder 1 angebracht (Bild 249).

Kurbelwellen-Lagerkennzeichnung und zugehörige Durchmesser:

«A»: 33,992 mm bis 34,000 mm
«B»: 33,984 mm bis 33,992 mm
«C»: 33,976 mm bis 33,984 mm

- Richtige Lagerschale anhand Tabelle auswählen (Bild 248).
- ⚠ In oberer und unterer Gehäusehälfte kommen unterschiedliche Lagerschalen zum Einsatz (Bild 250).
- **Kurbelwellen-Axialspiel** messen:

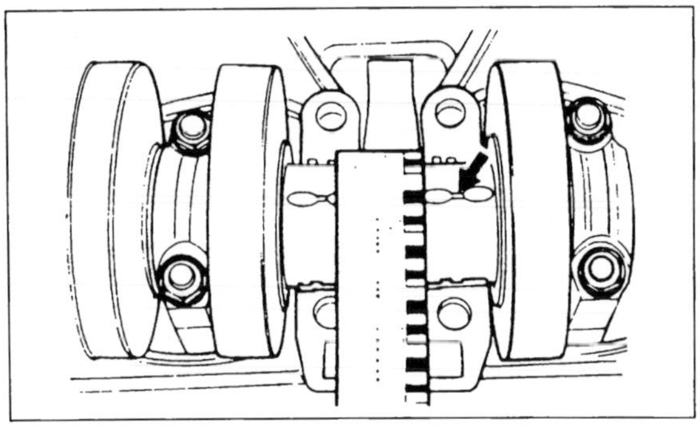

Bild 246
Plastigage-Spielmessung

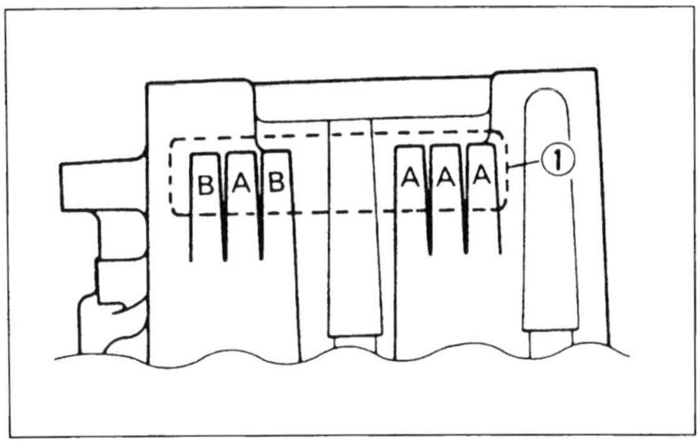

Bild 247
Kurbelwellen-Durchmesser-codes

		Außendurchmesser der Kurbelwelle ②		
	Kennummer	A	B	C
Innendurchmesser des Kurbelgehäuses ①	A	Grün	Schwarz	Braun
	B	Schwarz	Braun	Gelb

Bild 248
Kurbelwellenlagerschalen-Wahltabelle

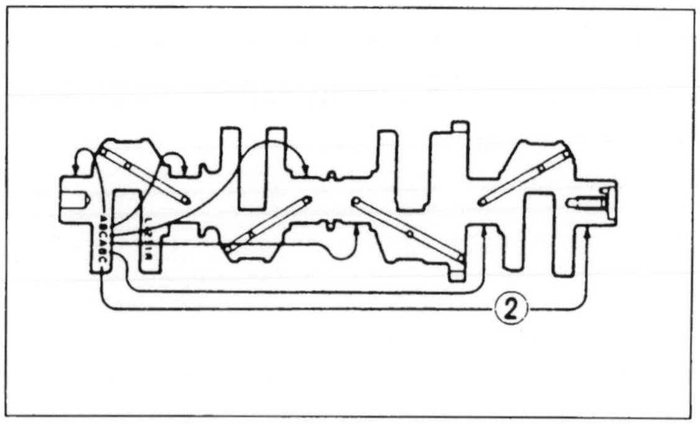

Bild 249
Code-Zugehörigkeit

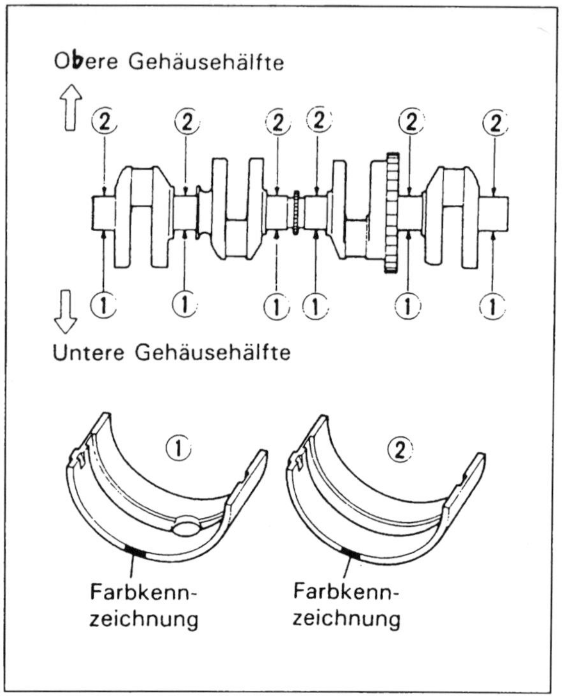

Bild 250
Einbaulage und Kennzeichnung der Hauptlagerschalen
1 Nutlager mit Ölbohrung (untere Gehäusehälfte)
2 Nutlager (obere Gehäusehälfte)

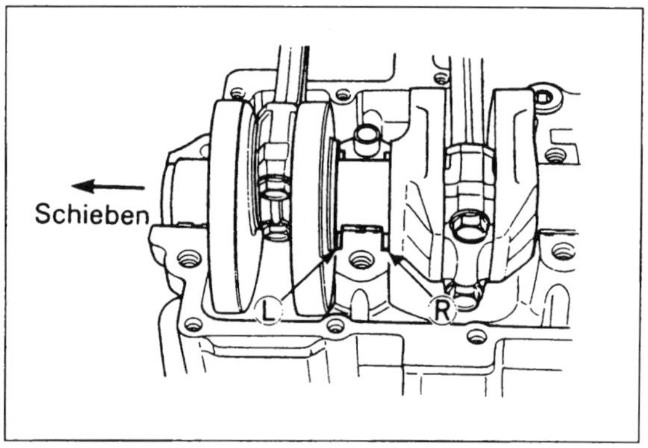

Bild 251
Axialspiel-Messung
R Rechtes Lager
L Linkes Lager

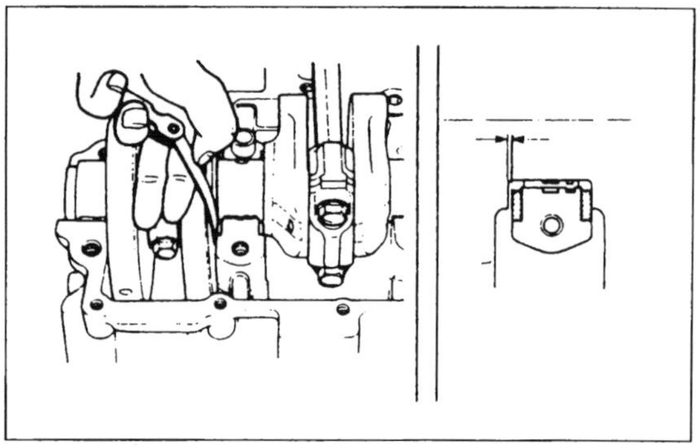

Bild 252
Axialspiel mit Fühlerlehre ermitteln

- Kurbelwelle in obere Gehäusehälfte einlegen und nach links schieben, sodass rechtes Axiallager spielfrei ist (Bild 251).
- Axialspiel auf linker Seite mit Fühlerlehre messen (Bild 252). Sollwert: 0,055 mm bis 0,110 mm.

Falls Spiel zu gross:

- Rechtes Axiallager ausbauen und Dicke mit Mikrometer messen. Sollwert: 2,425 mm bis 2,450 mm.
- Falls Dicke des rechten Axiallagers unter Sollwert liegt, durch neues Lager mit grüner Farbmarkierung ersetzen und Spiel erneut messen.
- Falls Dicke des rechten Axiallagers im Sollbereich liegt, Lager wieder einsetzen und linkes Axiallager ausbauen.
- Axialspiel **ohne** linkes Axiallager messen (Bild 253) und passendes Axiallager anhand Tabelle auswählen (Bild 254).
- Neues linkes Axiallager einsetzen und prüfen, ob Axialspiel innerhalb der Toleranz liegt.
- Axiallagerkennzeichnung siehe Bild 255.

14.3 Montage

- Pleuellagerschalen in Pleuelstangen und Lagerdeckel so einsetzen, dass Nasen in Nuten eingreifen (Bild 256).
- ⚠ Pleuel an Kurbelwelle entsprechend Pleuelmarkierung montieren. Darauf achten, dass Pleuelstange und Lagerdeckel perfekt zueinander passen.
- Pleuel und Pleuellagerdeckel so montieren, dass Kennzeichnung «1» oder «2» nach hinten weisen, siehe Bild 239.
- MoS_2-Fett auf Pleuelzapfen auftragen und Pleuelstangen mit Lagerdeckeln montieren. Muttern geölt abwechselnd in zwei Durchgängen anziehen. Anzugsmoment des zweiten Durchgangs: 65 bis 68 Nm.
- ⚠ Sichergehen, dass Pleuelstangen frei beweglich sind.
- Vor Einbau der Kurbelwellen-Lagerschalen Düsen in oberer Gehäusehälfte (Bild 257) und Öl-

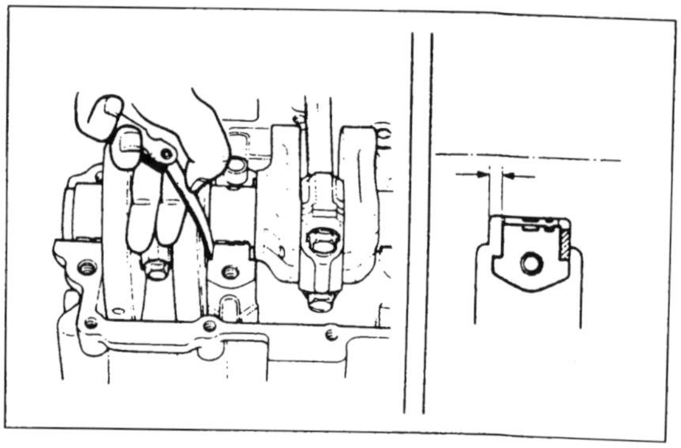

Bild 253 ►
Ohne Lagerscheibe messen

Spiel vor Einsetzen des linken Drucklagers	Farbe (Teil-Nr.)	Drucklagerstärke	Axialspiel
2,560–2,585 mm	Weiß (12228-17E00-0F0)	2,475–2,500 mm	0,060–0,110 mm
2,535–2,560 mm	Gelb (12228-17E00-0E0)	2,450–2,475 mm	0,060–0,110 mm
2,510–2,535 mm	Grün (12228-17E00-0D0)	2,425–2,450 mm	0,060–0,110 mm
2,485–2,510 mm	Blau (12228-17E00-0C0)	2,400–2,425 mm	0,060–0,110 mm
2,460–2,485 mm	Schwarz (12228-17E00-0B0)	2,375–2,400 mm	0,060–0,110 mm
2,430–2,460 mm	Rot (12228-17E00-0A0)	2,350–2,375 mm	0,055–0,110 mm

Bild 254
Wahltabelle für Axialspiel-Lagerscheiben

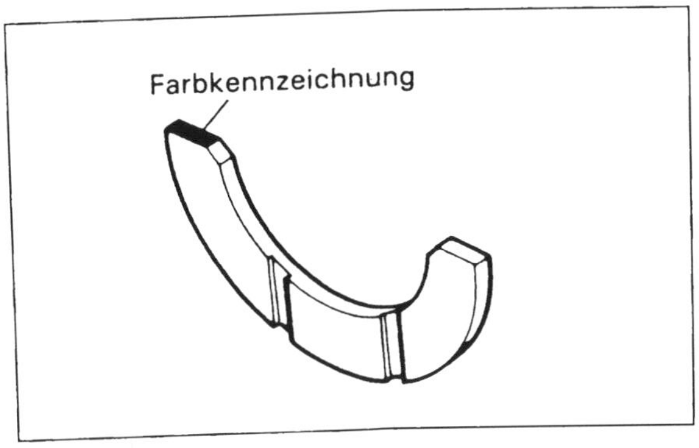

Bild 255 ◄
Kennzeichnung der Lagerscheiben

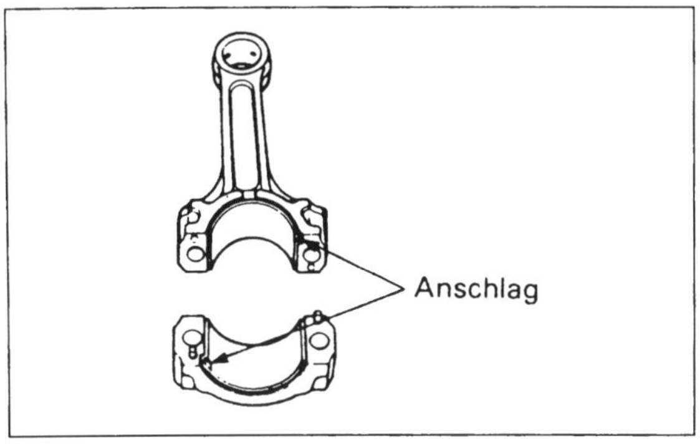

Bild 256
Lagerschalen eindrücken

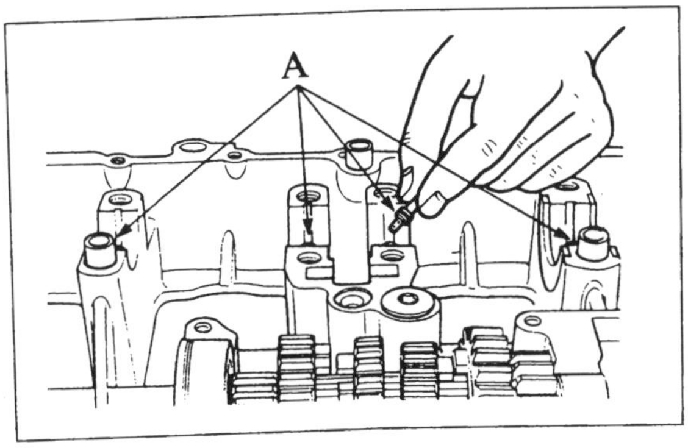

Bild 257 ◄
Öldüsen -A- prüfen

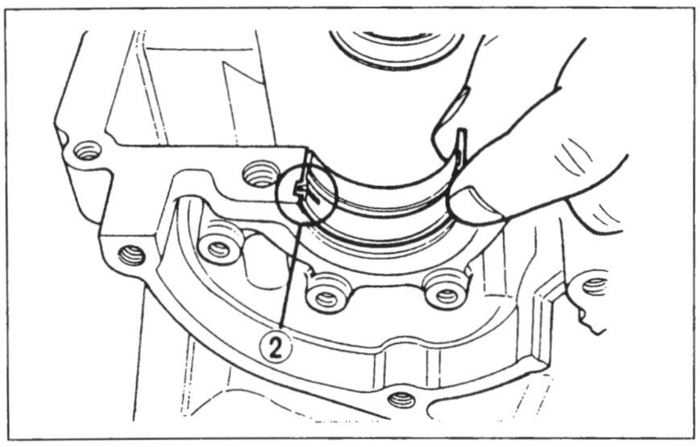

Bild 258
Lagerschalen auf Nut ② ausrichten

kolben in unterer Gehäusehälfte auf Verstopfung prüfen.

- Lagerschalen in Kurbelgehäuse einsetzen (Nasen greifen in Nuten ein, Bild 258). MoS_2-Fett auftragen.
- ⚠ Laufflächen der Lagerschalen nicht mit Fingern berühren, Lagerschalen am Rand fassen und in Aufnahme eindrücken.
- Falls demontiert, einwandfreie Steuerkettenschiene ① Bild 234, zwei Dämpferstücke ② und O-Ring ③ anbringen.
- Kurbelwelle mit Pleuelstangen, und Steuerkette vorsichtig in obere Gehäusehälfte einsetzen.
- Axiallager mit Schmiernut zur Kurbelwange einsetzen (Bild 259).

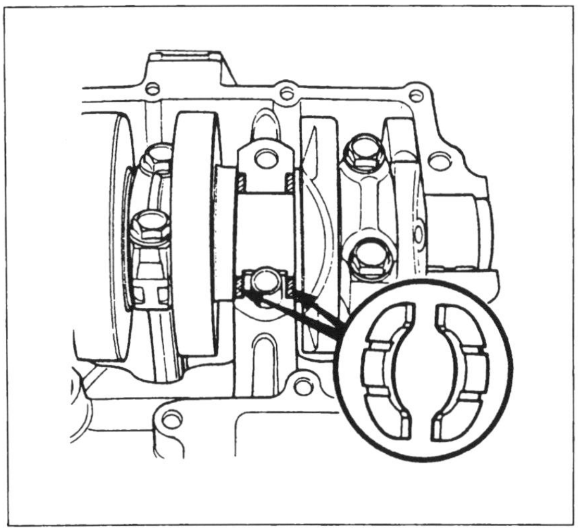

Bild 259
Drucklager mit Schmiernut zur Kurbelwange einbauen

15 Getriebe und Schaltmechanismus

Bild 260
Seegerring aushebeln

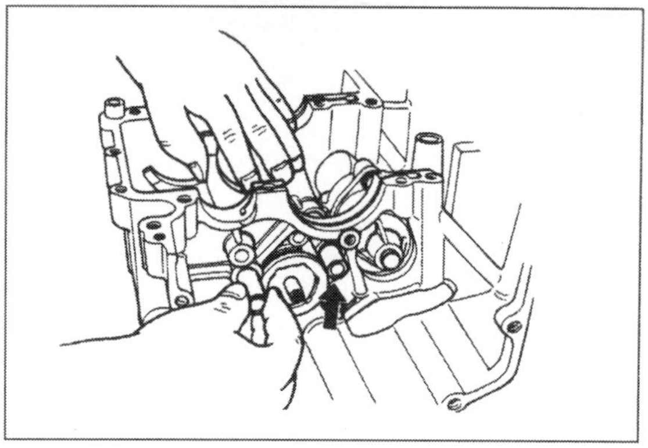

Bild 261
Schaltgabeln festhalten und -Wellen herausziehen

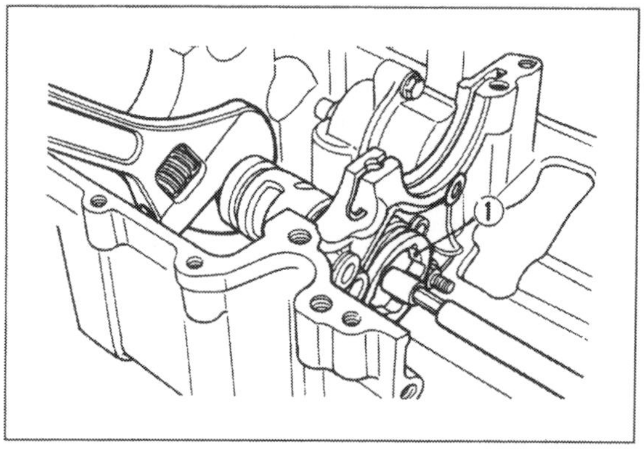

Bild 262
Schaltwalzen-Anschlagplatte ① entfernen

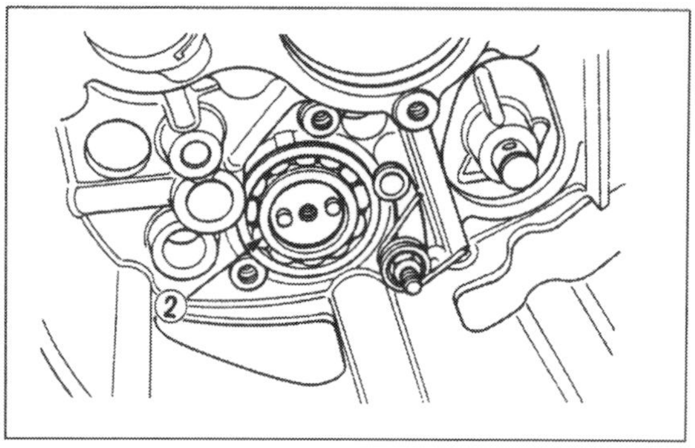

Bild 263
Beilagscheibe ② abnehmen

Bild 264 ▶
Schaltgabel-Spiel erfühlen

15.1 Demontage

- Wellen von Hand entnehmen.
- Getriebewellen können leicht mit Seegerringzange und kleinem Schraubendreher zerlegt werden (Bild 260).
- Einzelteile in Reihenfolge des Ausbaus aufbewahren und notieren.
- Auf Verbleib der C-Ringe und Passstifte achten, siehe Bild 274.
- Seeger- und Sicherungsringe sind Einwegartikel - einmal ausgebaut wandern sie zum Schrott. Nur Neuteile verbauen!
- Schaltgabeln von Hand festhalten und Schaltgabelwelle herausziehen (Bild 261).
- Schaltwalzen-Anschlagplatte ① Bild 262 entfernen. Dabei Schaltwalze festhalten.
- Beilagscheibe ② Bild 263 abnehmen.

15.2 Prüfen und Vermessen

- Schaltgabeln, Schaltwalze und Zahnräder auf Ausbrüche in der Härteschicht, Anlaufverfärbungen (Ölmangel und Überhitzung) oder übermässigen Verschleiss untersuchen.
- ⚠ Zahnräder nur paarweise erneuern!
- Schiene der Schaltgabeln über Richtplatte oder Glasplatte rollen. Bei Verbiegung Schiene erneuern.
- Spiel zwischen Klauen der Schaltgabeln und Laufrillen der Zahnräder messen (Bild 264. Sollwert: 0,10 mm - 0,30 mm; Verschleissgrenze: 0,50 mm.

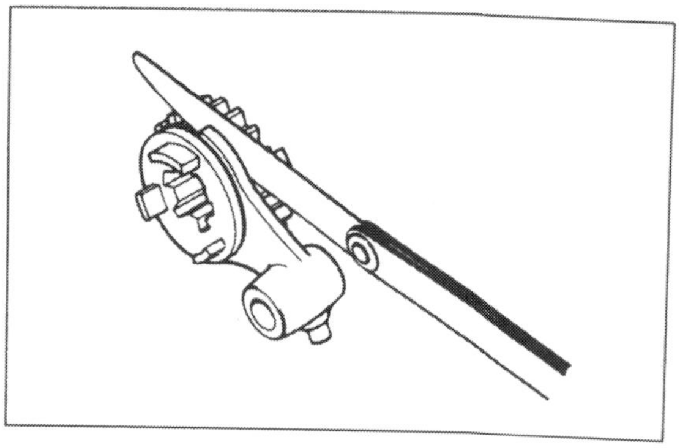

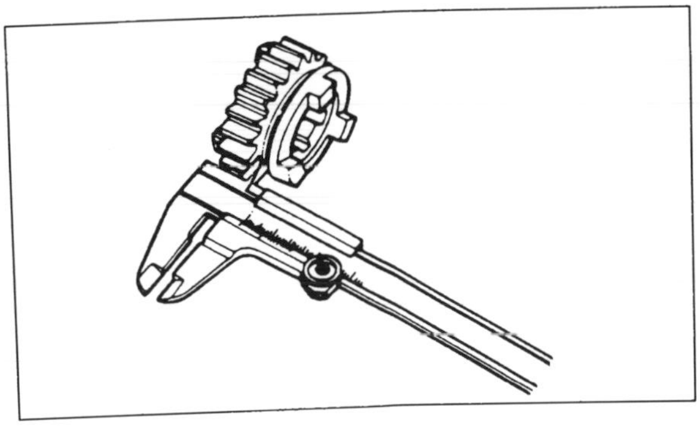

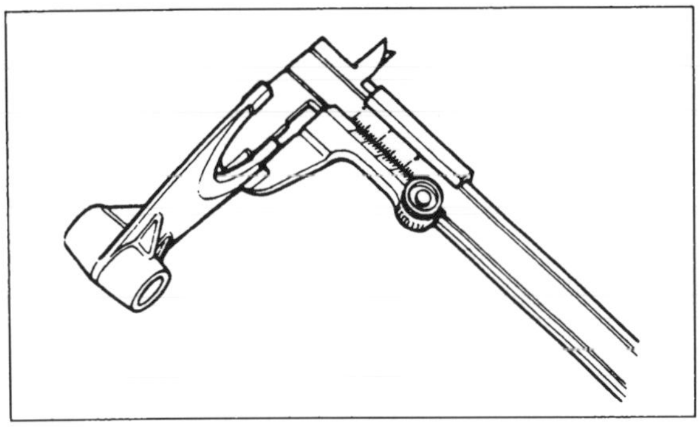

Bild 265 ◄
Nutbreite messen

Bild 266
Gabelstärke messen

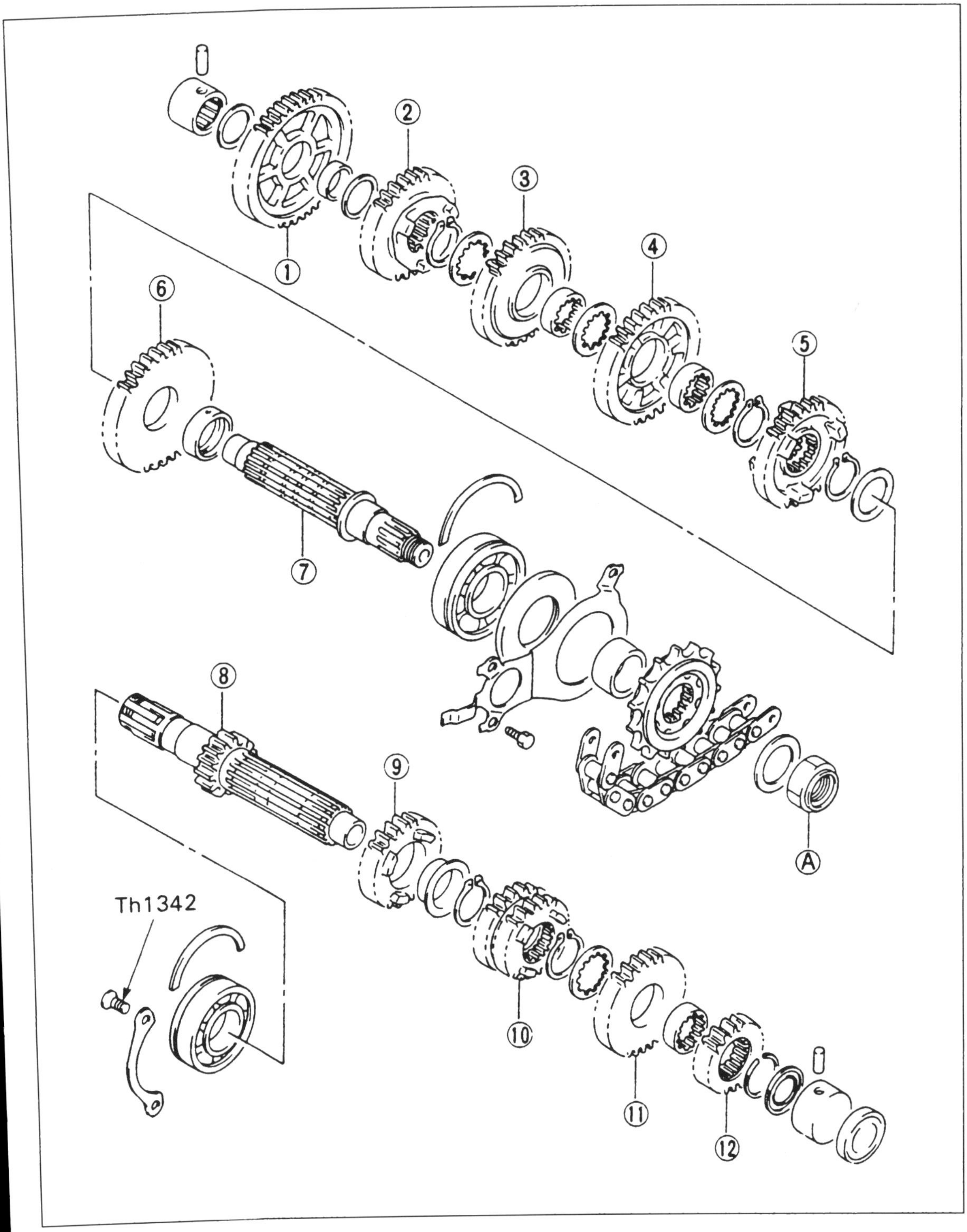

Bild 267
Getriebe 600 R
1 1. Abtriebsrad
2 5. Abtriebsrad
3 4. Abtriebsrad
4 3. Abtriebsrad
5 6. Abtriebsrad
6 2. Abtriebsrad
7 Antriebswelle
8 Zwischenwelle/1. Antriebsrad
9 5. Antriebsrad
10 3./4. Antriebsrad
11 6. Antriebsrad
12 2. Antriebsrad
A 100 - 130 Nm
Th1342 = Flüssige Schraubensicherung auftragen

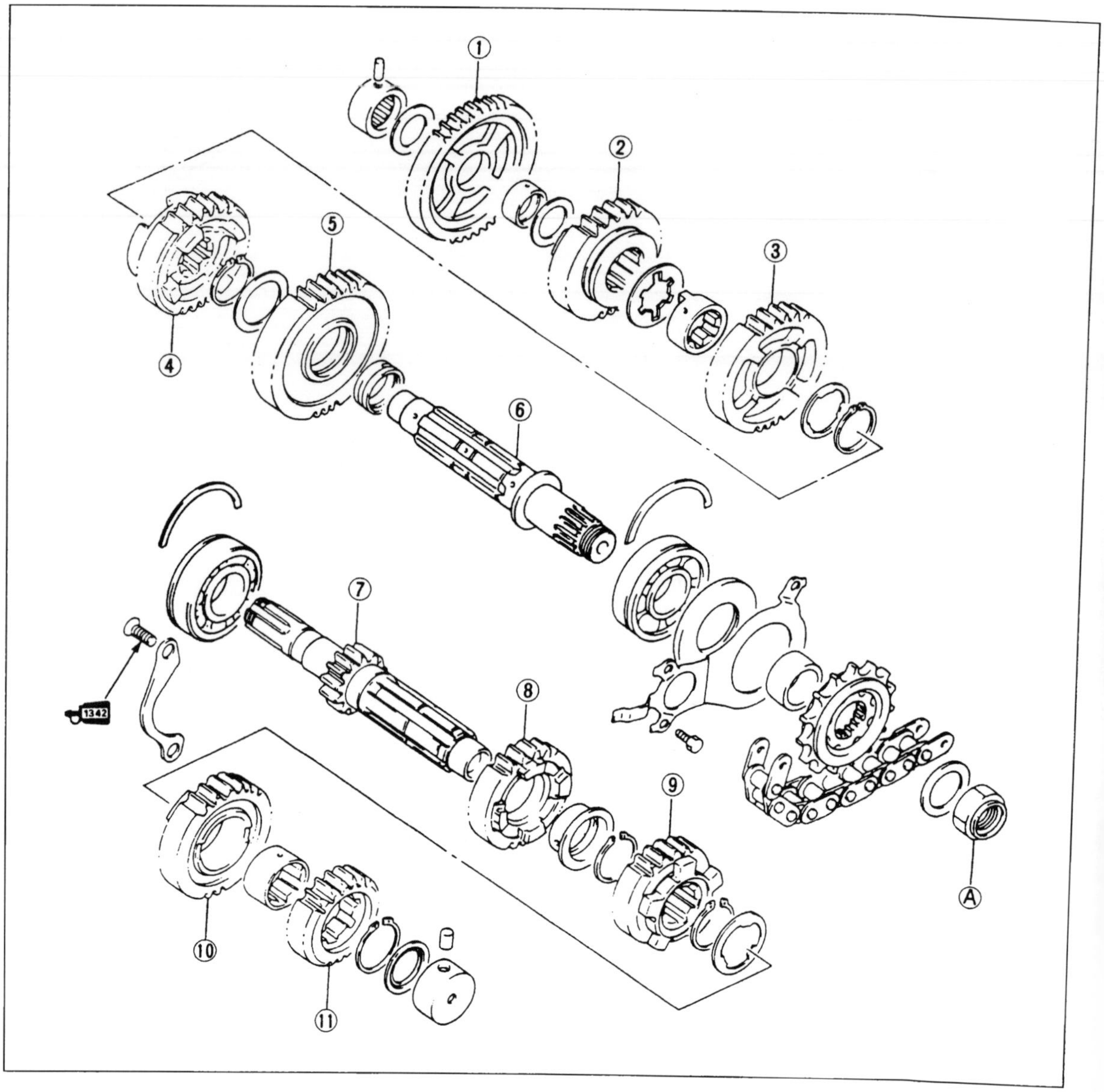

Bild 268
Getriebe 900 R
1 1. Abtriebsrad
2 4. Abtriebsrad
3 3. Abtriebsrad
4 5. Abtriebsrad
5 2. Abtriebsrad
6 Antriebswelle
7 Zwischenwelle/1. Antriebsrad
8 4. Antriebsrad
9 3. Antriebsrad
10 5. Antriebsrad
11 2. Antriebsrad
A 115 Nm

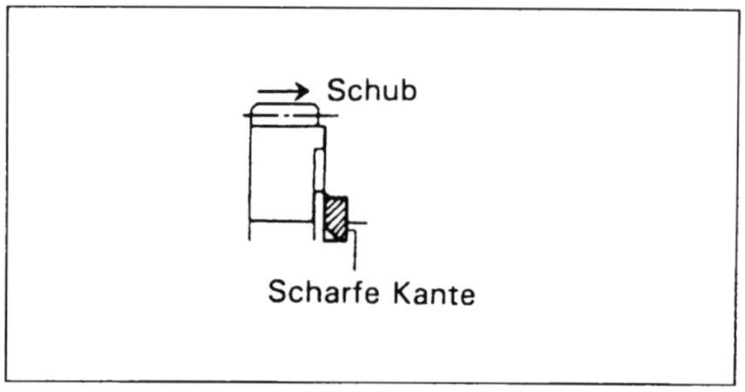

Bild 269
Druckrichtung beachten

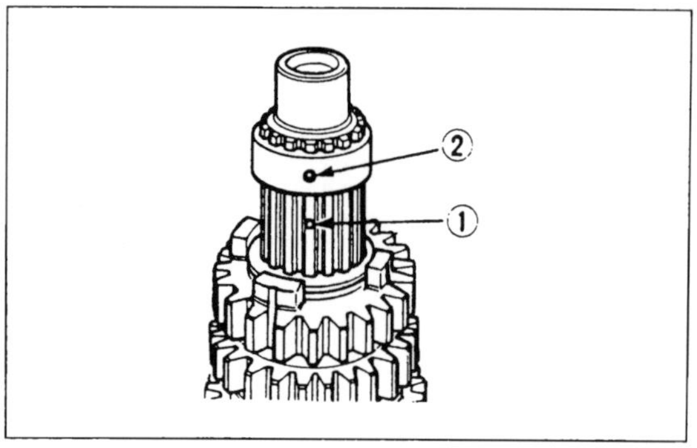

Bild 270
Öhlbohrungen ausrichten
1 auf Welle
2 auf Lagerbuchse

● Breite der Schaltgabel-Laufrillen am Zahnrad messen (Bild 265). Sollwert: 5,00 - 5,10 mm.

● Schaltgabelstärke messen (Bild 266). Sollwert: 4,80 - 4, 90 mm.

15.3 Montage

● Getriebewellen (Bilder 267 und 268) lassen sich leicht mit Hilfe von Seegerringzange und kleinem Schraubendreher vormontieren.

● ⚠ Darauf achten, dass Spreng-Seegerringe (nur Neuteile verbauen!) einwandfrei in ihren Nuten sitzen. Scharfe Kanten der Seegerringe weisen entgegen der Druckrichtung (Bild 269).

● ⚠ Darauf achten, dass Ölbohrungen von Buchsen und Wellen fluchten (Bild 270).

● Reichlich MoS_2-Fett oder entsprechendes

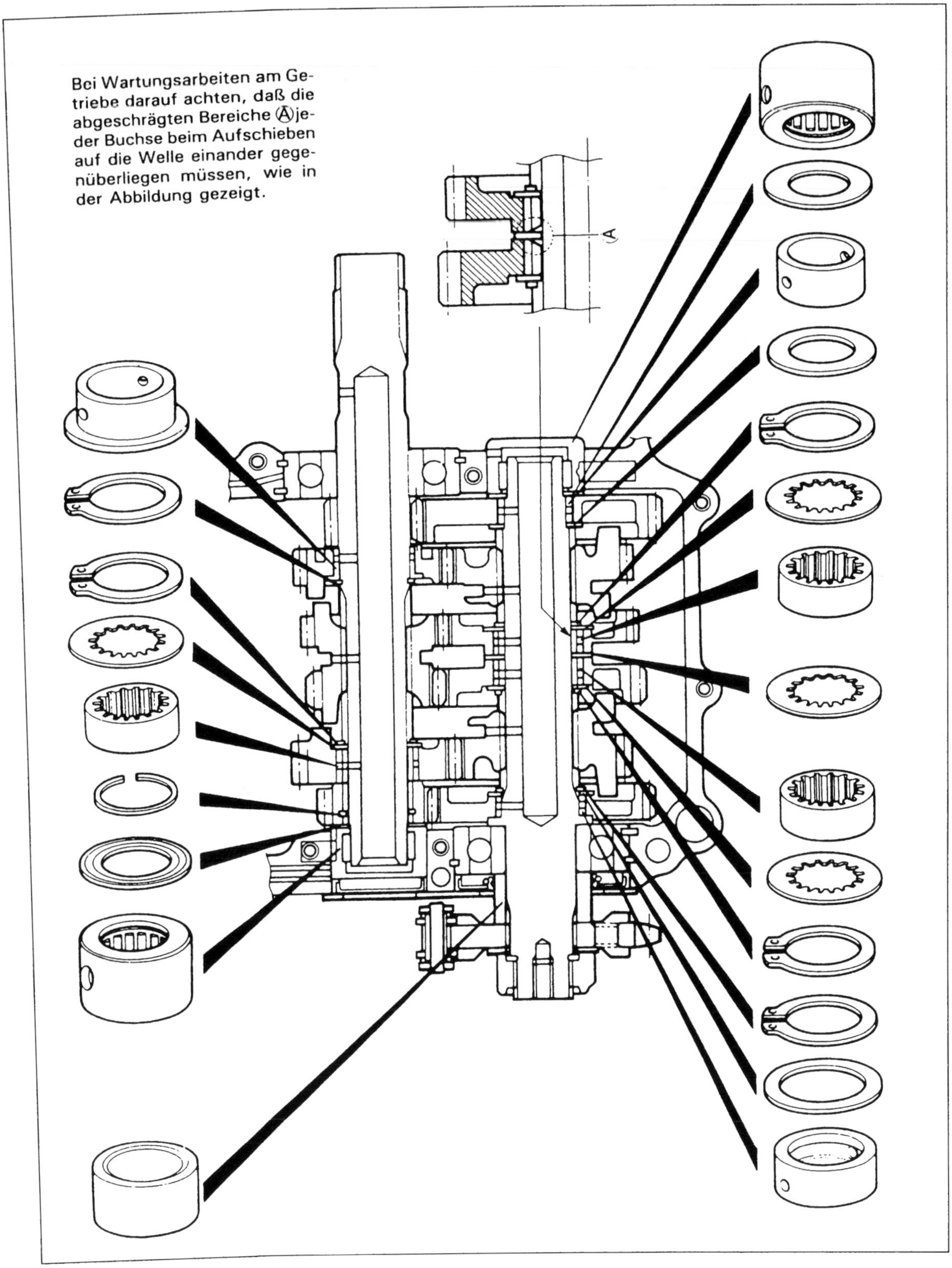

Bild 271
Lage der Kleinteile (600 R)

Produkt beigeben. Zahnräder auf Leichtgängigkeit und Bewegungsfreiheit auf Welle prüfen.

- Wellen komplett vormontiert einsetzen.
- ⚠ Auf richtige Einbaulage der Kleinteile achten (Bilder 271 und 272).
- Schaltwalze einsetzen, Beilagscheibe, Anschlagplatte und Befestigungsschraube montieren.
- Befestigungsschraube ④ Bild 276 des Schaltwalzen-Anschlags mit flüssiger Schraubensicherung eindrehen.
- Schaltgabeln einsetzen (Bild 273).
- Passstifte ④ Bild 274 und C-Ringe ⑤ an Lagern der oberen Gehäusehälfte anbringen.
- Haupt- und Nebenwelle in obere Gehäusehälfte einsetzen (Bild 275).

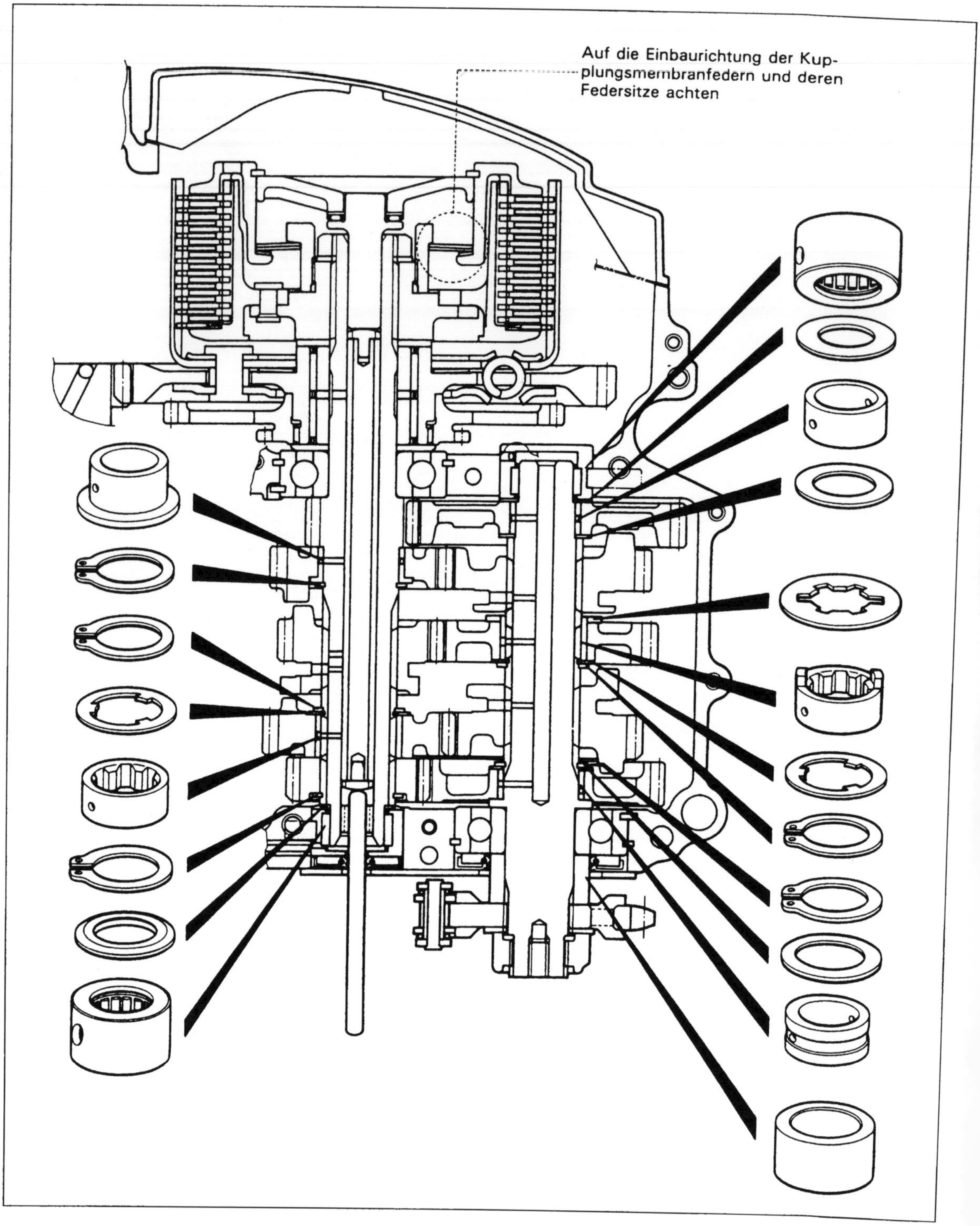

Bild 272
Lage der Kleinteile (900 R)

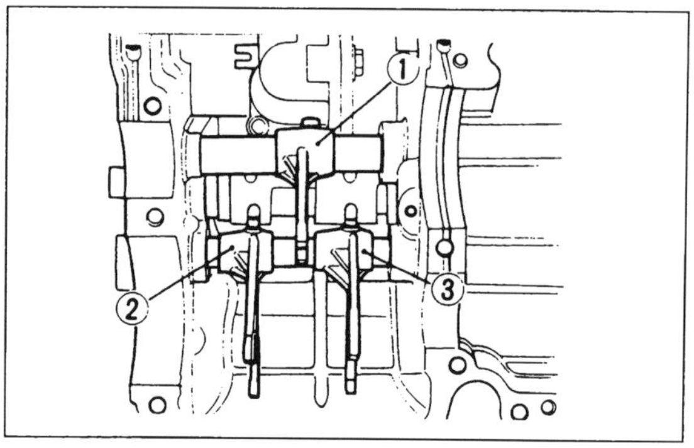

Bild 273
Schaltgabeln einsetzen
1 3./4. Antriebsrad
(900 R: 3. Antriebsrad)
2 6. Abtriebsrad
(900 R: 5. Antriebsrad)
3 5. Abtriebsrad
(900 R: 4. Antriebsrad)

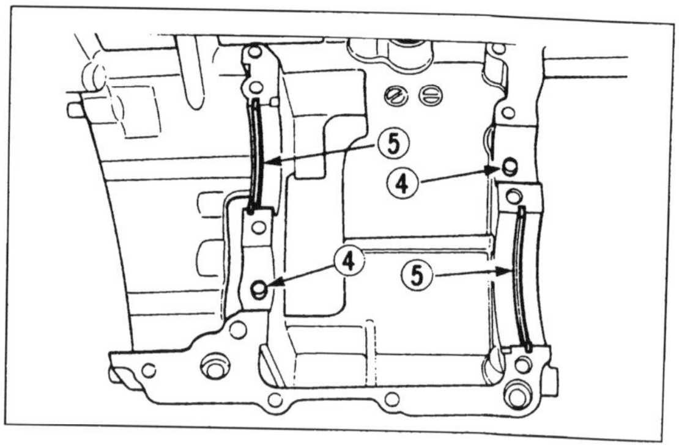

Bild 274 ►
Passstifte ④ und C-Ringe ⑤ anbringen

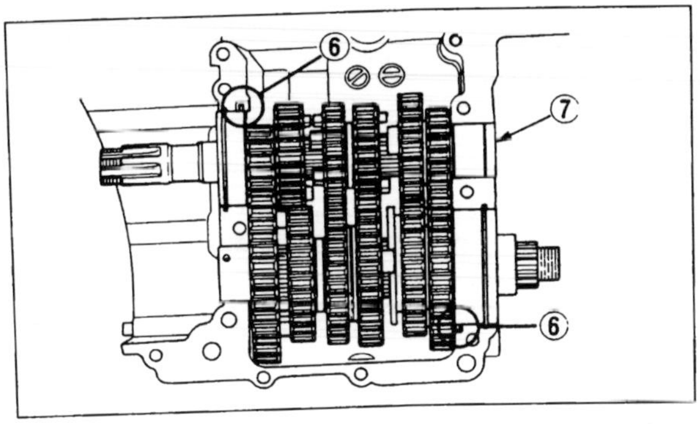

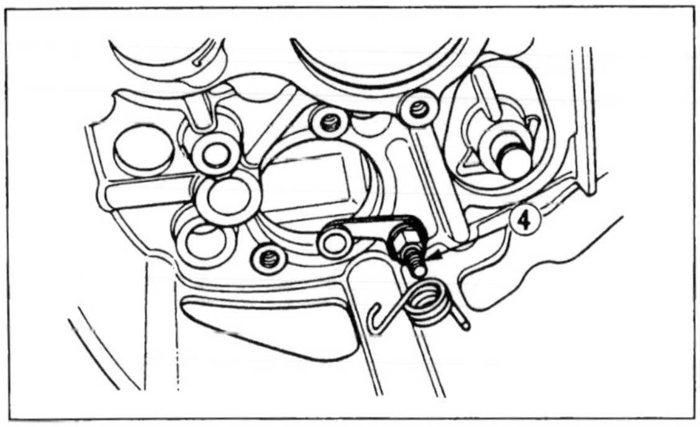

Bild 275 ◄
Getriebewellen einbauen
6 Pass-Stifte
7 Verschluss-Kappe

Bild 276
Schaltwalzen-Anschlag anbringen
4 flüssige Schraubensicherung auftragen

16 Ölpumpe

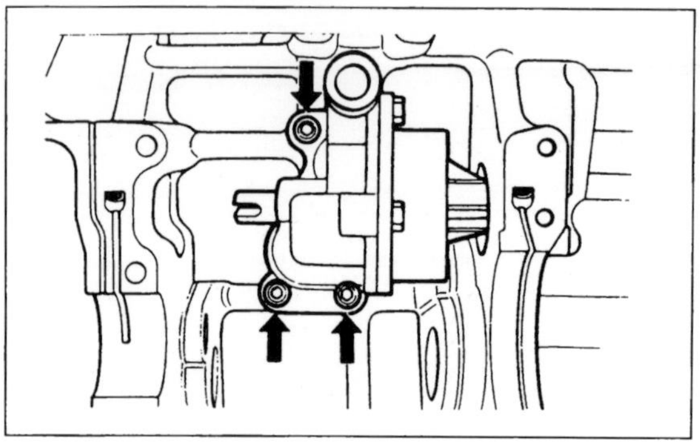

Bild 277
Ölpumpe ausbauen

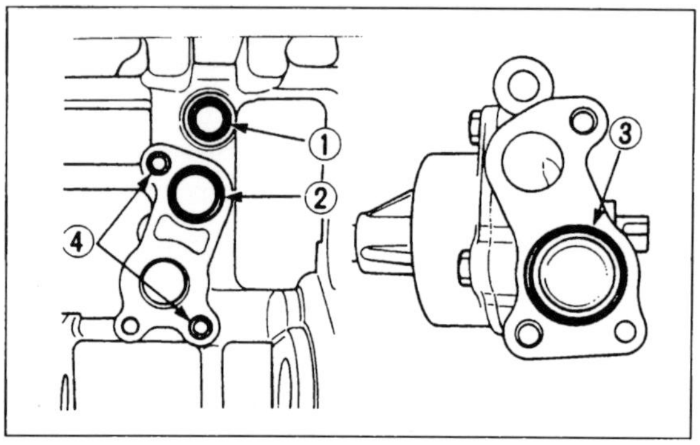

Bild 278
O-Ringe ①, ②, ③ und Passhülsen ④ anbringen

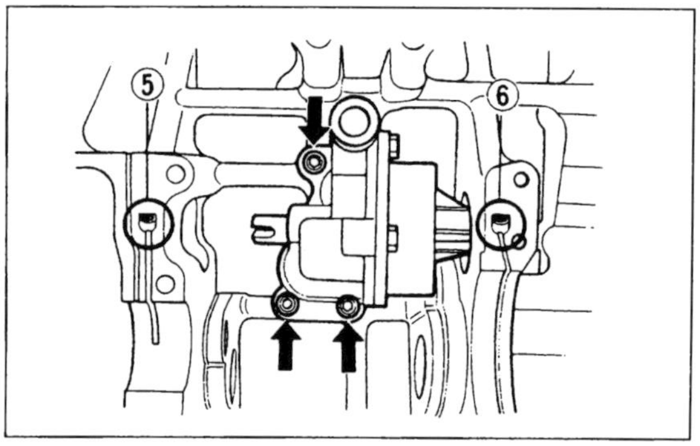

Bild 279
Flüssige Schraubensicherung auftragen
5 Öldüsen (Nr. 12 / gelb)
6 Öldüsen (Nr. 14 / weiss)

16.1 Demontage

Seegerring ausfedern und Ölpumpenrad mit Anlaufscheibe von Welle abnehmen, siehe Bild 131. Auf Verbleib des Mitnehmerstifts achten.

- Drei Befestigungsschrauben (Bild 277) ausdrehen und Ölpumpe abnehmen.
- Auf Verbleib von O-Ringen und Passstiften achten.
- ⚠ Ölpumpe nicht weiter zerlegen. Ölpumpe ist nur komplett als Ersatzteil erhältlich.

16.2 Prüfen und Vermessen

Messung des Öldrucks ist in Kapitel Wartung 3.10 beschrieben.

- Überdruckventile auf Leichtgängigkeit prüfen.
- AlleÖlleitungen und -Düsen (siehe Ölkreislauf Seite 120/Technische Daten) auf Durchgängigkeit prüfen.

16.3 Montage

- Ringe ① Bild 278, ②, ③ (geölt) und zwei Passhülsen ④ einsetzen.
- Gehäuse mit drei Schrauben befestigen (10 Nm, Bild 279).

17 Frontpartie

17.1 Demontage

Bremsanlage

Es wurde zwar schon im Kapitel «Wartung» erwähnt, trotzdem hier nochmals die Warnung: Wer wenig Durchblick in die Funktion einzelner Bremsbauteile hat, soll die Finger von dieser überlebenswichtigen Baugruppe lassen und lieber einen absoluten Spezialisten mit deren Betreuung beauftragen. Die Bremse muss jederzeit hundertprozentig in Ordnung sein!

- Für sicheren Stand der Maschine sorgen und mit Kiste o.ä. so unterbauen, dass sie nicht unversehens nach vorne kippt.
- Bremsbeläge ausbauen und Bremsflüssigkeit ablassen wie in Kapitel 3.11 beschrieben.
- Bremsschlauch vom Sattel entfernen und Bremsschlauch geduldig in Auffanggefäss austropfen lassen. Ein paar Tröpfchen, die da immer noch raustropfen, können schon grossen Lackschaden anrichten! Verkleckerte Bremsflüssigkeit von lackierten Flächen sofort abwischen!
- Bremsflüssigkeit aus Vorratsbehälter absaugen (z.B. mit Einwegspritze aus Apotheke). Im folgenden wird von «trockener» Bremsanlage ausgegangen!
- Die Befestigungsschrauben ausdrehen und **Bremssattel** von Gabel abnehmen.
- Mit Holzleiste einen Bremskolben blockieren. Druckluft in Bremsschlauch-Anschlussgewinde blasen, um Kolben herauszustossen. Lappen um Bremssattel legen, um Kolben weich aufzufangen. Vorsicht im Umgang mit Druckluft! Vorsichtig dosieren, Mündung der Blaspistole nicht zu dicht an Einlassöffnung halten!
- Kolbendichtringe hineindrücken und mit Schraubendreher heraushobeln, wobei diese zerstört werden.
- ⚠ Vorsicht beim Entfernen der Dichtringe, Kolbengleitflächen nicht beschädigen!

Beim Zerlegen der **Handpumpe** gelten natürlich dieselben Vorsichtsmassnahmen in punkto Bremsflüssigkeit.

- Bremshebel demontieren.
- Schlauchanschluss und Bremslichtanschluss trennen, Gehäusebefestigung lösen und Zylinder von Lenker abnehmen.
- Staubkappe mit zarter Spitzzange «herauspo-

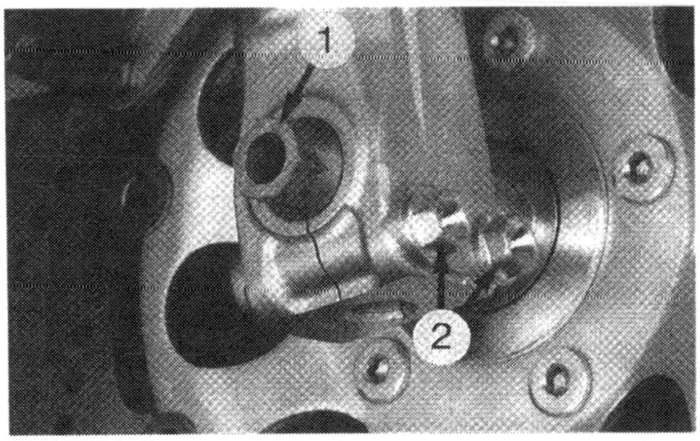

Bild 280
Vorderrad-Befestigung
1 Achse
2 Klemmschrauben

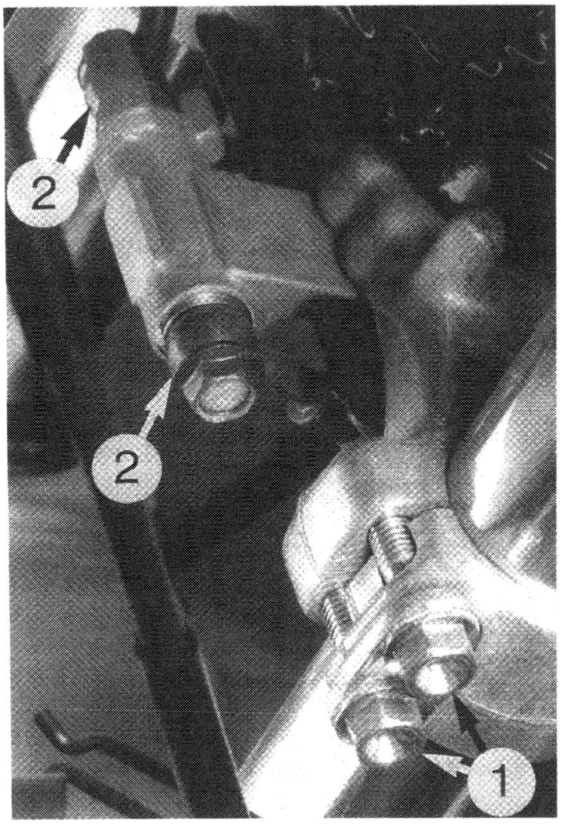

Bild 281
Untere Gabelbrücke
1 Klemmschrauben
2 Hydraulik-Anschlüsse

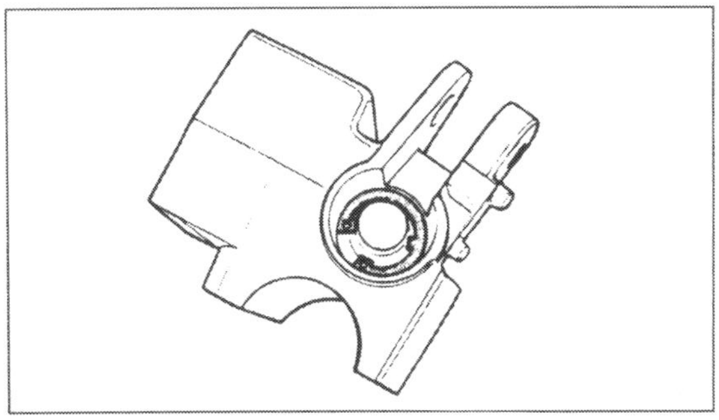

Bild 282
Seegerring ausfedern

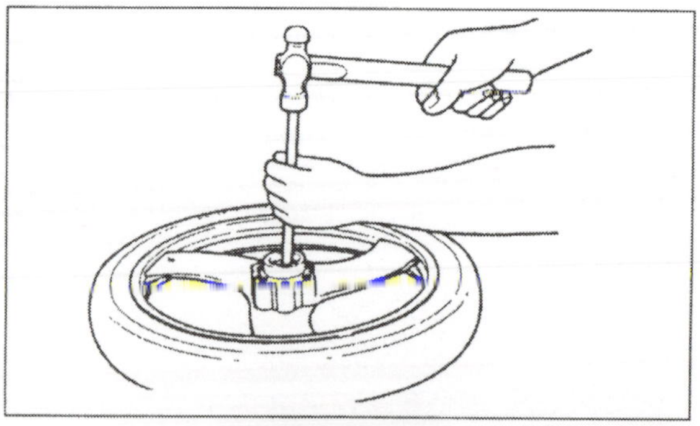

Bild 283
Radlager austreiben

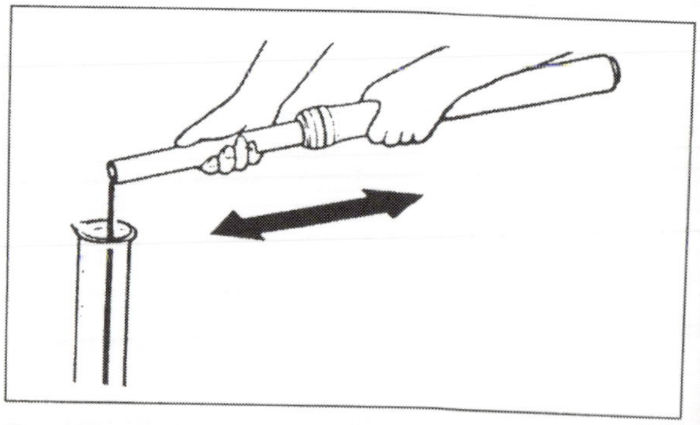

Bild 284 ►
Gabelöl auspumpen

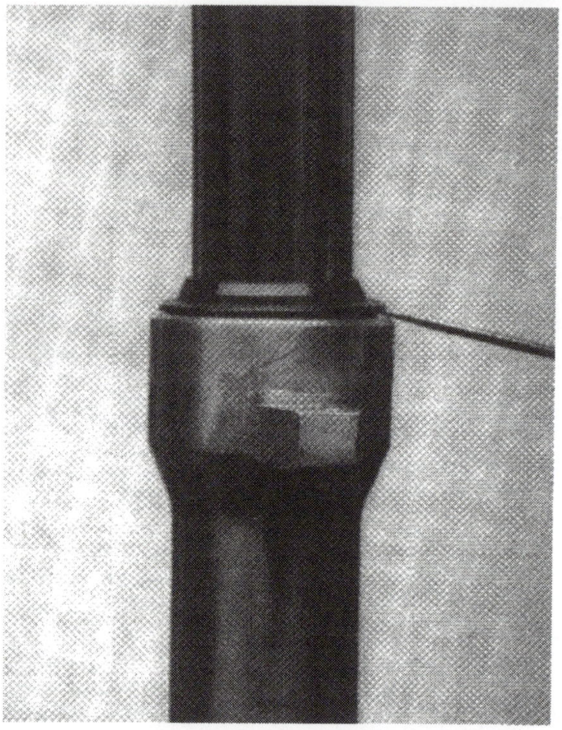

Bild 285
Staubdichtung aushebeln

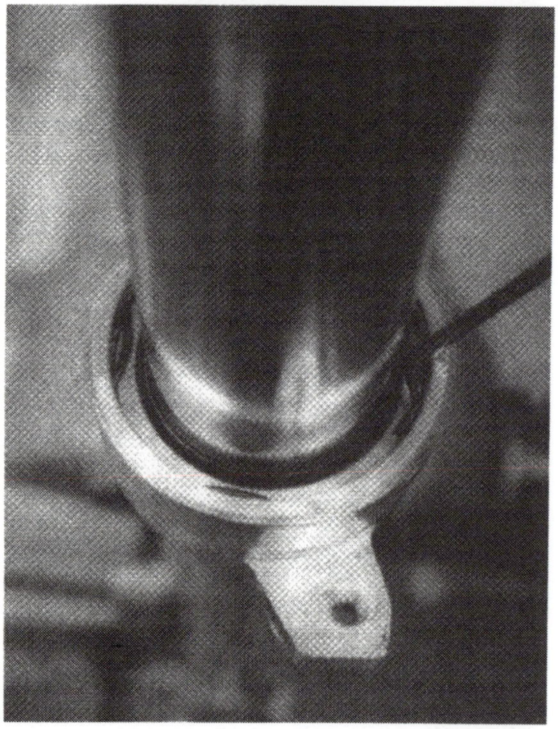

Bild 286
Sicherungsring aushebeln

peln» und Seegerring mit entsprechender Zange (Bild 282) entfernen. Dabei Kolben gegen Feder eindrücken. Kolben und Feder entnehmen.

Laufrad

Zum Ausbau des Laufrads müssen beide Bremssättel ausgebaut sein.

- ⚠ Radlager nur bei Beschädigung / Verschleiss ausbauen (siehe Kapitel 17.2).
- Rechts Gabelklemmschrauben ② Bild 280 und Achse ① ausdrehen. Rad entnehmen.
- Links an Radnabe Tachoantriebsschnecke abnehmen.
- Links auf Verbleib des Distanzstücks achten.
- Bremsscheibe (sechs Innensechskantschrauben lösen) abnehmen.
- Radlager schrittweise über Kreuz austreiben, um Aufweiten der Lagersitze zu vermeiden (Bild 283).

Teleskopgabel

Die RF-Baureihe hat eine konventionelle Gabel mit einstellbarer Federvorspannung.

Die 900er RF hat in der ab 1995 angebotenen Sonderversion «RS2» eine Gabel mit einstellbarer Federvorspannung und zusätzlich einstellbarer Zugstufendämpfung. Ab 1996 wird diese Gabel auch in der «Normalversion» verbaut.

- Einstellung der Gabel siehe Abschnitt Montage.
- Gabel muss zum Wechsel des Gabelöls ausgebaut werden.
- Schutz«blech» abbauen.
- Federvorspannungseinsteller auf geringste Vorspannung einstellen (ganz herausdrehen).
- Obere Gabelklemmschraube ① Bild 67 und untere ① Bild 281 lockern.
- TIP Bevor Gabelbein aus Gabelbrücken herausgezogen wird, obere Verschlussschraube bei angezogener unterer Klemmung lockern (noch nicht ganz ausdrehen).
- Obere Verschlussschraube ② Bild 296/① Bild 297 ausdrehen. Vorsicht, die Verschlussschraube der 600er RF steht unter Federdruck.
- Gabelbeine zusammenschieben.
- RF 600: Distanzbüchse, Federsitz und Feder entnehmen.
- RF 900: Distanzbüchse ③ herunterdrücken und Gegenmutter -A- Bild 296 lockern. Bei her-

untergedrückter Distanzhülse obere Verschlussschraube herausdrehen. Distanzhülse, Federsitz und Feder entnehmen.

- Gabelbein umdrehen und Gabelöl in Auffanggefäss ablassen. Dabei Gabelrohre mehrmals zusammenpumpen (Bild 284).
- Staubmanschette von Sitz loshebeln (Bild 285) und Anschlag-Federring aushebeln (Bild 286).
- Untere Gabelverschlussschraube (Innensechskant SW 6) ausdrehen.
- RF 600: Falls sich Dämpferstange mitdreht, mit SUZUKI-Spezialwerkzeug 009940-34561 (konischer Vierkant) Dämpferstange gegenhalten oder Feder, Vorspannhülse und obere Gabelverschlussschraube provisorisch einsetzen, um Dämpferstange am Mitdrehen zu hindern.
- RF 900: Dämpferpatrone ⑤ Bild 296 entnehmen.
- Tauchrohr gut geschützt in Schraubstock spannen und Standrohr nach Ziehhammer-Prinzip unter kräftigen Ruckbewegungen samt Wellendichtring und Stützring ausziehen.
- Gleitbuchsen und Dämpferstange (RF 600) samt Kolbenring, die jetzt aus Tauchrohr rausgeschüttelt wird, lassen sich leicht von Hand demontieren, ist jedoch zur Sichtprüfung nicht nötig.

Lenkkopflager

- ⚠ Lagerschalen nur bei Beschädigung/Verschleiss ausbauen (siehe Kapitel 3.15).
- Lenkerhälften abnehmen (600 R: samt Halterung, siehe Bild 294 / 900 R: Klemmschrauben -D-Bild 293 ausdrehen und Lenkrohre abnehmen).
- Gegenmutter ④ Bild 67 ausdrehen und Gabelbrücke nach oben abnehmen.
- Einstellmutter ③ Bild 67 ganz ausdrehen und untere Gabelbrücke / Gabelschaftrohr nach unten entnehmen.
- Lagerschalen oben und unten im Lenkkopf mit entsprechend langem und kräftigem Dorn von oben bzw. unten mit Stahlhammerschlägen schrittweise über Kreuz austreiben (Bild 287). Lager nicht verkanten und so Lagersitz aufweiten!
- Unteren Laufring mit Hammer und Meissel vom Sitz treiben (Bild 288).

17.2 Prüfen und Vermessen

Laufrad

- Radachse über Richtplatte rollen und so Verzug feststellen (Bild 289). Bei Verzug Achse erneuern. Niemals versuchen, Achse geradezurichten.

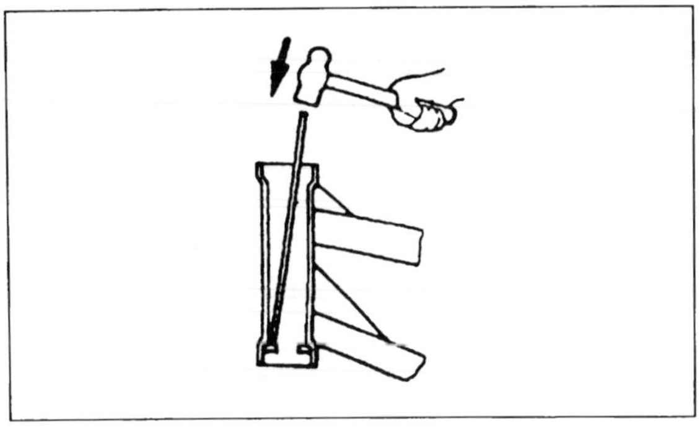

Bild 287
Lager austreiben

Bild 288
Lagerschale austreiben

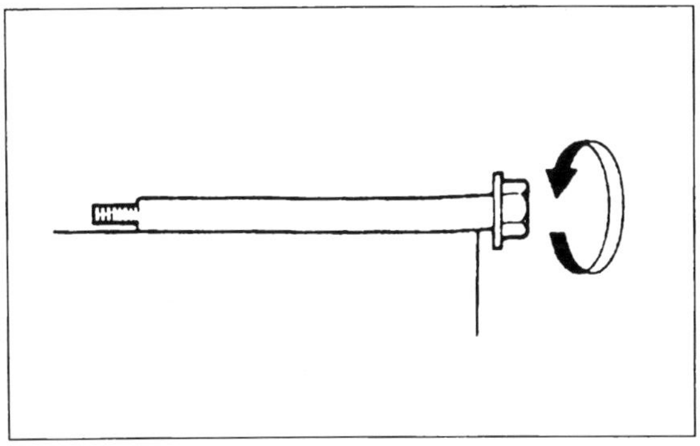

Bild 289
Achsschlag auf Richtplatte prüfen

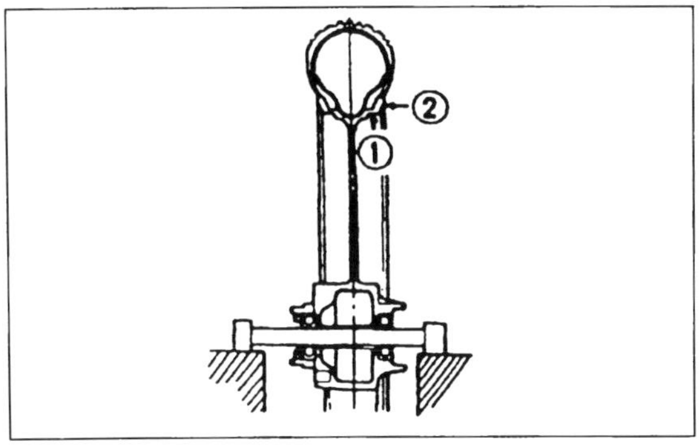

Bild 290
Felgenschlag messen
1 Höhenschlag
2 Seitenschlag

- ⚠ Räder auf Zentrierständer lagern, Seiten- und Höhenschlag mit Messuhr prüfen (Verschleissgrenze jeweils 2,0 mm; Bild 290). Unrund laufende Räder nicht richten lassen, sondern ersetzen.
- Auf Zentrierständer auch Unwucht des Rades feststellen (einen solchen Stützbock kann man leicht improvisieren oder selbst herstellen. Ein stabiler Schraubstock reicht oft schon aus, um die verschraubte Radachse einzuspannen). Wuchtung des Rades nach jedem Reifenwechsel

prüfen. Manche Reifenhersteller markieren leichteste Stelle des Reifens mit Farbpunkt. Dieser muss genau in Höhe des Ventils stehen. An Vorderradfelge nicht mehr als 60 Gramm Wuchtgewichte anbringen.

- Innenlaufringe der Radlager mit Finger auf einwandfreien und geräuschlosen Lauf prüfen. Aussenlaufring muss fest in Nabe sitzen.

Bremsanlage

- Verschmutzte Bremsklötze reduzieren die Bremswirkung, deshalb wegwerfen.
- Verschmierte Bremsscheiben mit hochwertigem Entfettungsmittel reinigen.
- Stärke der Bremsscheiben mit Mikrometer messen (Bild 291; Verschleissgrenze siehe Technische Daten).
- Verzug der Bremsscheibe mit Messuhr messen (Bild 292; Verschleissgrenze 0,30 mm).
- Pumpenzylinder und -Kolben dürfen keine Riefen oder Kratzer aufweisen.
- Kolben und Zylinder der Bremssättel auf Riefen, Kratzer oder sonstige Beschädigungen untersuchen.
- Dichtmanschetten (oder Kolbenringe) der Bremskolben müssen in einwandfreiem Zustand

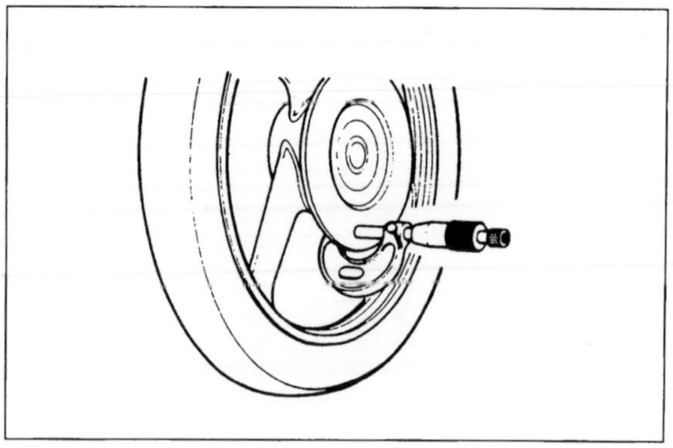

Bild 291
Scheibendicke messen

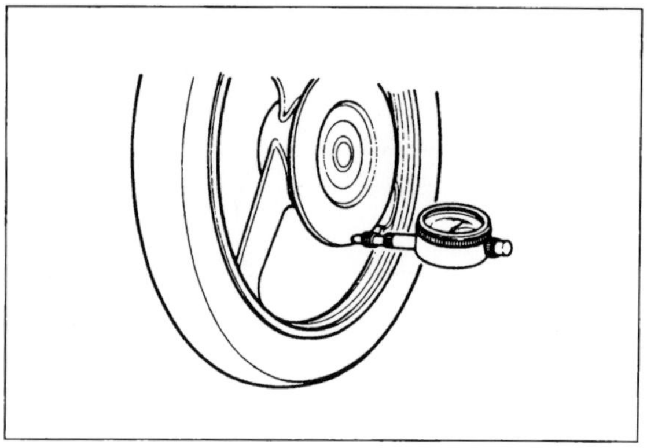

Bild 292
Scheibenschlag messen

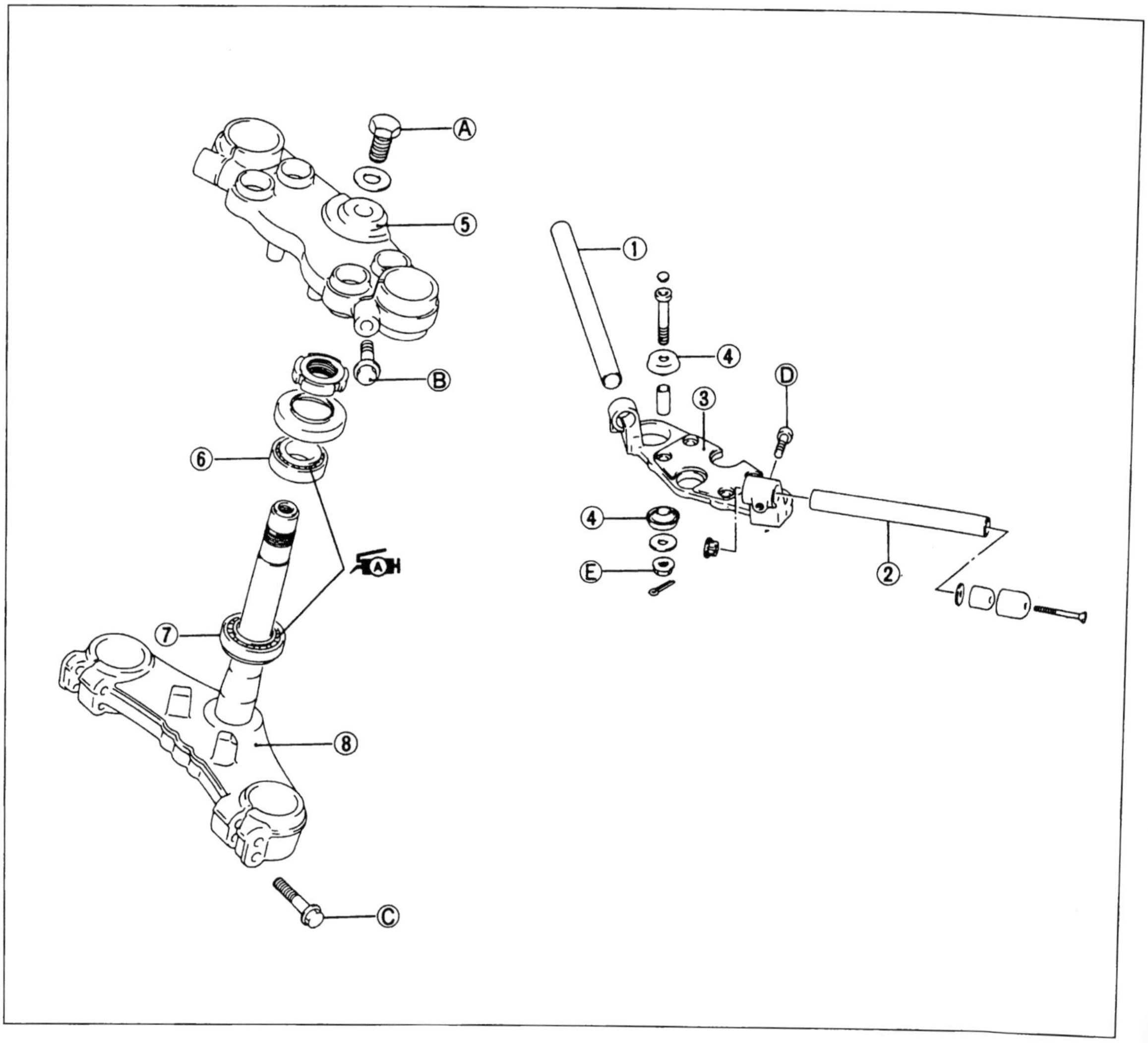

Bild 293
Lenkkopf und Lenker (900 R)
1 Lenkerhälfte rechts
2 Lenkerhälfte links
3 Lenkerhalter
4 Dämpfer
5 Obere Gabelbrücke
6 Lager
7 Lager
8 Untere Gabelbrücke
A 65 Nm
B 23 Nm
C 23 Nm
D 23 Nm
E 34 Nm

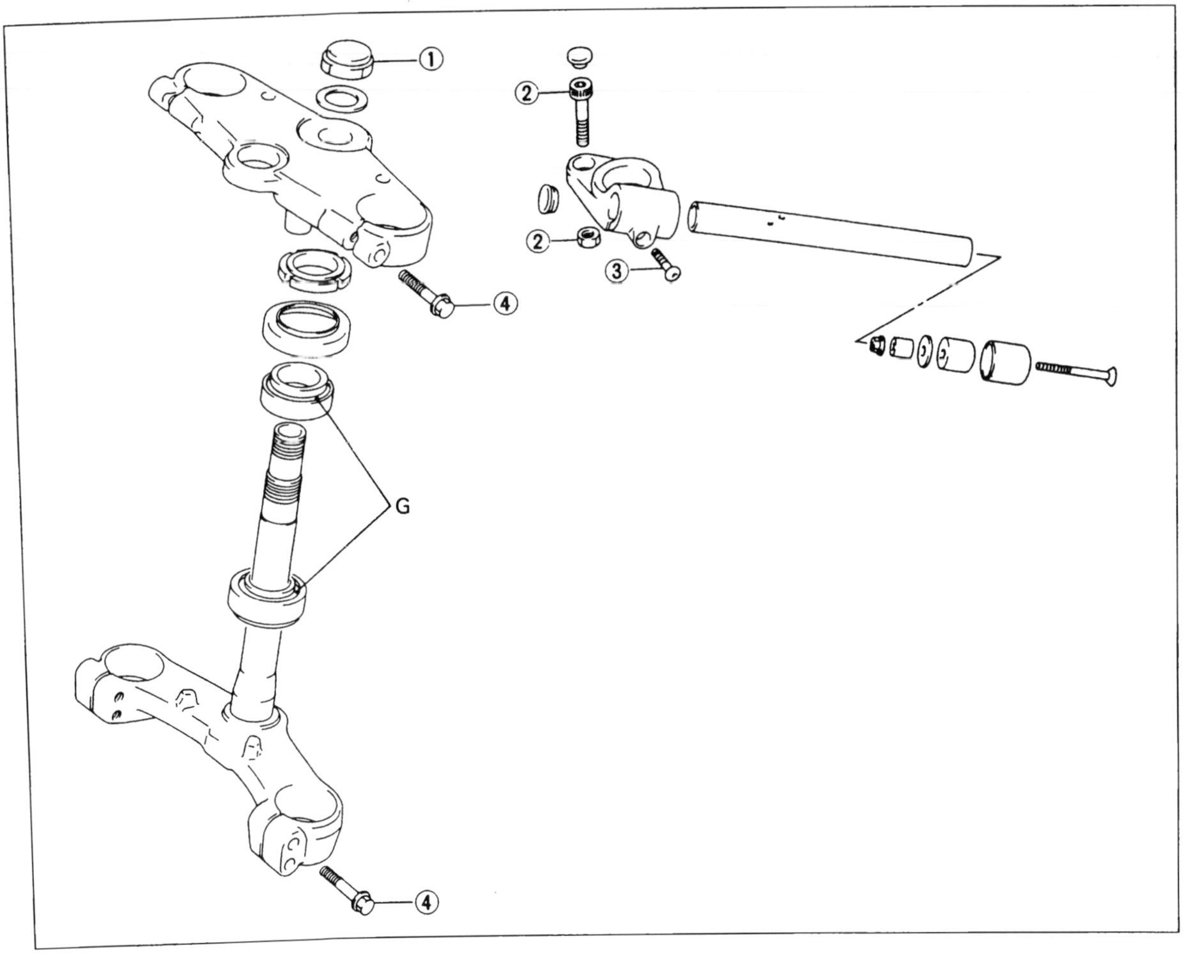

Bild 294
Lenkkopf und Lenker (600 R)
1 Hutmutter; 80 - 100 Nm
2 Befestigungsschraube des Lenkerhalters; 22 - 35 Nm
3 Klemmschraube; 18 - 28 Nm
4 Klemmschraube; 18 - 28 Nm
G Fett auftragen

sein. Nach Demontage grundsätzlich Neuteile verwenden!

Teleskopgabel und Lenkkopflager

- Gabelstandrohre in Prismenblöcke legen und mit Messuhr auf Schlag prüfen. Dabei beachten, dass tatsächlicher Schlag der Hälfte des gemessenen Wertes entspricht! Ab 0,1 mm Schlag Fachwerkstatt zu Rate ziehen, ob Standrohr wieder gerichtet werden kann.
- Freie Länge der Gabelfeder messen; Verschleissgrenze: 390 mm; s. Technische Daten.
- Bauteile auf Kratzer, Riefen oder abnormalen Verschleiss untersuchen. Gleitbuchsen müssen ausgewechselt werden, wenn Beschichtung über mehr als Dreiviertel der Oberfläche abgenutzt ist.
- Konuslaufringe des Lenkkopflagers auswechseln, wenn sie beschädigt sind oder Druckstellen und Vertiefungen aufweisen.

17.3 Montage

Lenkkopflager - Bilder 293 und 294

- Unteren Kegellaufring samt Staubdichtung auf Lenkerschaftrohr mit passendem Rohrstück auftreiben, bis er rundum satt aufsitzt.
- TIP Erwärmen des Laufrings auf ca. 100°C erleichtert sein Aufschieben.
- Lagerschalen in Lenkkopflagersitz mit passendem Rundmaterial eintreiben. Besser mit Gewindestange und passenden Adaptern / Scheiben einziehen (Bild 295). Darauf achten, dass Lagerschalen nicht verkanten und so Lagersitze aufweiten.
- Lagerlaufkörper gefettet in ursprüngliche Lagerschale einsetzen.
- Untere Gabelbrücke/Lenkschaftrohr von unten in Lenkkopf einführen.
- Lagerdeckel auflegen und Einstellmutter anziehen (40 - 50 Nm) und Lenkkopf mehrmals von

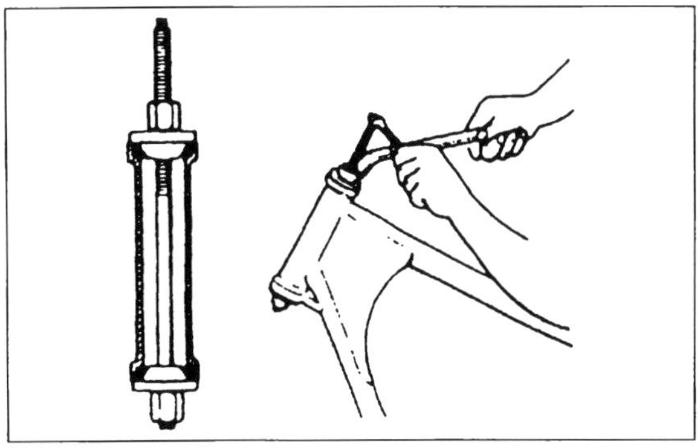

Bild 295
Lager einziehen

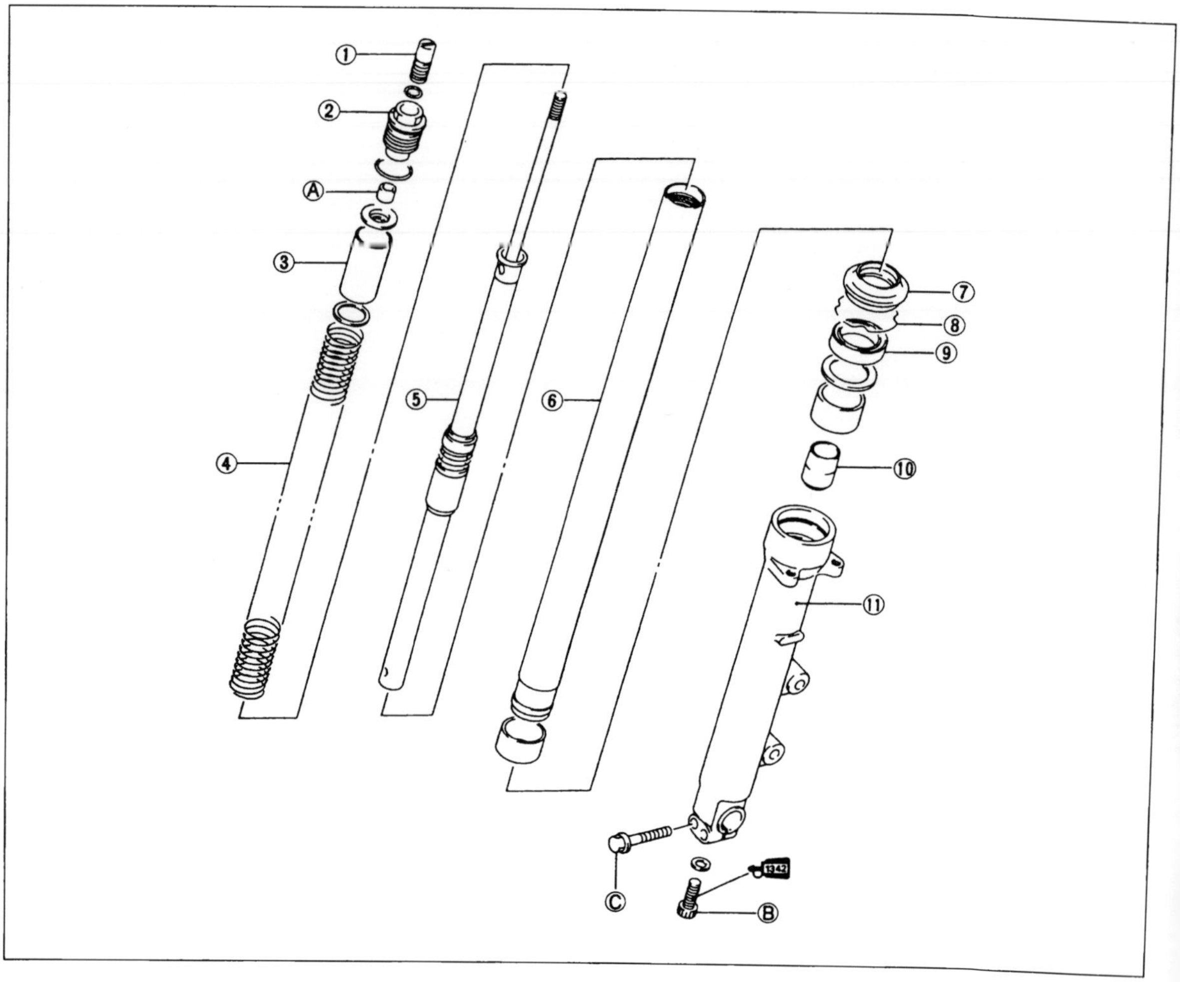

Bild 296
Teleskopgabel (900 R)
1 Einsteller
2 Verschluss-Schraube; 23 Nm
3 Distanzhülse
4 Feder
5 Dämpfer
6 Standrohr
7 Staubdichtring
8 Anschlagring
9 Öldichtring
10 Öldichtstück
11 Tauchrohr
A 20 Nm
B 23 Nm
C 23 Nm

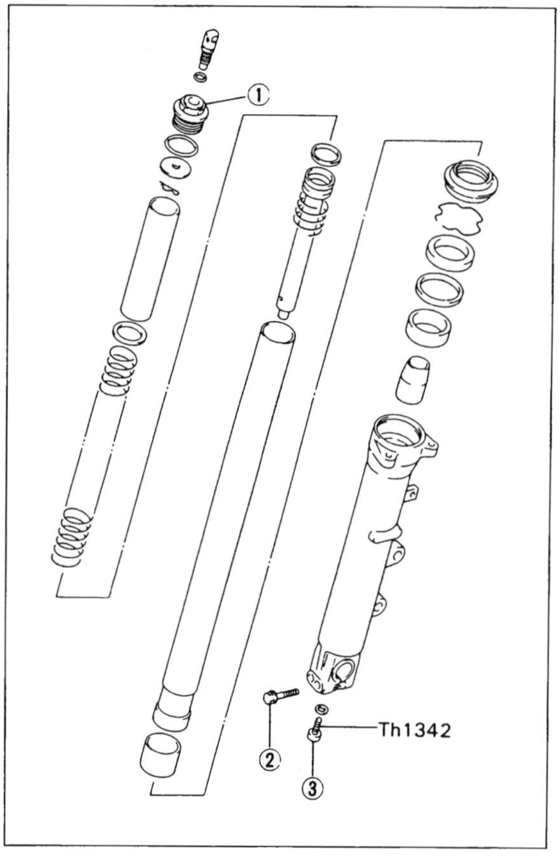

Bild 297
Teleskopgabel (600 R)
1 30 -40 Nm
2 18 - 28 Nm
3 18 - 27 Nm
Th 1342: Schraubensicherung beigeben

Anschlag zu Anschlag schwenken (damit sich Lagerschalen setzen). Anschliessend Einstellmutter wieder vollständig lösen, und Einstellmutter anziehen, bis Lager spielfrei und leichtgängig ist (siehe Kapitel 3.15).

● Obere Gabelbrücke samt Gegenmutter montieren. Dabei Gabelstandrohre provisorisch einsetzen.

● Bei leicht angelegter Gabelbrückenklemmung der Standrohre mit geschliffener Platte Parallelität der Standrohre prüfen (Platte darf auf beide Standrohre aufgelegt nicht kippeln). Gegebenenfalls Standrohre vor endgültigem Festziehen der Klemmung ausrichten.

Teleskopgabel / Bilder 296 und 297

● Standrohrbuchse in zugehörige Nut am Standrohr einsetzen.

● Falls demontiert, Nylon-Kolbenring von Hand auf Dämpferstange anbringen.

● Dämpferstange mit Rückprallfeder von oben durch Standrohr durchstecken und Öldichtstück auf Ende der Dämpferstange aufsetzen.

● Standrohr so vormontiert in Tauchrohr einschieben.

● Untere Gabelverschluss-Schraube mit flüssiger Schraubensicherung versehen und mit

Kupferdichtring eindrehen. Falls sich Dämpferkolbenstange mitdreht, mit SUZUKI-Spezialwerkzeug und langer Verlängerung gegenhalten, oder Gabelfeder mit Distanzstück und Gabelverschlussschraube provisorisch montieren.

● Staubdichtung, Federsicherung, Wellendichtring und Gleitrohrbuchse von Hand auf Standrohr anbringen.

● Buchse zusammen mit Stützring mit passendem Rohrmaterial oder schrittweise über Kreuz mit langem Dorn eintreiben (Bild 298). Vorsicht, Standrohr nicht mit Dorn zerschrammen!

● Es folgt Wellendichtring. Diesen mit Gabelöl anfeuchten und mit Beschriftung nach oben entweder mit passendem Rohrmaterial oder schrittweise über Kreuz mit langem Dorn eintreiben.

● Anschlagring in Nut des Gleitrohrs einsetzen und darauf achten, dass dieser einwandfrei in seiner Nut sitzt. Staubdichtung einsetzen.

● Standrohr bis zum Anschlag in Tauchrohr einschieben und pro Gabelbein 503 cm^3 (900 R: 466 cm^3) Gabelöl (10er Viskosität) einfüllen.

● Gabelrohre mehrmals auf- und abpumpen, bis keine Luftbläschen mehr auftauchen und so Dämpfer entlüften.

● Ölstand von Oberkante des Standrohrs aus messen.

● Unbedingt darauf achten, dass Ölstand in beiden Gabelbeinen gleich ist (Gabel ganz zusammengeschoben ohne Feder).

● Gabelfeder in Standrohr einführen (grosser

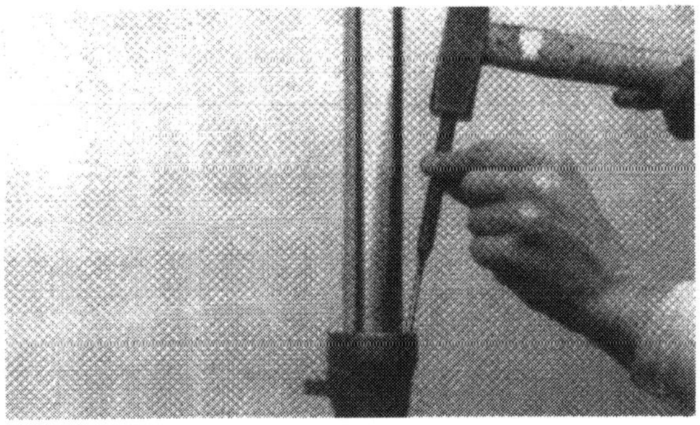

Bild 298
Tauchrohrbuchse und Wellendichtring eintreiben

Windungsabstand nach unten weisend). Es folgen Federsitz, Distanzhülse und obere Gabelverschluss-Schraube mit geöltem O-Ring.

● Untere und obere Gabelklemmschrauben (23 Nm) anziehen.

● Lenkerhalterung wie in Bildern 293 und 294 gezeigt montieren.

● Schutzblech montieren.

Laufrad / Bilder 299 und 300

● Einbau der Lager und Staubdichtungen wie Lenkkopflager einziehen. Zuerst linkes Lager (fettgefüllt) einziehen, Distanzhülse einsetzen, dann rechtes Lager einziehen. Dichtringe mit passender Nuss einschlagen. Gegebenenfalls Lager nur am Aussenring mit passender Nuss oder Rundmaterial nachsetzen.

● Bremsscheibe installieren. Schrauben mit flüssiger Schraubensicherung anziehen (23 Nm).

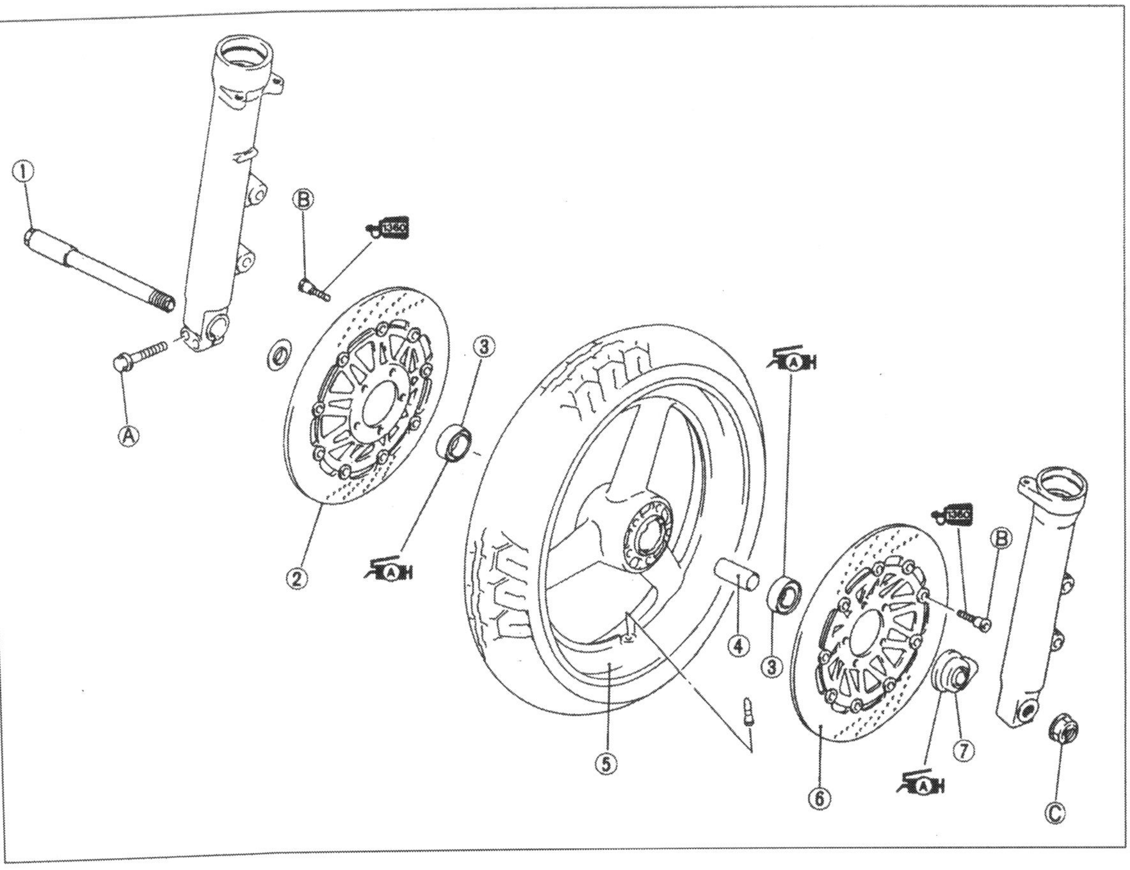

Bild 299
Vorderrad (600 R)
1 Achse; 100 Nm
2 Bremsscheibe rechts
3 Lager
4 Distanzhülse
5 Rad
6 Bremsscheibe links
7 Tachoschnecke
A 23 Nm
B 23 Nm
C 100 Nm

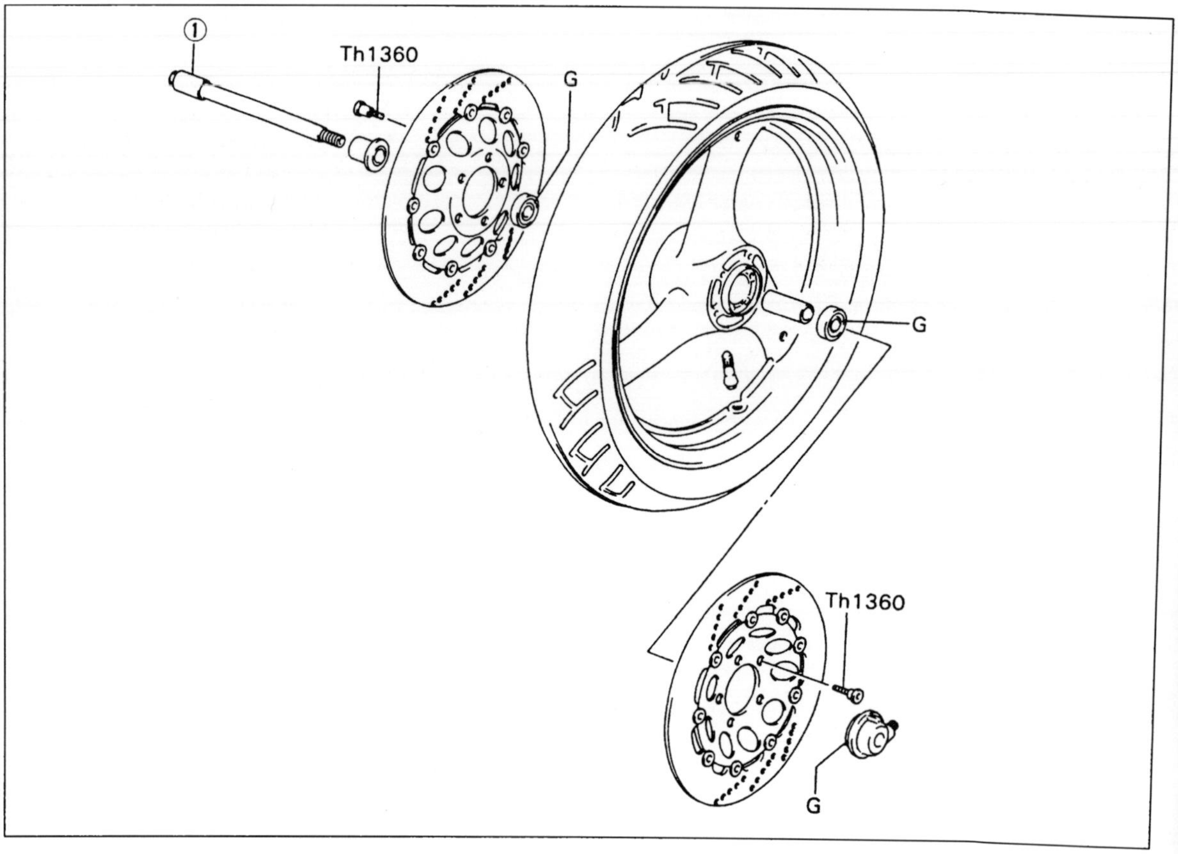

Bild 300
Vorderrad (900 R)
1 50 - 80 Nm
2 18 - 28 Nm
G: Lagerfett auftragen
Th 1360: Flüssige Schraubensicherung auftragen

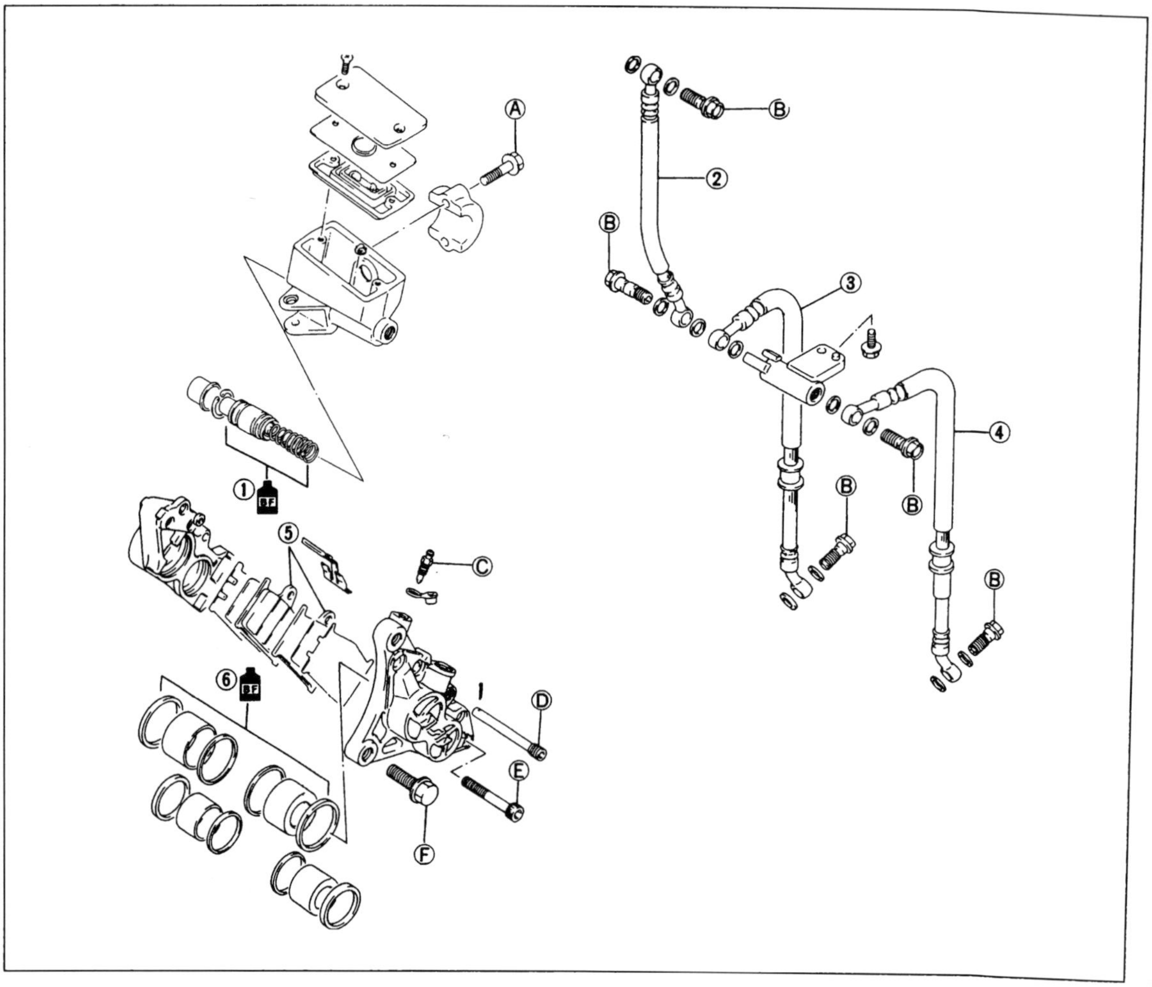

Bild 301
Vorderradbremse (600 R)
1 Kolbensatz
2 Bremsschlauch Nr. 1
3 Bremsschlauch Nr. 2 rechts
4 Bremsschlauch Nr. 2 links
5 Bremsklötze
6 Kolbensatz
A 10 Nm
B 23 Nm
C 8 Nm
D 18 Nm
E 23 Nm
F 39 Nm

● Tachometergetriebe-Mitnehmer und -Schnekke einfetten und so einsetzen, dass seine Zungen in Schlitze der Naben einspuren.

● Bremsscheibe mit hochwertigem Entfettungsmittel (Bremsscheibenreiniger) reinigen.

● Rad mit Distanzhülsen rechts und Tachoschnecke links zwischen Gabelbeine einsetzen. Achse einschieben und anziehen (60 - 80 Nm, 600 R; 100 Nm, 900 R.).

● Teleskopgabel mehrmals bei blockiertem Vorderrad (jedoch nicht mit Bremse blockieren!) zusammendrücken, um Achse aufzusetzen, dann Achsklemmschraube anziehen.

Bremsanlage - Bilder 301, 302 und 302 a

● Kupplungsgeber und -Nehmerzylinder wie Bremspumpe und -sattel montieren.

● ⚠ Einmal ausgebaut, müssen Kolben- und Staubdichtringe des Bremssattels grundsätzlich durch neue ersetzt werden.

● Dichtringe vor Einsetzen mit Bremsflüssigkeit schmieren. Kolben so einbauen, dass offene Seite auf Bremsbeläge gerichtet ist.

● Vor Zusammenbau alle Teile der hydraulischen Bremsanlage mit sauberer Bremsflüssigkeit reinigen und anfeuchten.

● Dicht- und Staubringe in Bremszylinder ein-

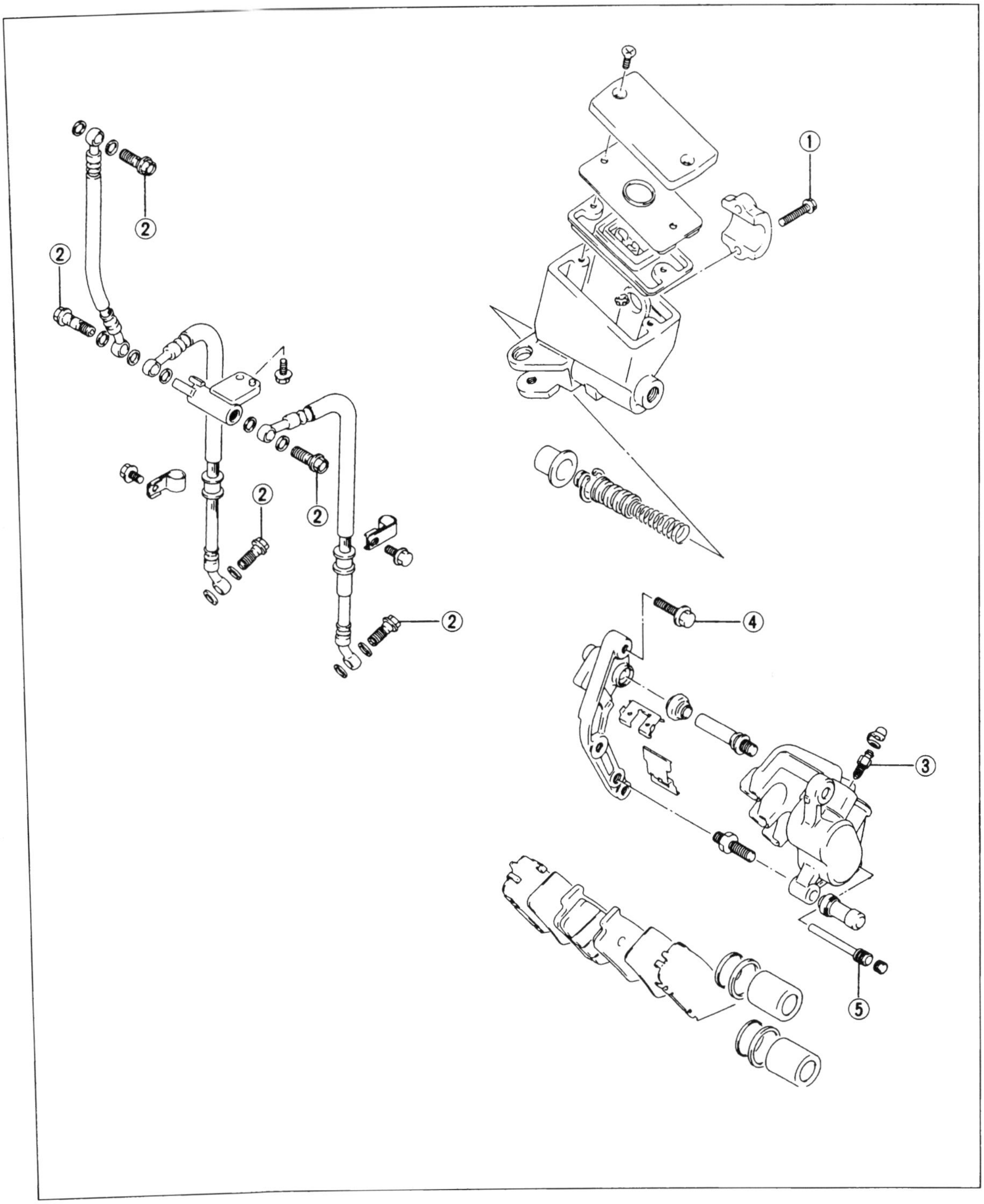

Bild 302
Vorderradbremse (900 R)
1 8 -12 Nm
2 15 -20 Nm
3 6 - 9 Nm
4 20 - 30 Nm
5 15 - 20 Nm

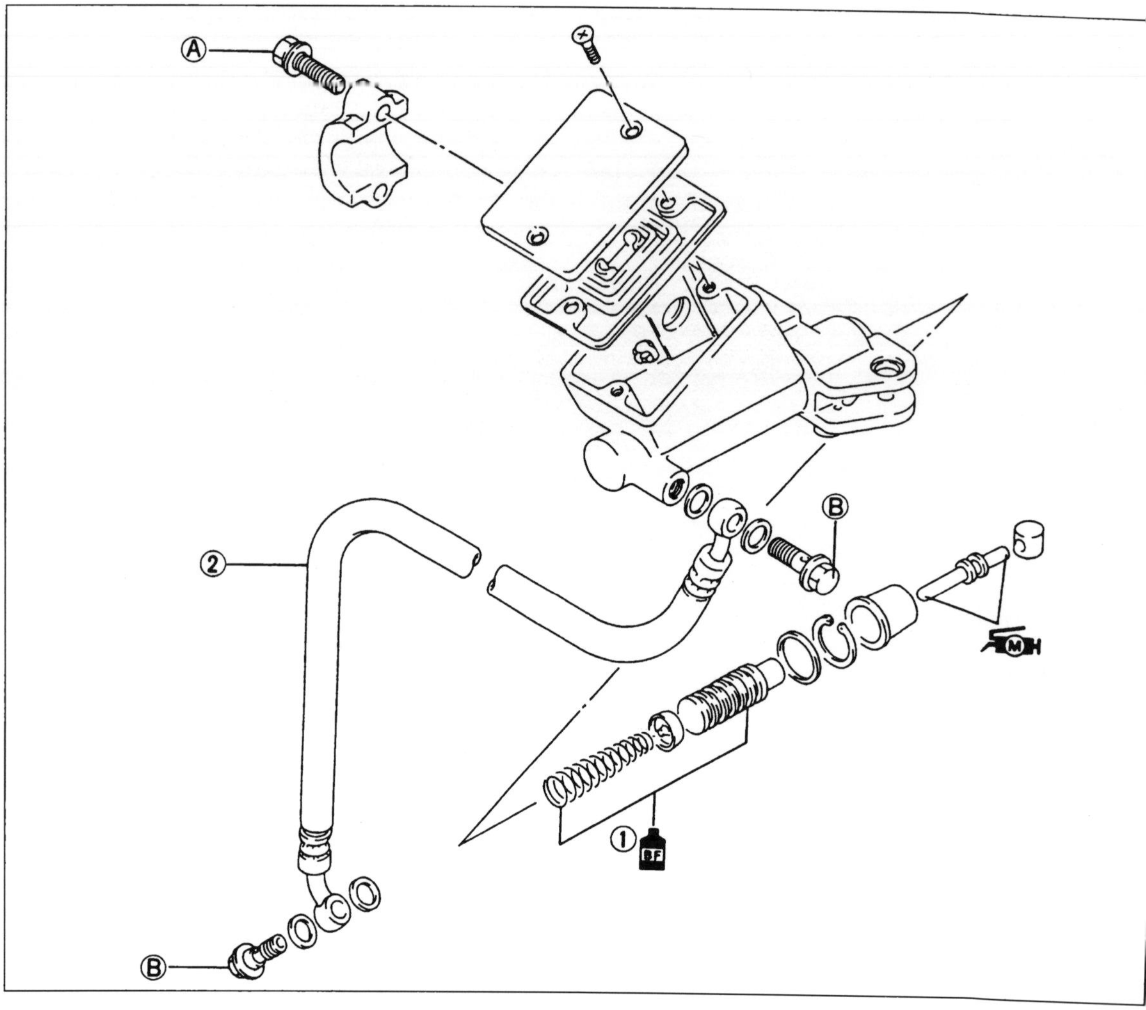

Bild 302 a
Hydraulische Kupplung
1 Kolbensatz
2 Kupplungsschlauch
A 10 Nm
B 23 Nm

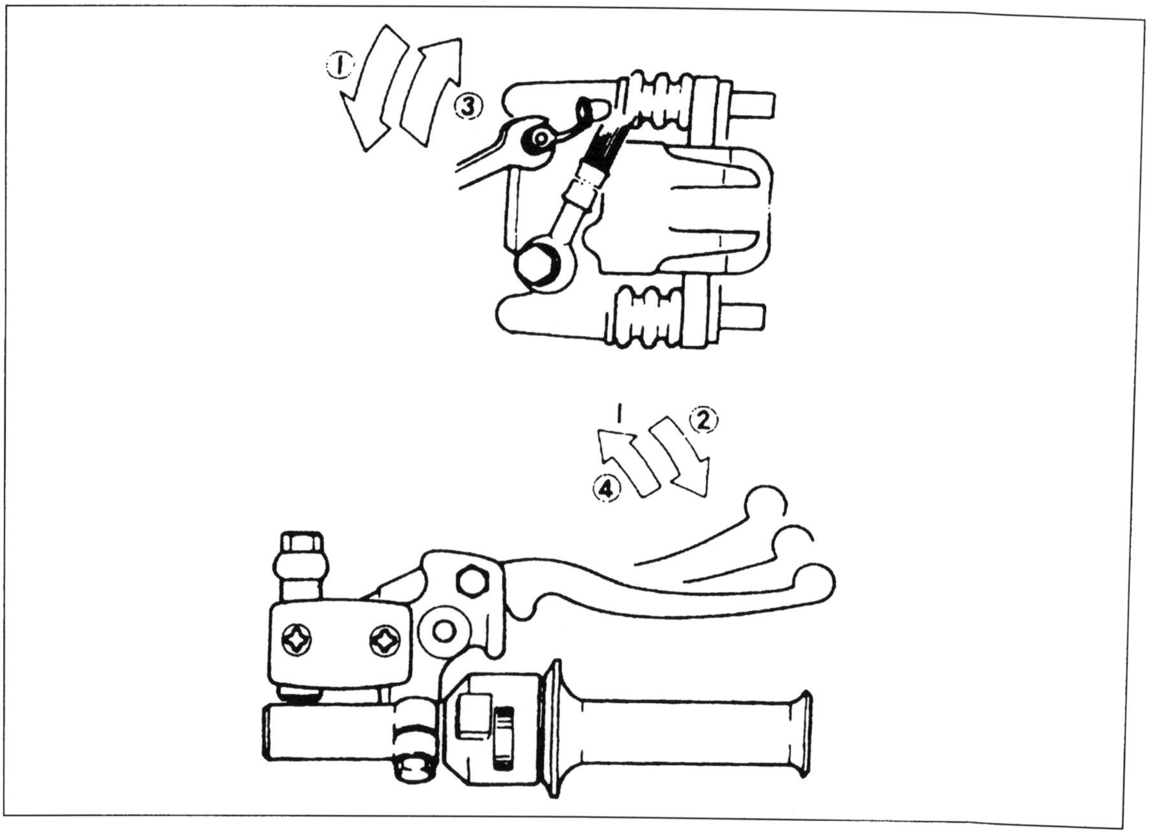

Bild 303
Belüftungsschema

1 Entlüftungsventil öffnen
2 Hebel/Pedal anziehen und halten
3 Entlüftungsventil schliessen
4 Hebel/Pedal schnell freigeben

setzen. Darauf achten, dass Dichtlippen beim Einsetzen der Kolben nicht umgewendet werden.

- Belagfeder und Beläge installieren wie in Kapitel 3.11 beschrieben.
- Feder mit grossem Durchmesser nach innen in Handpumpe einsetzen.
- Kolbensatz eindrücken und Seegerring mit entsprechender Zange einsetzen. Staubkappe aufziehen und Bremslichtschalter anbringen. Handpumpe am Lenker anbringen.
- Sämtliche Bremsschlauchverbindungen mit neuen Dichtscheiben installieren und anziehen (15 - 20 Nm).
- Beim Befüllen des Hydrauliksystems abweichend vom im Wartungskapitel angegebenen Schema nach dem im Bild 303 gezeigten Ablauf vorgehen. Dabei Entlüftungsschlauch in mit Bremsflüssigkeit befülltes Gefäss enden lassen.

18 Heckpartie

18.1 Demontage

● Motorrad auf Kiste o.ä. stabil so untermauern, dass Hinterrad freikommt.

Hinterrad

● Hinterachse wie zum «Antriebskette spannen» (Kapitel 3.13 Seite 24) lockern.

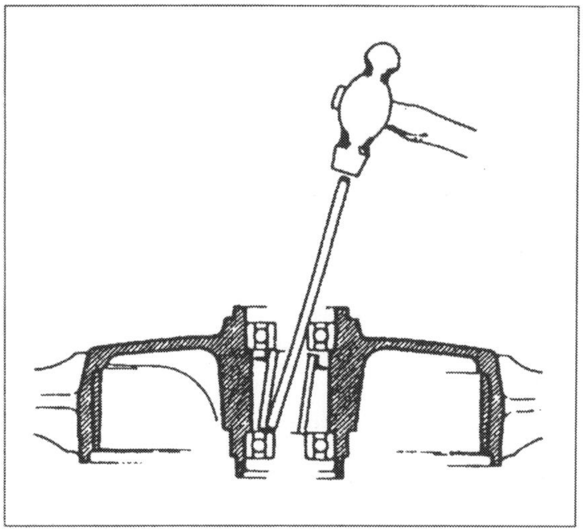

Bild 305
Radlager austreiben (Prinzipdarstellung)

Bild 306
Obere Stossdämpferbefestigung

Bild 307
Federhebelei
(600 R ab Bj. 95)
1 85 Nm
2 85 Nm
3 50 Nm

● Bremssattel von Bremssattel-Halterung ab nehmen.

● Kette von Kettenrad abnehmen, Achsmutt ausdrehen, Hinterrad anheben und Achse aus ziehen. Auf Distanzhülse jeder Seite achten!

● Bremsscheibe nach Lösen von sechs Schrau ben abnehmen.

● Bremssattel- und Fusspumpendemontag wie vorn, Kapitel 17.1.

● Kettenblatt-Träger (Abtriebsflansch) von Han abnehmen.

● Zum Entfernen des Kettenblatts fünf Muttern (900 R: sechs Muttern) lösen.

● Wellendichtringe mit Schraubendreher o.ä aushebeln.

● TIP Zum Austreiben der Radlager Radnabe bzw. Abtriebflansch auf elektrischer Kochplatte anwärmen. Einmal ausgebaut, gehören Radlager auf den Schrott!

● Distanzhülse zwischen den Radlagern aushebeln. Lager mit einem 10 mm-Dorn mit leichten Schlägen schrittweise über Kreuz austreiben (Bild 305). Nach Ausbau eines Lagers Distanzhülse entnehmen und gegenüberliegendes Lager austreiben.

Federbein und Schwinge - Bilder 307, 308 und 309

● Sitzbank und Seitenverkleidung abbauen.

● Hydraulikanschluss der Hinterradbremse abnehmen, siehe Kapitel 17.1 und Bremsschlauch aus Führungen (Innenseite der Schwinge) abnehmen.

● Kettengehäuse abnehmen.

● Dämpferhebel von unterem Federbeinauge und Dämpferhebel von Dämpferstange lösen.

● Bei 900 R Ausgleichsbehälter abnehmen.

● Obere Federbeinbefestigung lösen (Bild 306) und Federbein nach unten abnehmen.

● ⚠ Stossdämpfer enthält hochkomprimiertes Stickstoffgas und Öl! Das unter hohem Druck stehende Federbein kann bei unsachgemässer Beseitigung schwere Verletzungen verursachen! Beseitigung eines verschlissenen Federbeines ist Sache der SUZUKI-Werkstatt. Auf keinen Fall einfach zum Schrott werfen!

● Mutter ausdrehen, Schwinge entlasten und Schwingachse herausziehen. Gegebenenfalls mit bedachten Gummihammerschlägen nachhelfen, um festsitzende Schwingachse zu lockern.

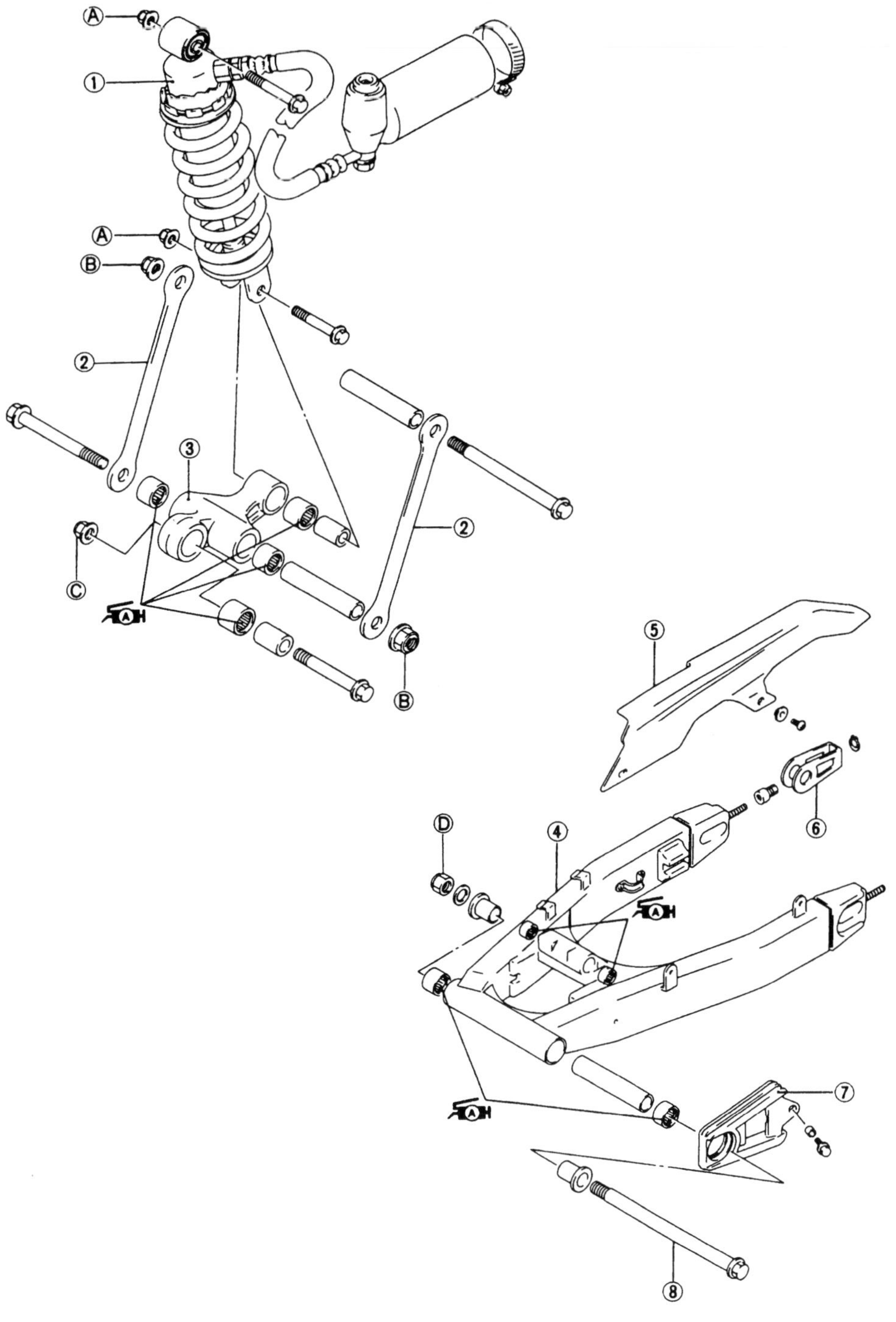

Bild 308
Federhebelei und Schwinge (900 R)
1 Stossdämpfer
2 Dämpferhebelstange
3 Dämpferhebel
4 Schwinge
5 Kettenschutz
6 Einsteller
7 Kettenführung
8 Schwingenachse
A 50 Nm
B 85 Nm
C 85 Nm
D 100 Nm

● ⚠ In diesem Montagezustand Spiel der Schwingenlagerung am Schwingenende prüfen (max. 1 mm Spiel am Schwingenende).

● Achse nach links herausziehen und Schwinge entnehmen.

● ● ⚠ Auf Verbleib der Distanzbuchsen achten - und deren Einbaulage.

● Distanzbuchsen und Staubschutzdeckel lassen sich von Hand entnehmen. Lagerkäfige mit passendem Abzieher nach «Ziehhammer - Prinzip» austreiben, wobei diese zerstört werden.

18.2 Prüfen und Vermessen

● Verschleissgrenzen Felgenschlag wie a Vorderrad Kapitel 17.2 prüfen.

● Schwinge auf Verzug oder Risse prüfe Schwinge muss sich bei demontiertem Hinterra und Stossdämpfer ohne Unregelmässigkelte auf- und abbewegen lassen.

● Seitliches Spiel der Schwinge wie i vorhergehenden Kapitelabschnitt beschriebe

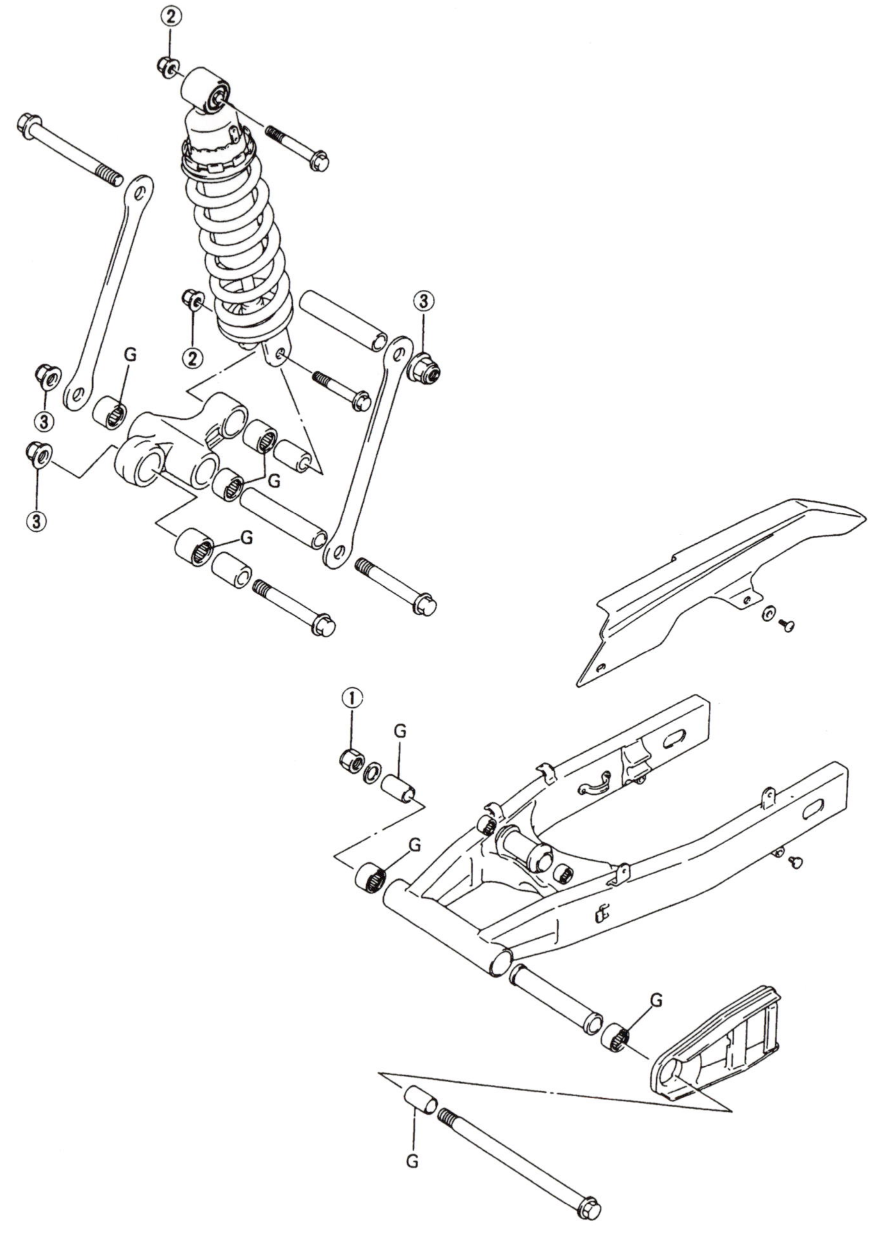

Bild 309
Federhebelei und Schwinge (600 R)
1 85 -115 Nm
2 40 - 60 Nm
3 70 - 100 Nm
G: Lagerfett auftragen

messen: maximal 1 mm, gemessen am Schwingenende.

- Staubdichtungen der Federbeinbefestigung auf Beschädigung überprüfen. Druckdeckel und Buchse dürfen keine Riefen oder Kratzer aufweisen. Lager auf Grübchenbildung und übermässiges Spiel untersuchen.
- Stossdämpfer auf Ölaustritt an Dämpferstange untersuchen.
- Kettenrad auf Beschädigung und Verschleiss untersuchen.

18.3 Montage

Schwinge und Federbein - Bilder 307, 308 und 309

- In Fachwerkstatt Nadellager in Schwinge, Relais-Arm und Pleuelstange mit passendem Dorn eintreiben.
- Buchsen, Distanzscheiben und Staubdichtungen gefettet einsetzen.
- Federbein und Schwinge vormontiert am Rah-

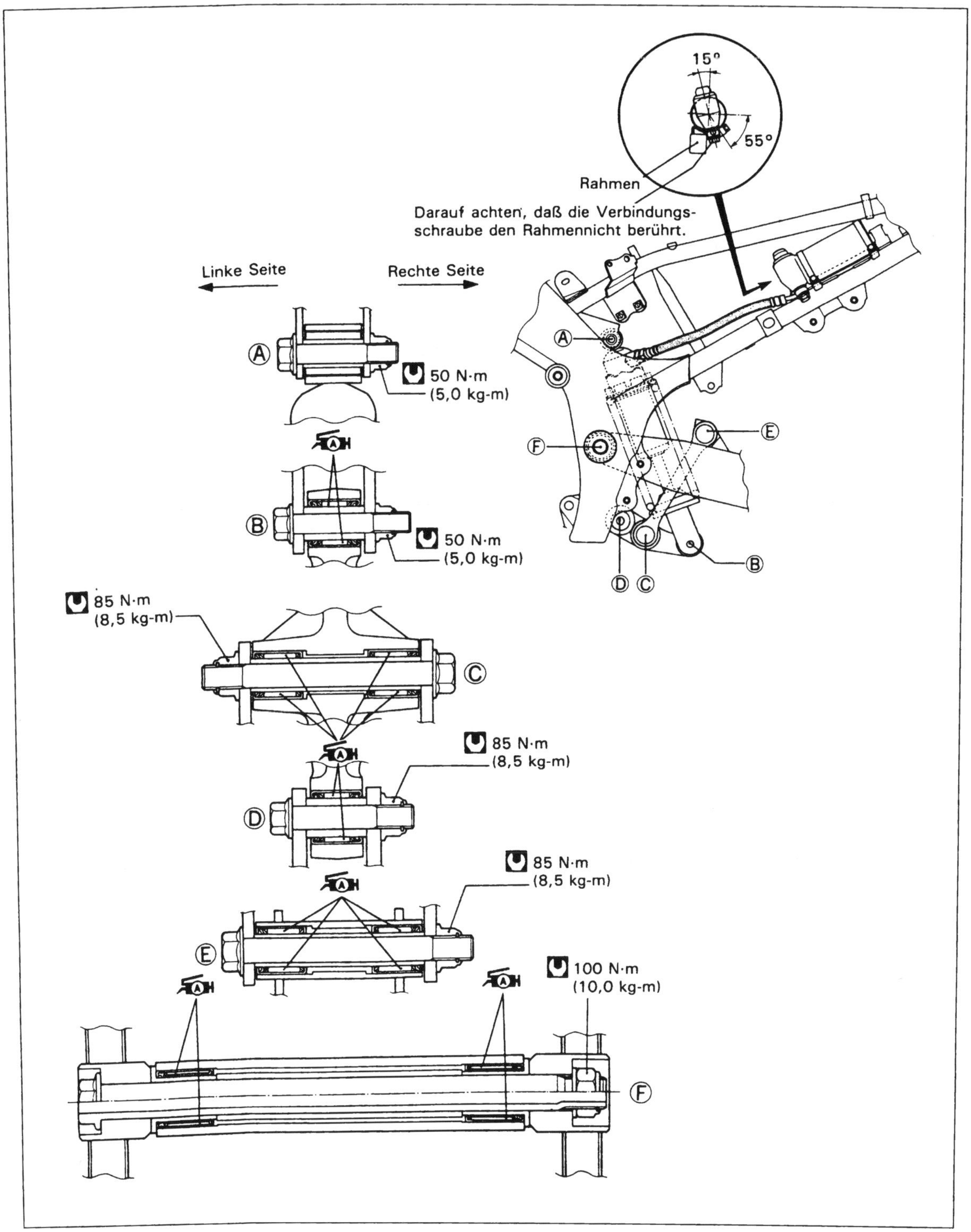

Bild 310
Federhebelei-Anzugsmomente (900 R)

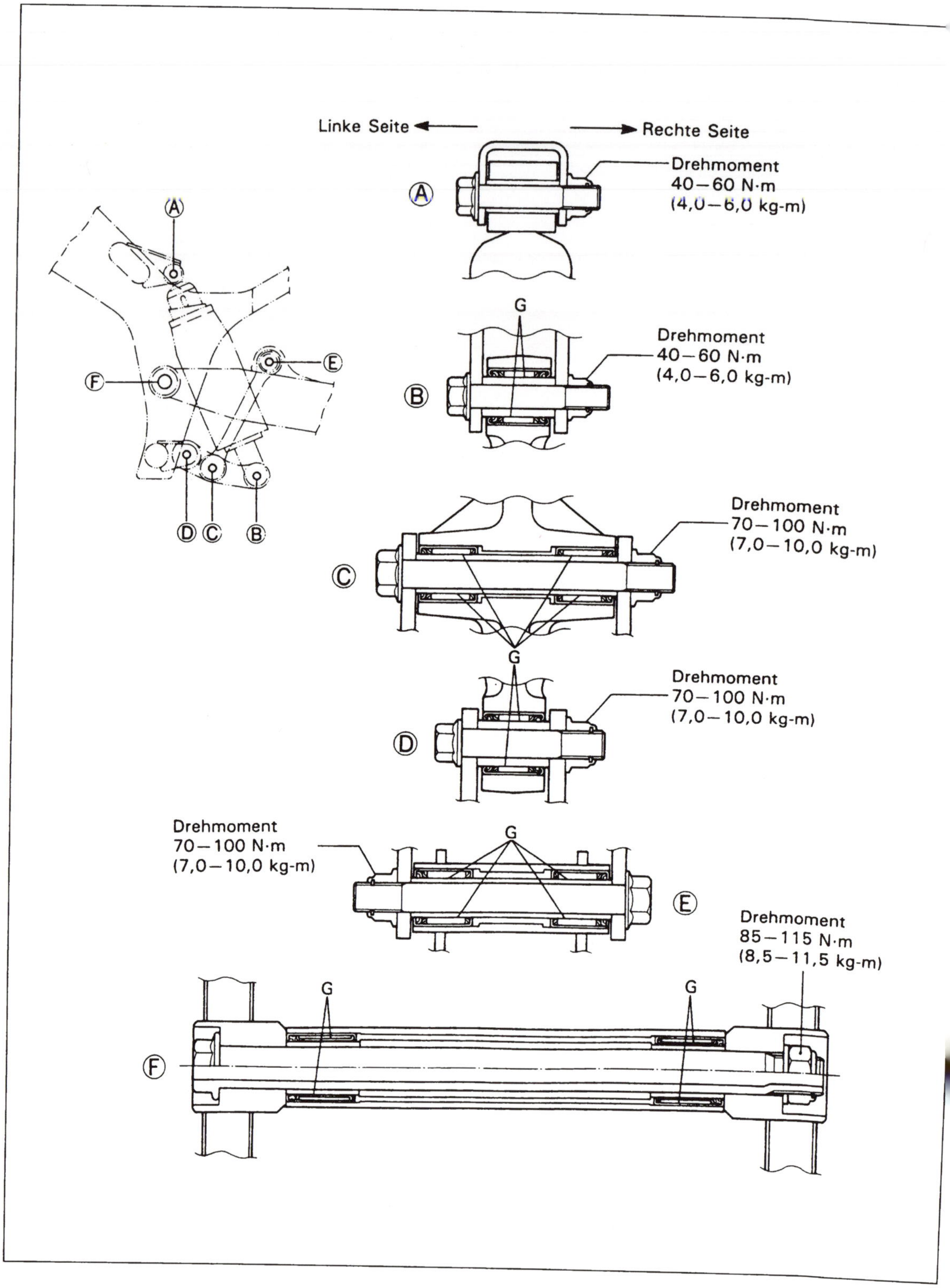

Bild 311
Federhebelei-Anzugsmomente (600 R)
G: Lagerfett auftragen

men anbringen.

- Federbein mit voreingestellter Federvorspannung an oberer Federbeinaufnahme anbringen.
- **Federvorspannung** an oberem Einsteller (Drehring an Federbein) wählen: Stellung 1 (weich) bis Stellung 7 (hart); Stellung 4 (Standard).
- **Dämpfungseinstellung** an unterem Einsteller wählen: Stellung 1 (schwach) bis Stellung 4 (stark); Stellung 2 (Standard).
- Einbaulage der Hebelei und Anzugsmomente siehe Bilder 310 und 311.
- Sämtliche Verbindungsbolzen von links einschieben und Muttern rechts anziehen.

- Schwinge mit vormontierter Hebelei und aufgelegter Kette (falls Endloskette montiert) in Rahmen einsetzen.

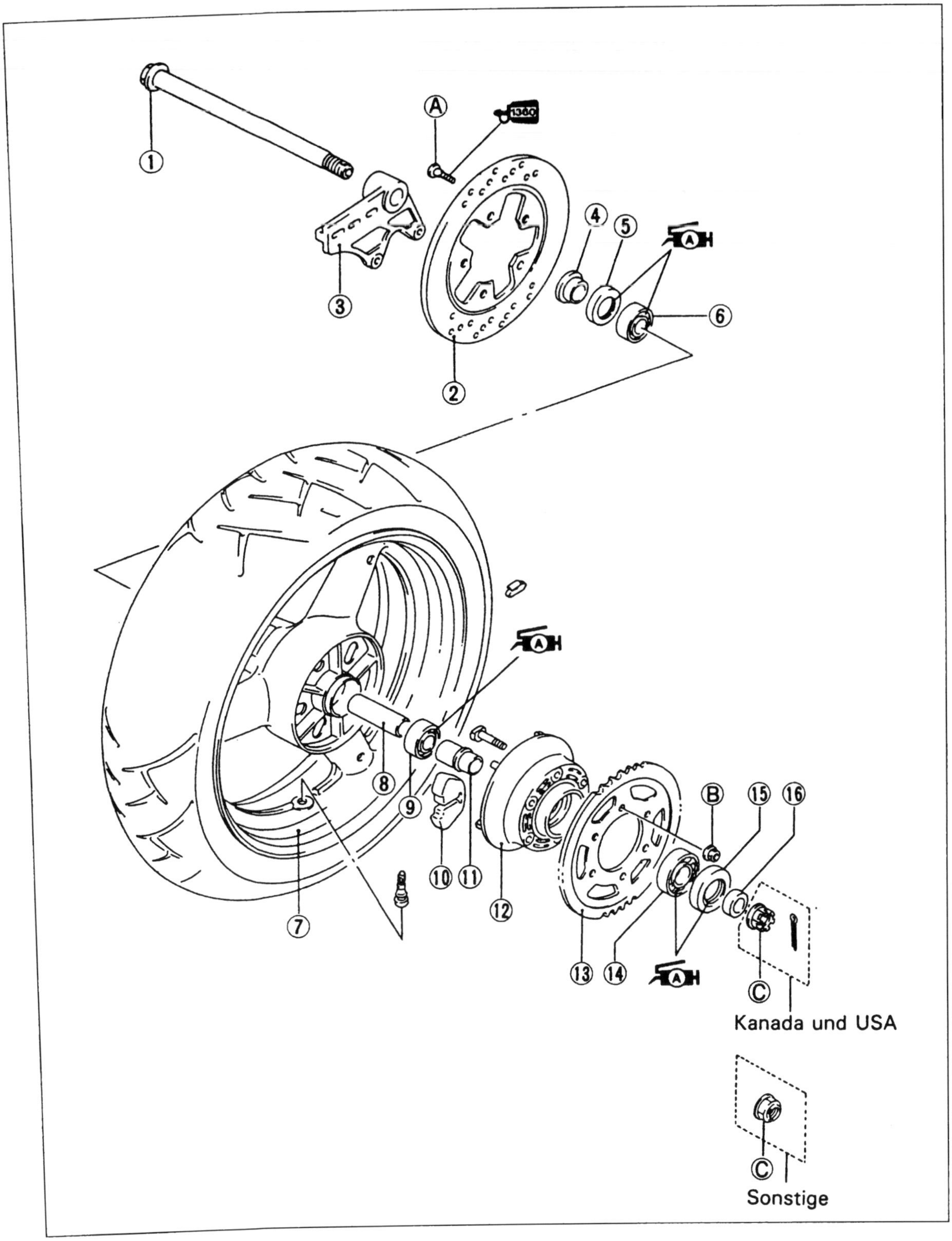

Bild 312
Hinterrad (600 R)
1 Achse
2 Bremsscheibe
3 Bremssattel-Halter
4 Distanzhülse
5 Staubdichtring rechts
6 Lager rechts
7 Rad
8 Distanzhülse
9 Lager links
10 Dämpfer
11 Hülse
12 Mitnehmer
13 Ritzel
14 Lager
15 Staubdichtring
16 Distanzhülse
A 23 Nm
B 60 Nm
C 100 Nm

Laufrad - Bilder 312 und 313

- ⚠ Ausgebaute Lager nicht wiederverwenden. Hier ist Sparsamkeit nicht angesagt.
- Lager einziehen (Bilder 314 und 315) wie Lenkkopflager, siehe Kapitel 17.3. Anzugsmomente siehe Bilder 316 und 317.
- Kettenblatt anbringen und Muttern anziehen.
- Dämpfergummis in Radnabe einsetzen und Abtriebsflansch einsetzen.
- Hinterrad einsetzen, Kette auffädeln, Achse leicht gefettet einschieben und Achsmutter locker anlegen. Antriebskette spannen (Kapitel 3.13).

Bremsanlage - Bilder 318 und 319

- Dichtringe und Kolben einbauen und System befüllen wie am Vorderrad beschrieben.
- Pedallage einstellen (Kapitel 3.11).

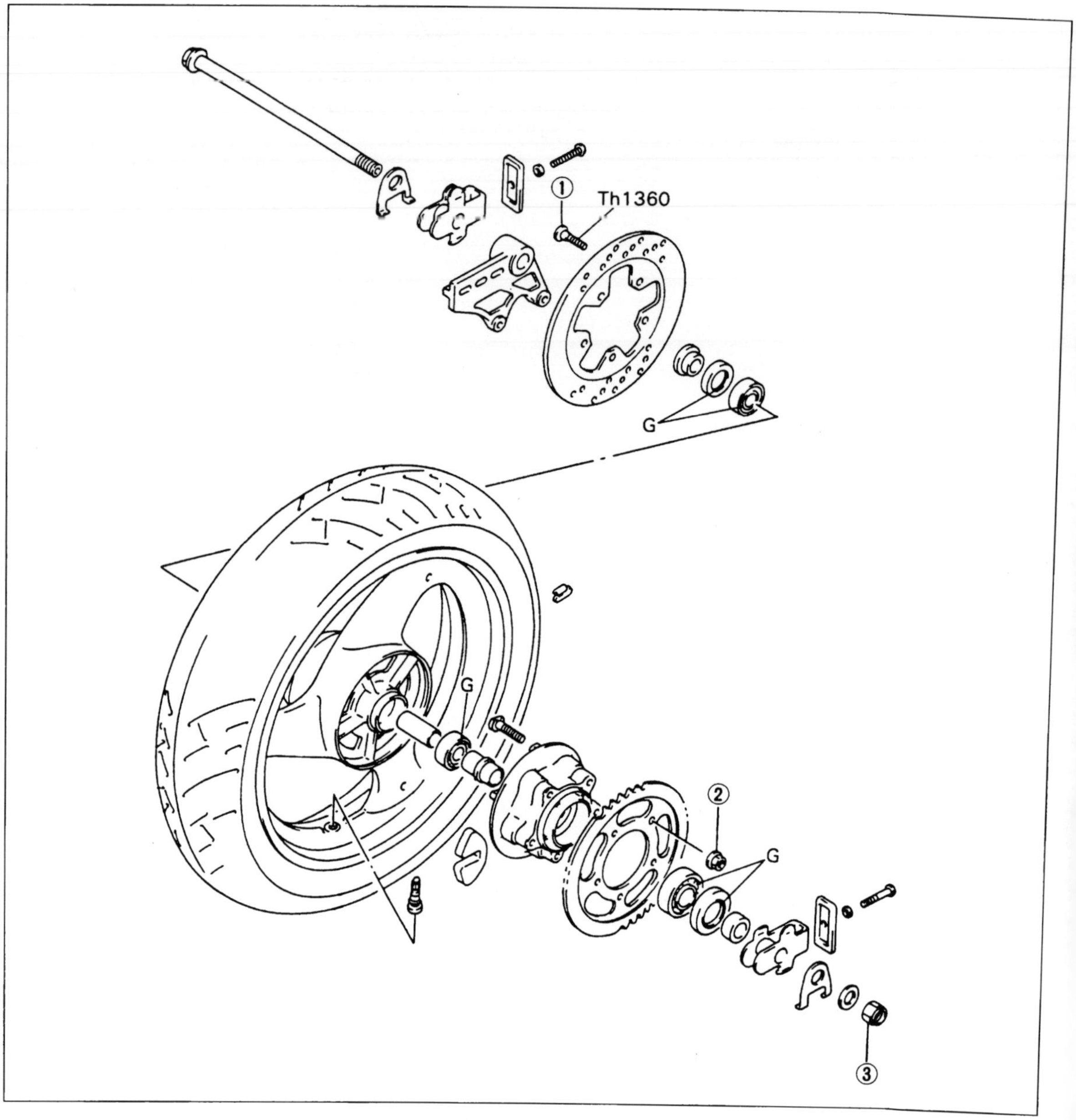

Bild 313
Hinterrad (900 R)
1 18 - 28 Nm
2 48 - 72 Nm
3 85 - 115 Nm
Th 1360: Flüssige Schraubensicherung auftragen
G: Lagerfett auftragen

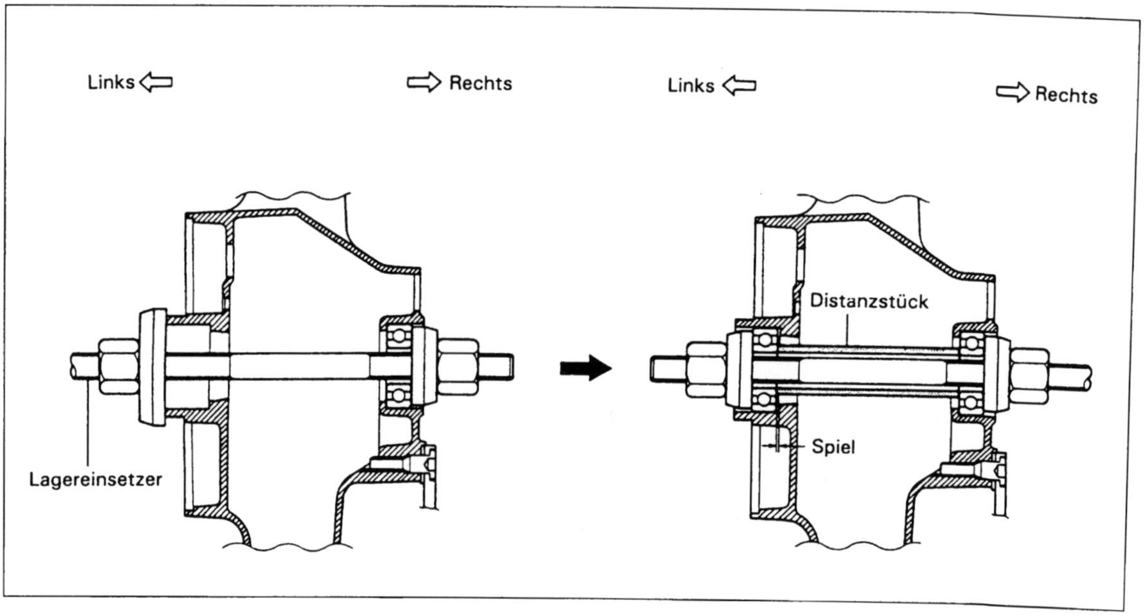

Bild 314
Lager einziehen (600 R)

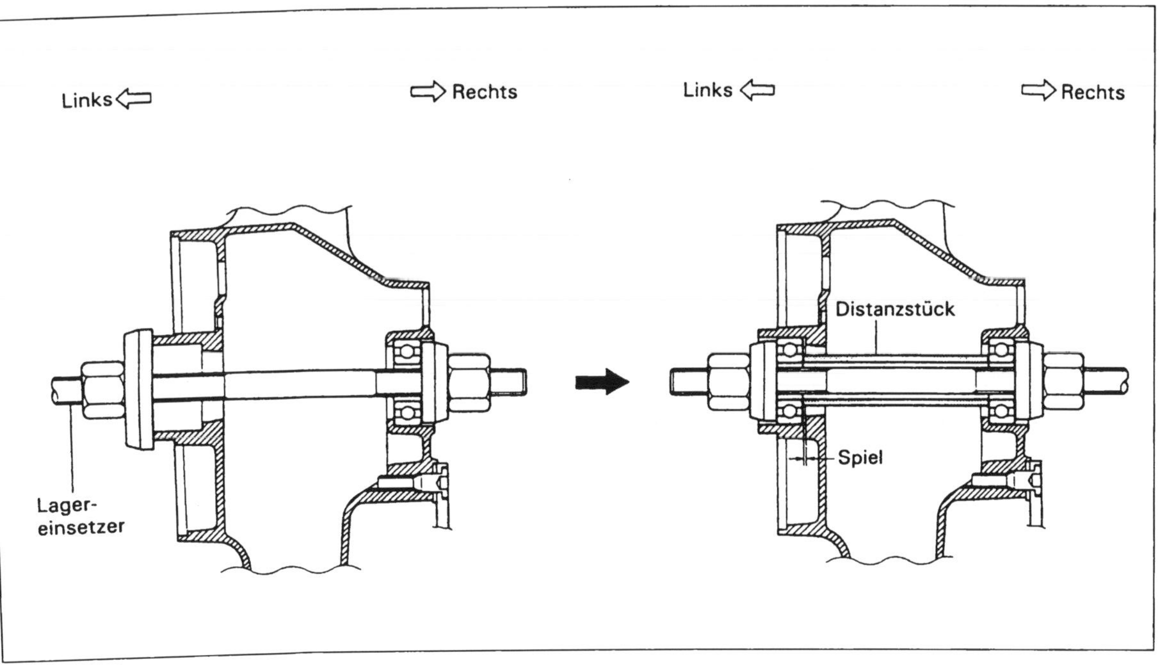

Bild 315
Lager einziehen (900 R)

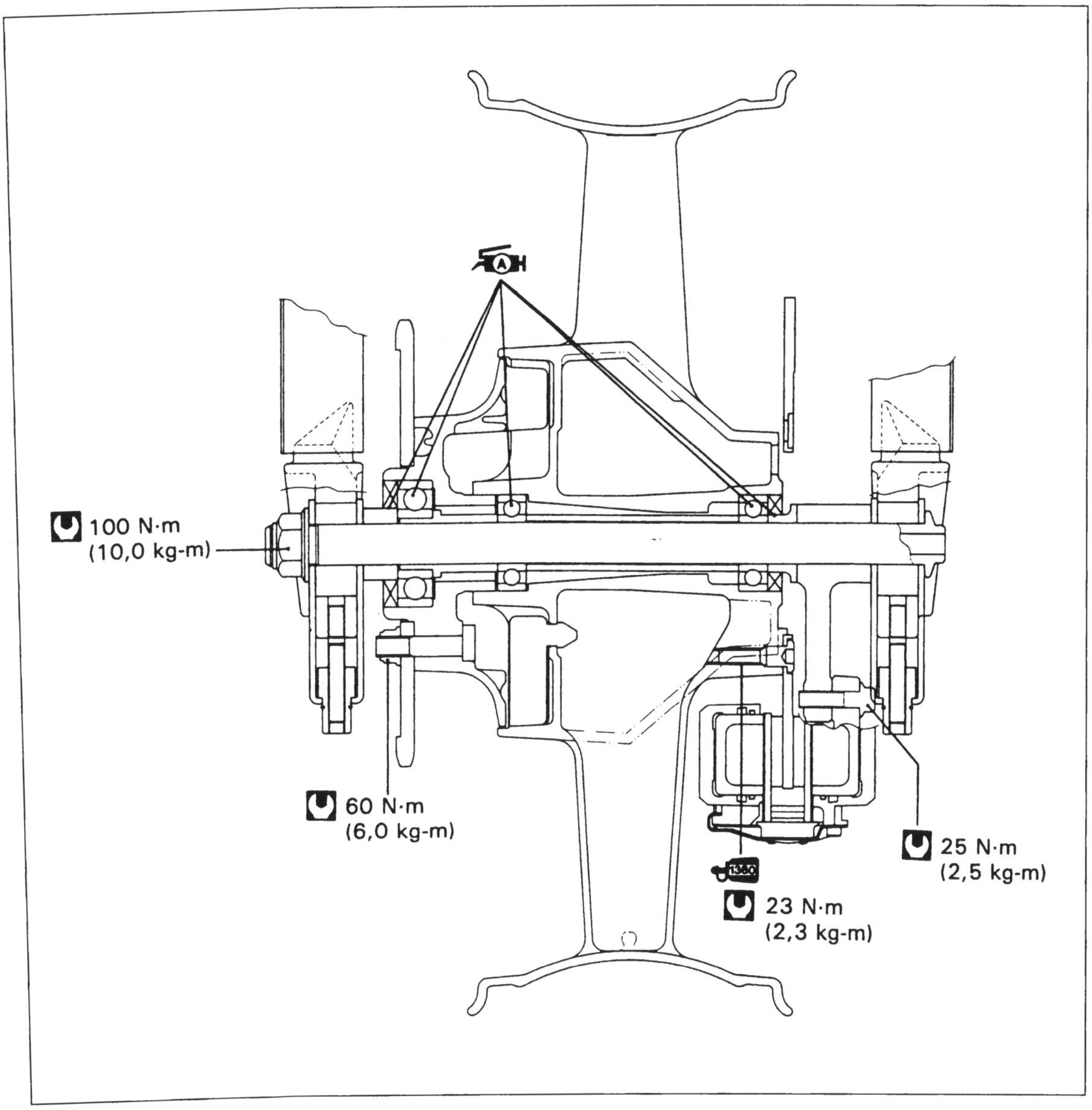

Bild 316
Anzugsmomente (600 R)

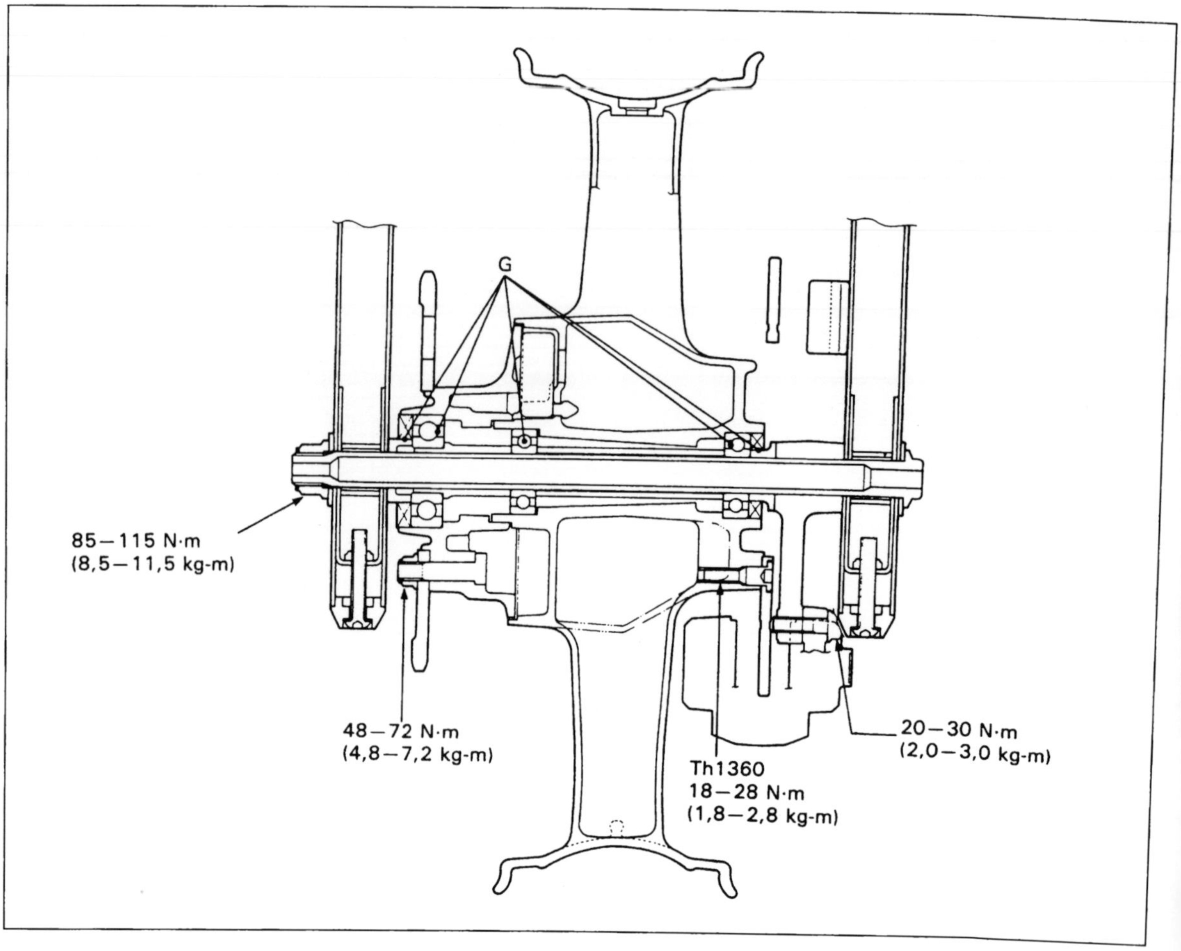

Bild 317
Anzugsmomente (900 R)
Th 1360: Flüssige Schraubensicherung auftragen
G: Lagerfett auftragen

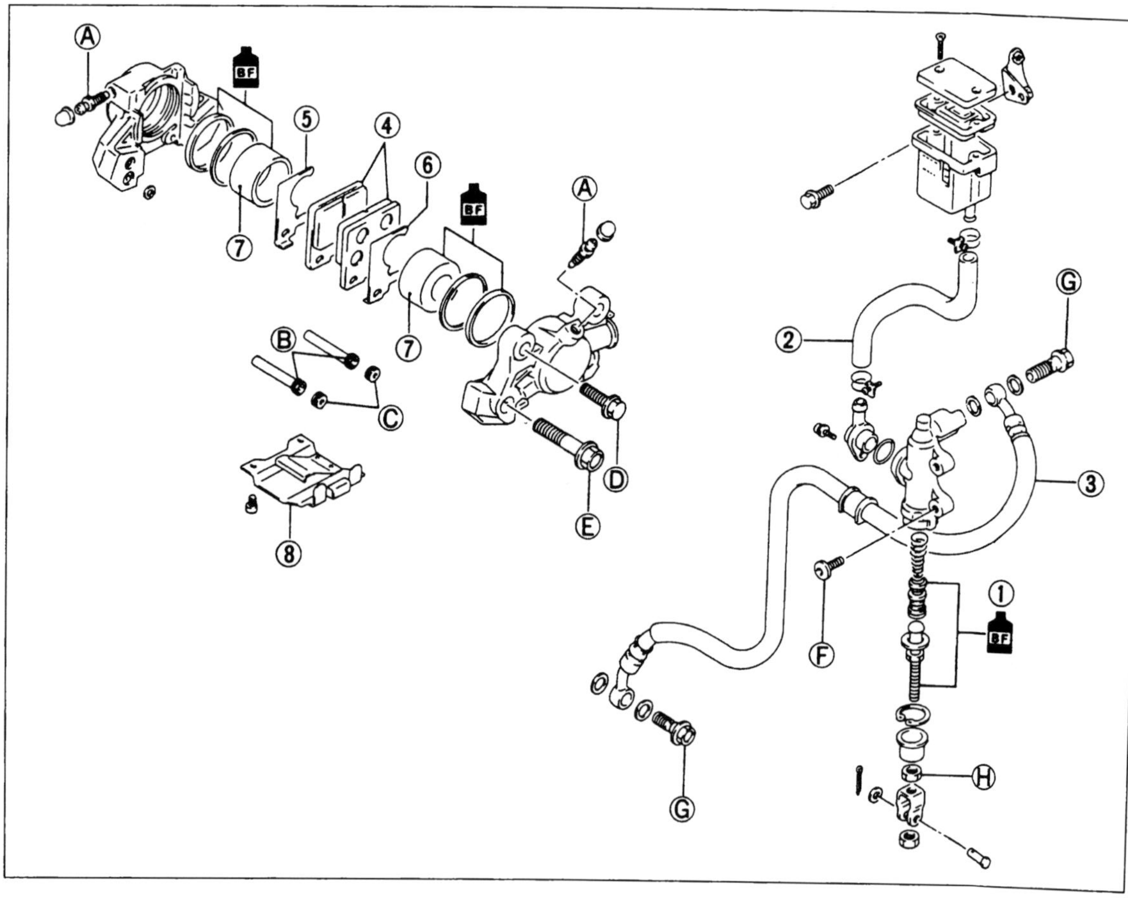

Bild 318
Hinterradbremse (600 R)
1 Kolbensatz
2 Bremsschlauch
3 Bremsschlauch
4 Bremsklötze
5 Innere Distanzscheibe
6 Äussere Distanzscheibe
7 Kolben
8 Abdeck-Kappe
A 8 Nm
B 16 Nm
C 3,5 Nm
D 25 Nm
E 33 Nm
F 23 Nm
G 23 Nm
H 18 Nm

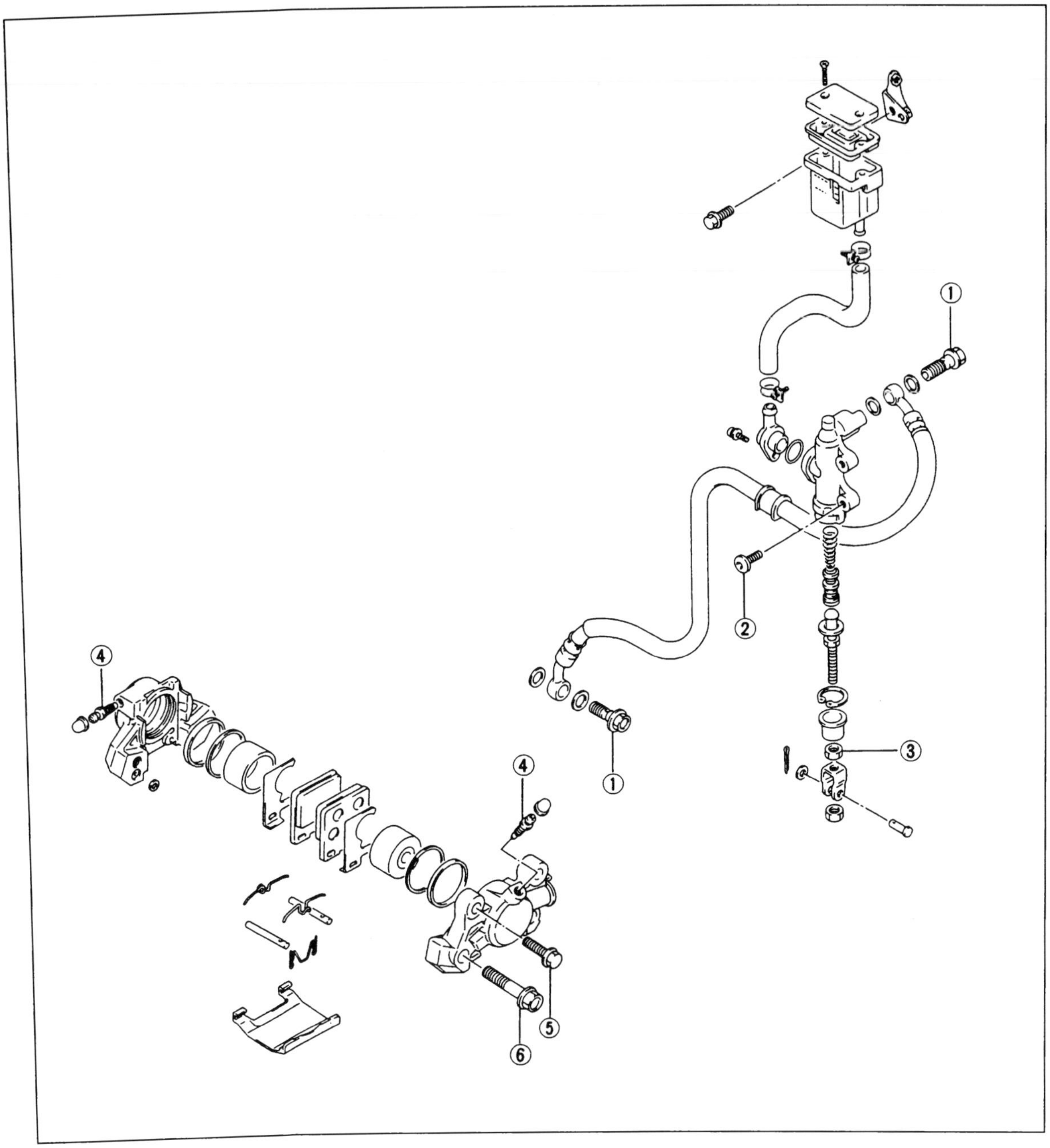

Bild 319
Hinterradbremse (900 R)
1 15 - 20 Nm
2 18 - 28 Nm
3 15 - 20 Nm
4 6 - 9 Nm
5 20 - 30 Nm
6 30 - 36 Nm

19 Kabel und Züge

Für die dauerhafte Funktion der Bowdenzüge, Elektrokabel und Schläuche ist die richtige Verlegung die wichtigste Grundvoraussetzung. Geknickte Züge scheuern durch und brechen, verklemmte Kabel können Kurzschlüsse verursachen. Folgende Übersichtszeichnungen helfen, Kabel, Schläuche und Züge exakt zu verlegen.

● ⚠ Bilder ohne Verweis auf Typ haben Gültigkeit für beide Hubraumvarianten.

● TIP Grundlegende Unterschiede ergeben sich aus hydraulischer Kupplungsbetätigung (900 cm³) und der ab 1995 eingebauten Vergaserheizung (bei RF 900 «von Geburt an»).

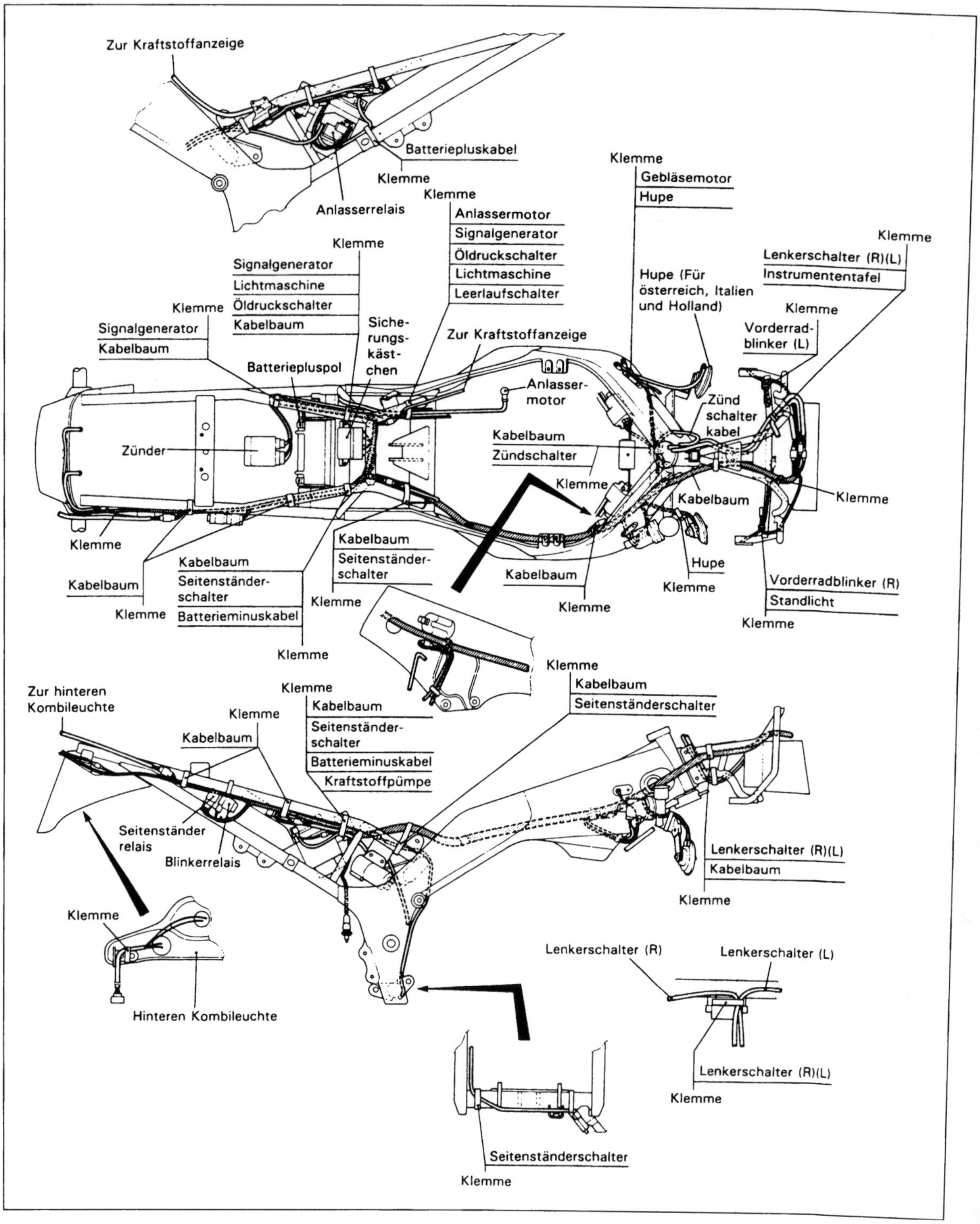

Bild 320
Kabel und Züge - 600 cm³

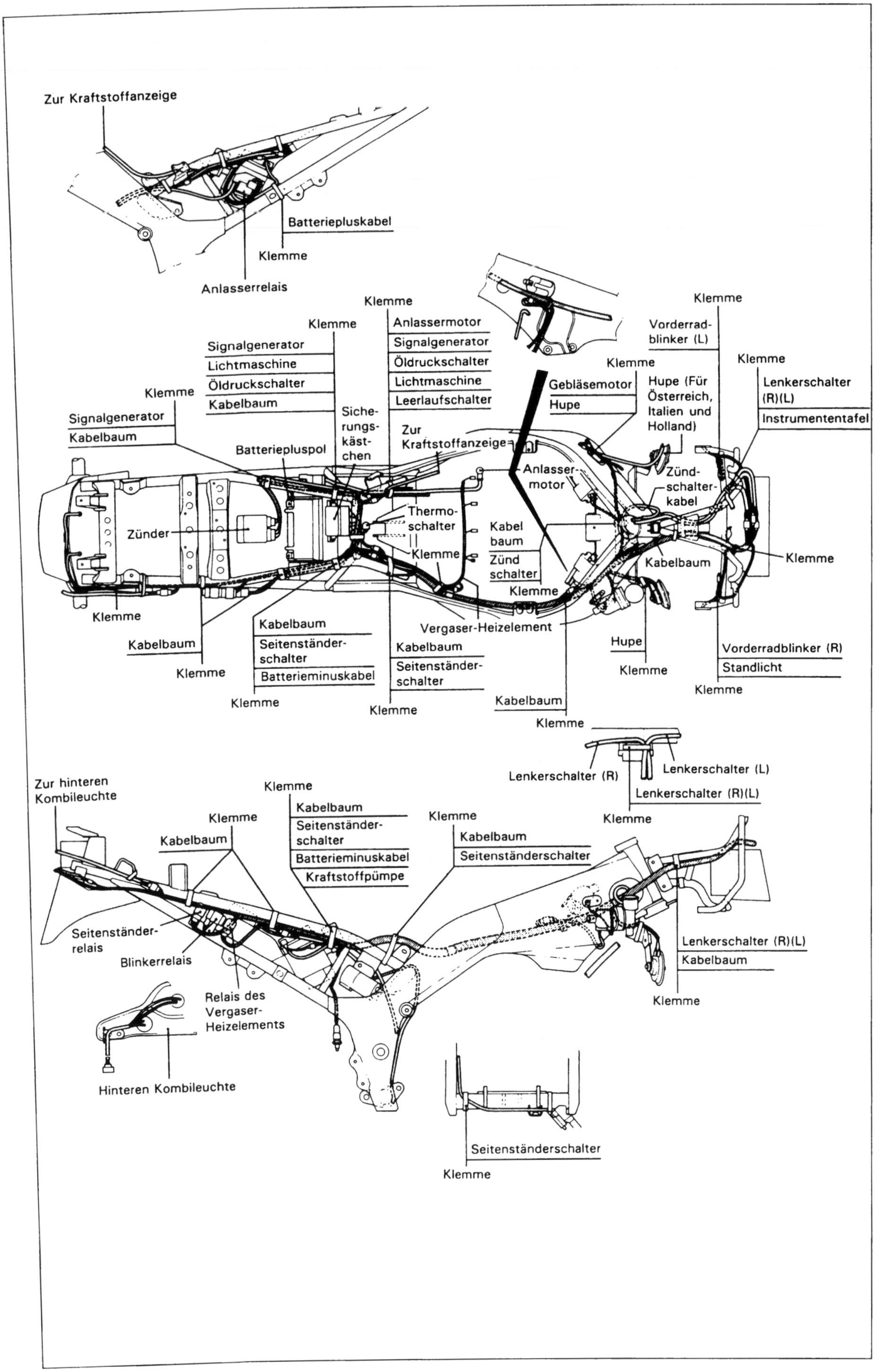

Bild 321
Kabel und Züge - 900 cm³

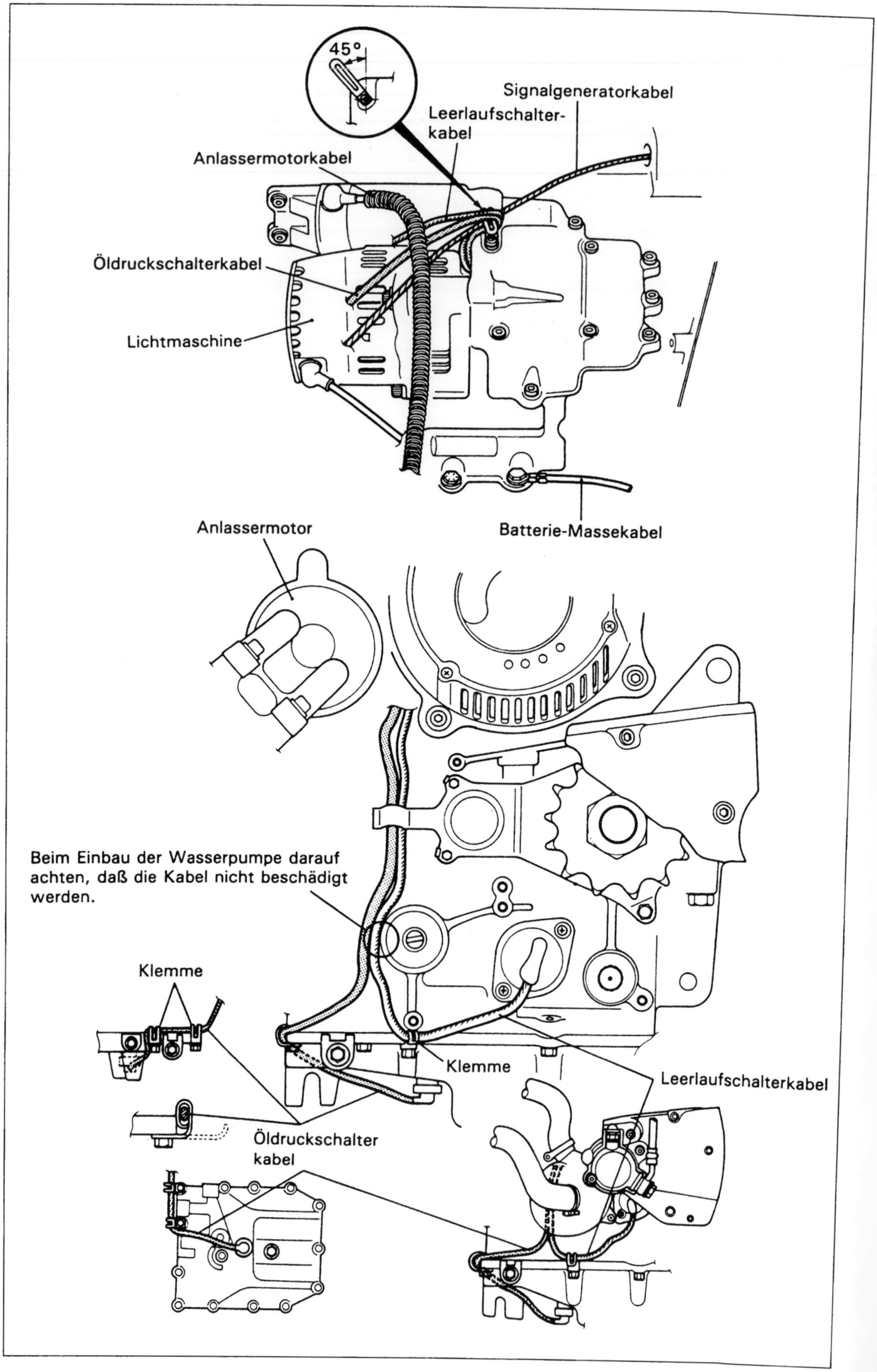

Bild 322
Kabel und Züge - 600 cm³

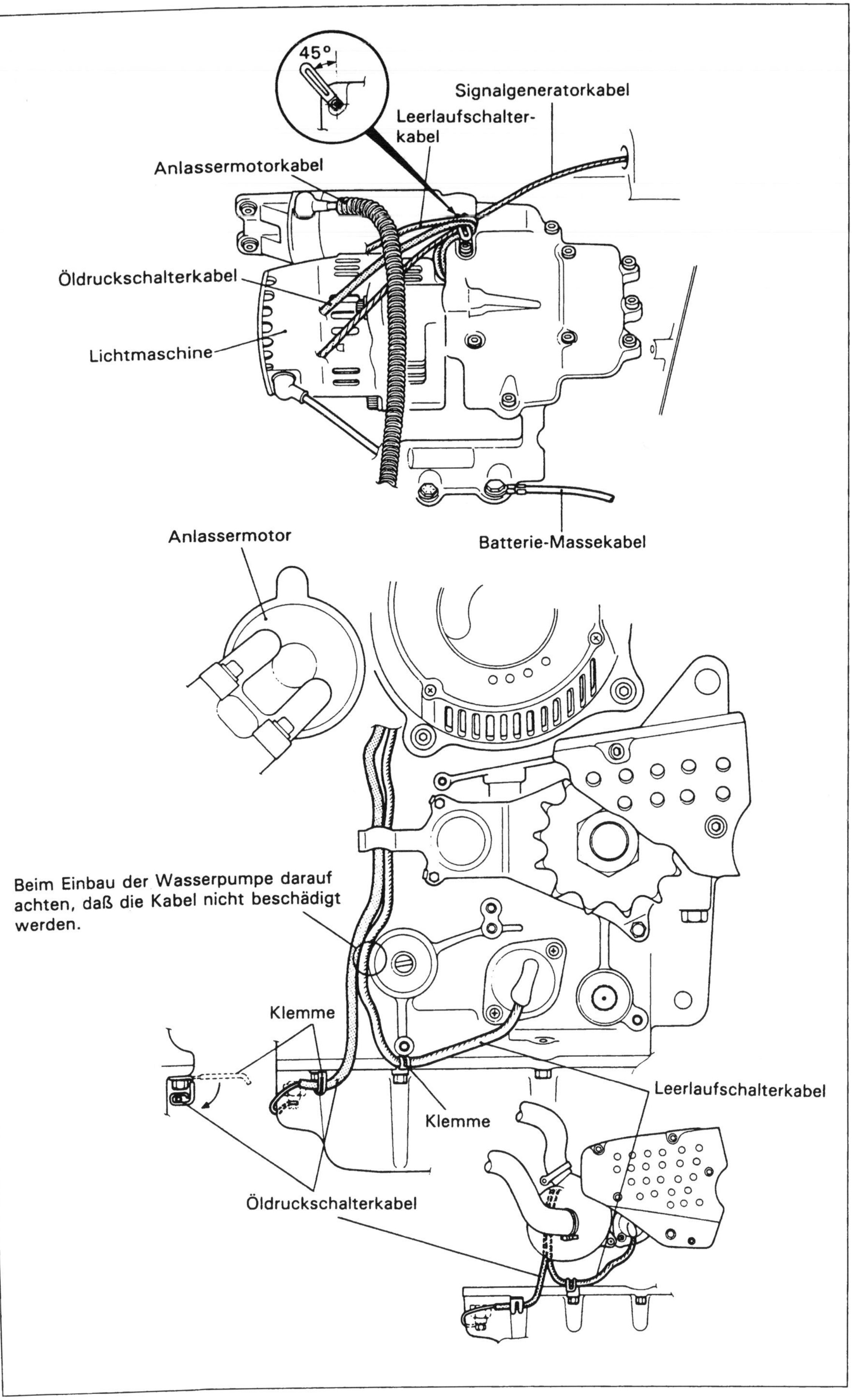

Bild 323
Kabel und Züge - 900 cm³

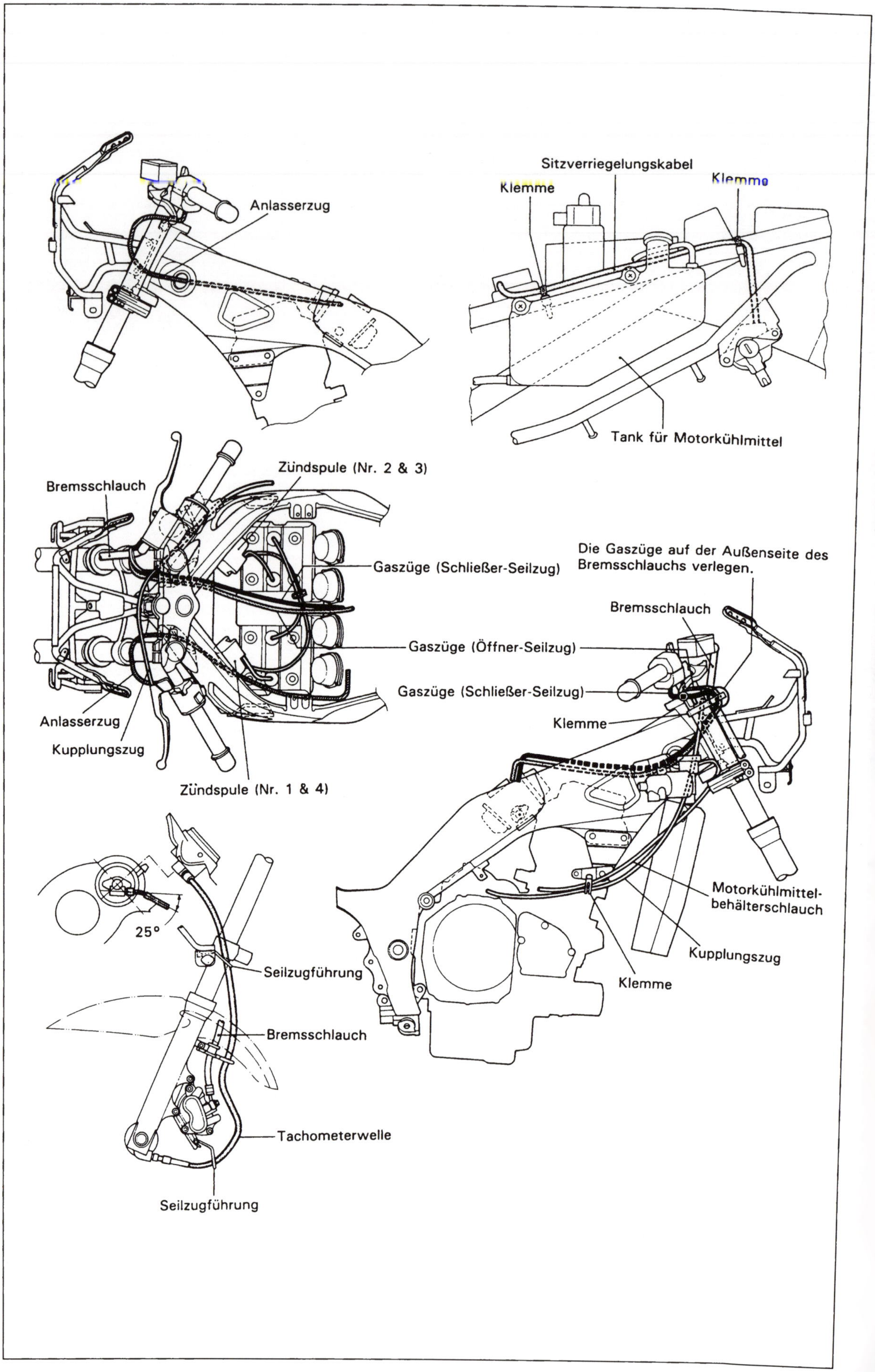

Bild 324
Kabel und Züge - 600 cm³

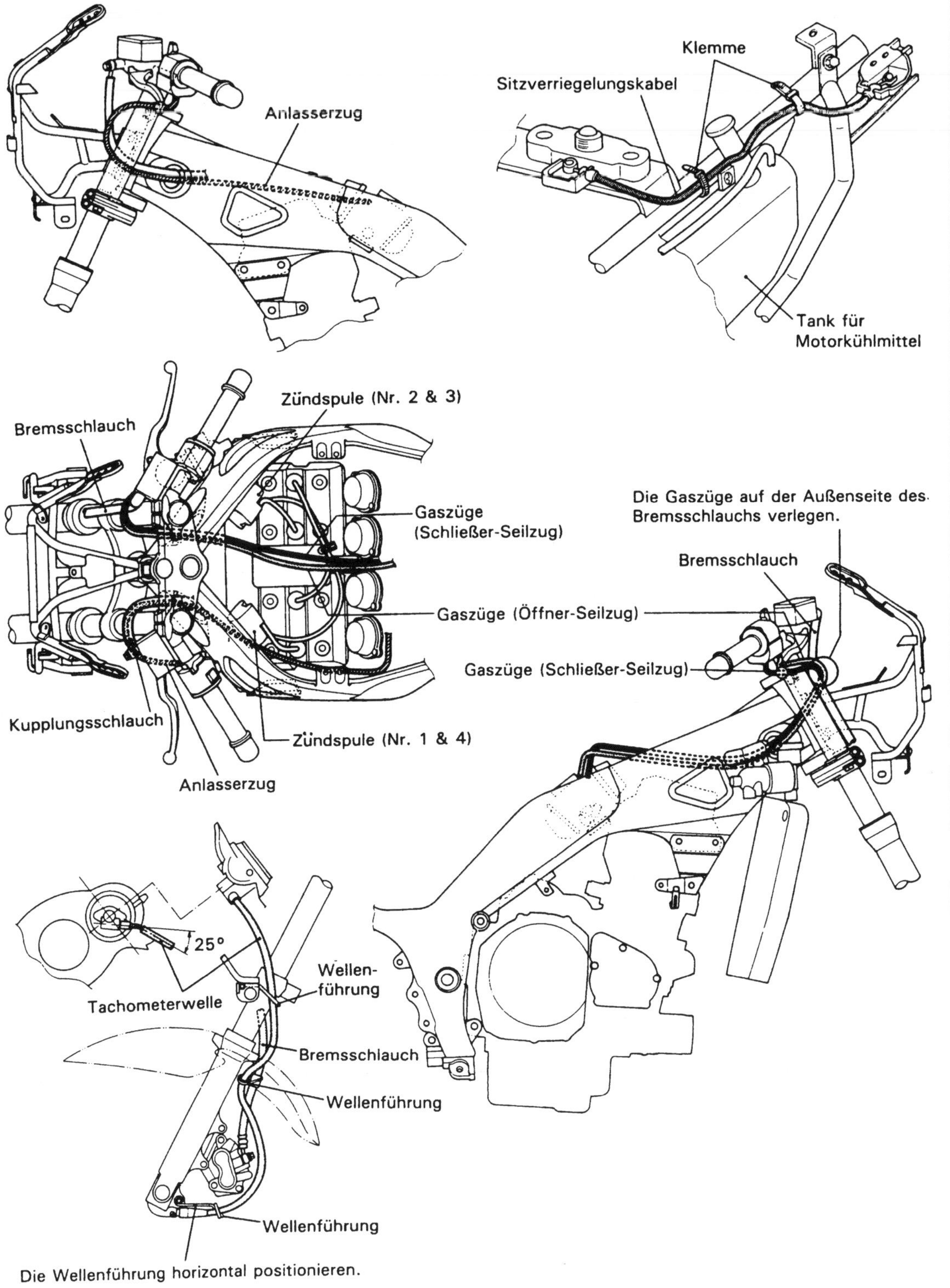

Bild 325
Kabel und Züge - 900 cm³

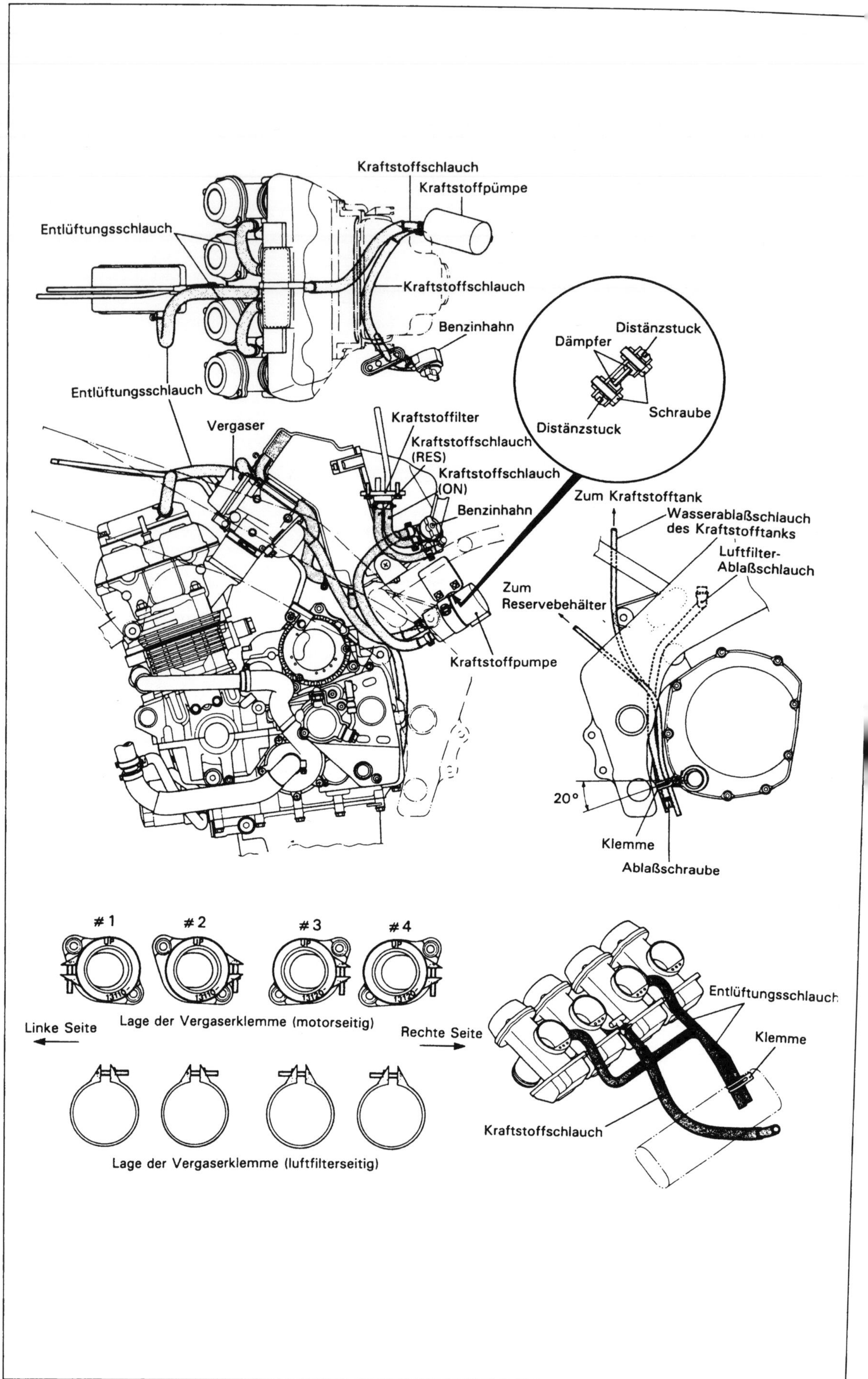

Bild 326
Kabel und Züge - 600 und 900 cm³ (abgesehen von der Kupplungsbetätigung)

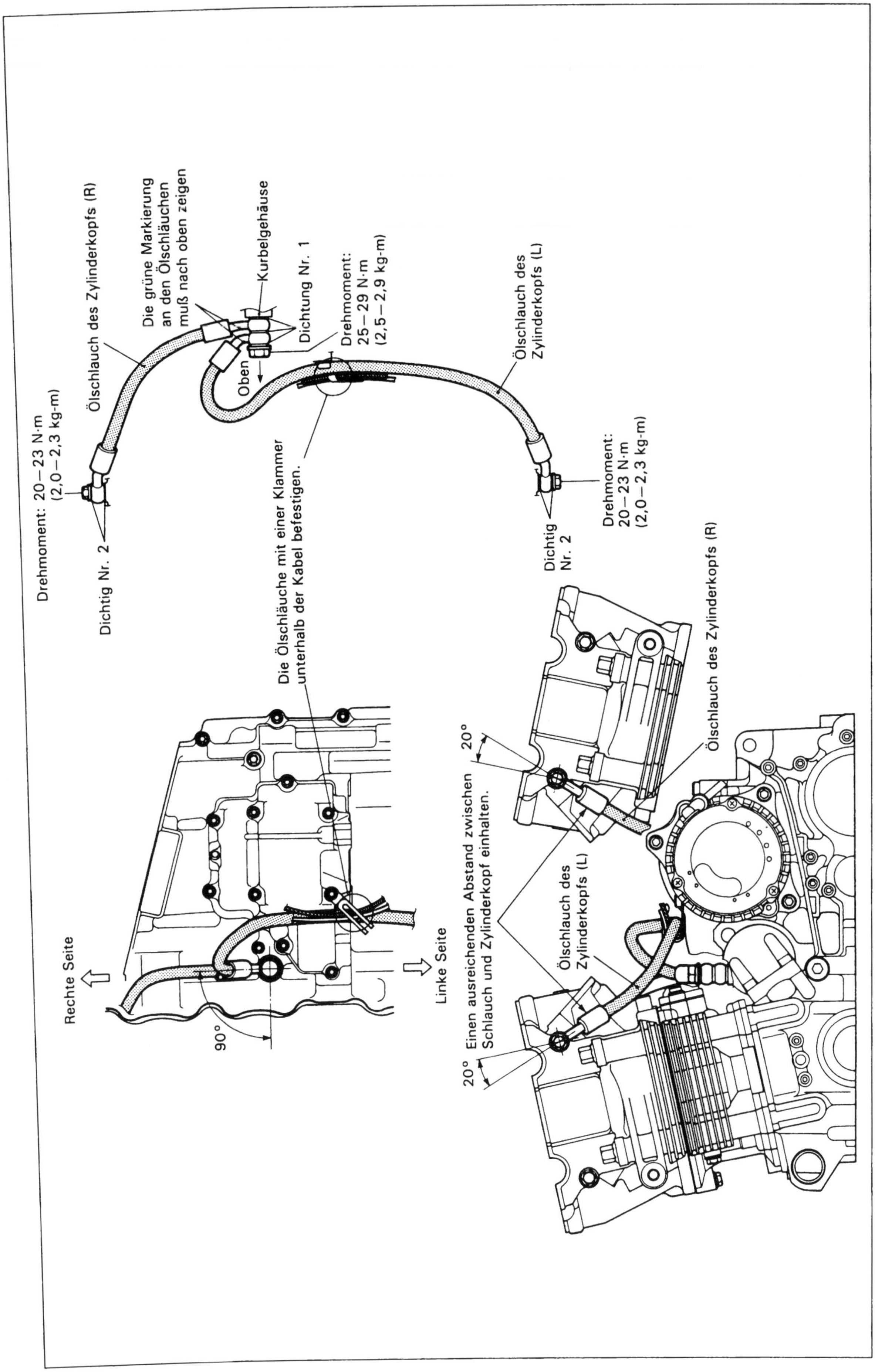

Bild 327
Kabel und Züge -
Ölschläuche/Zylinderkopf

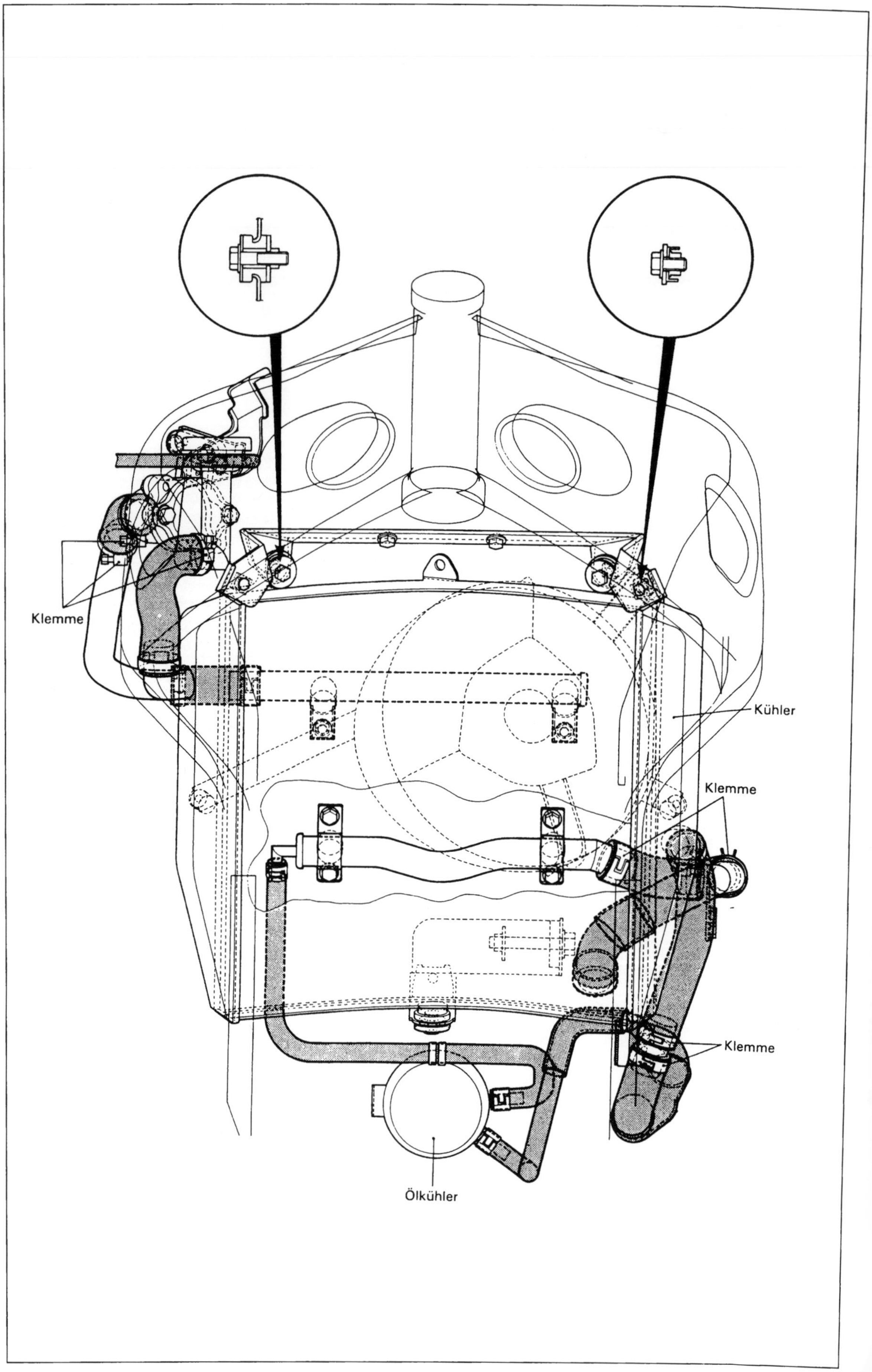

Bild 328
Kabel und Schläuche/Kühlsystem

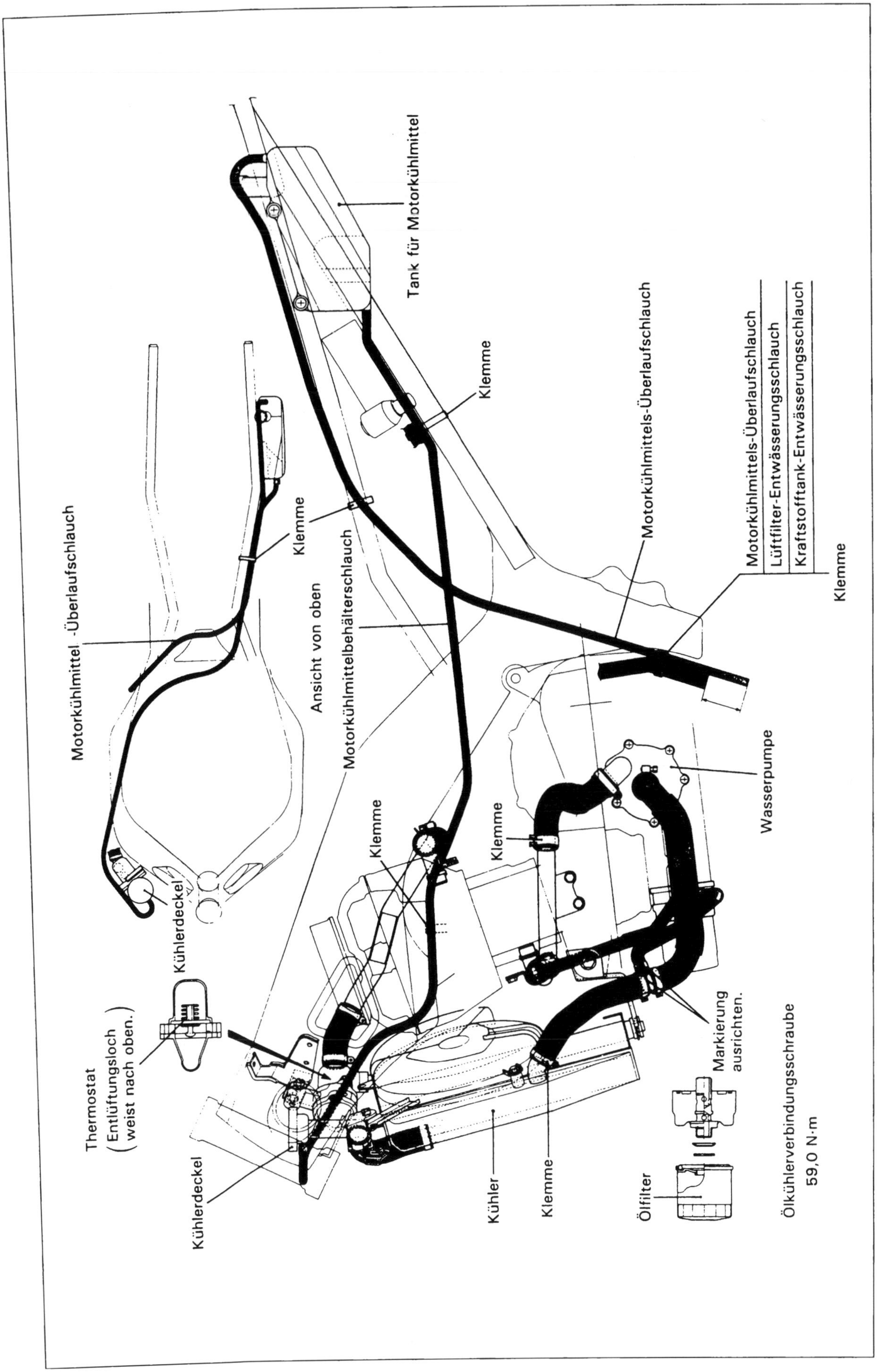

Bild 329
Schläuche/Kühlsystem

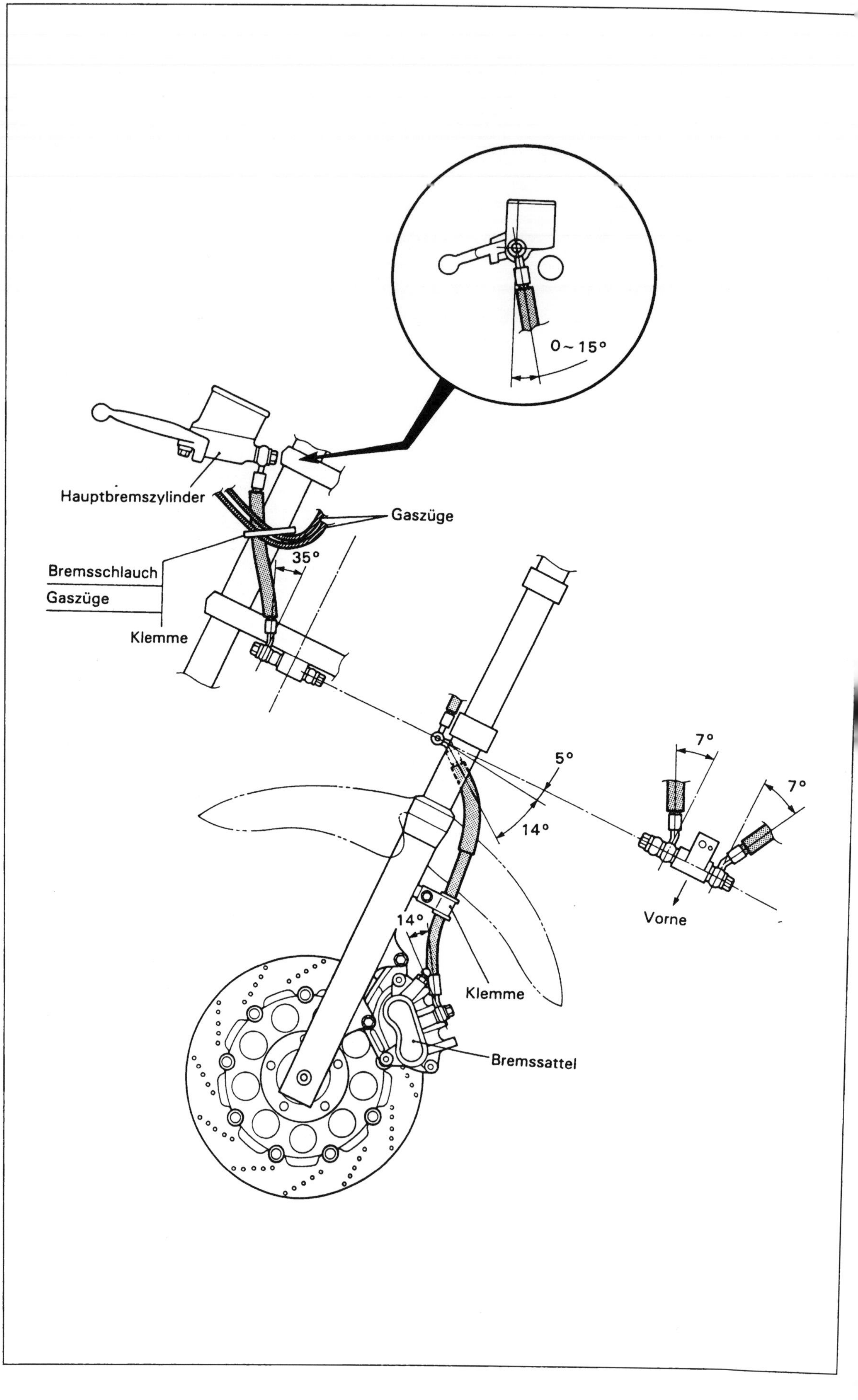

Bild 330
Bremsschlauchführung/
Vorderrad

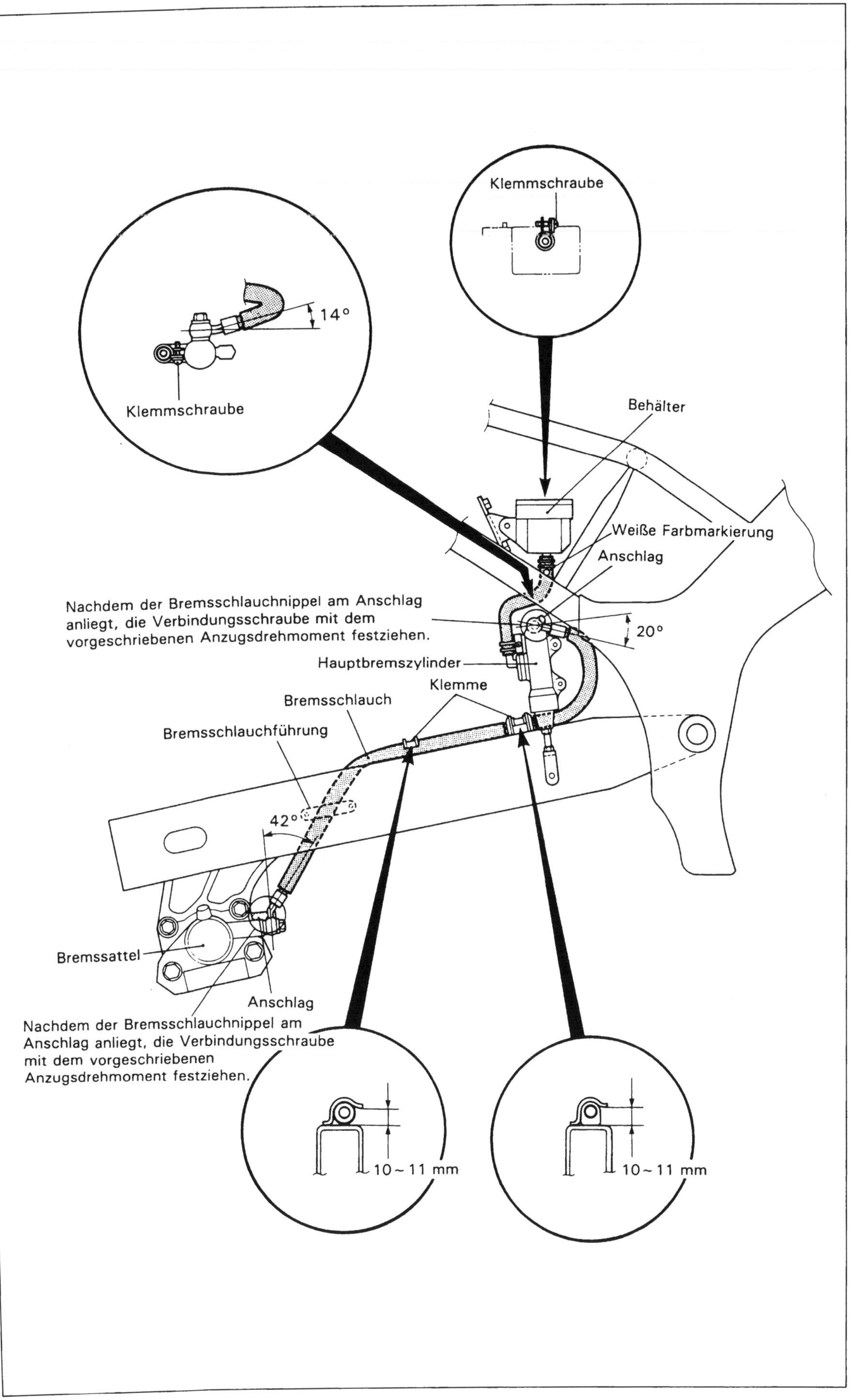

Bild 331
Bremsschlauchführung/
Hinterrad

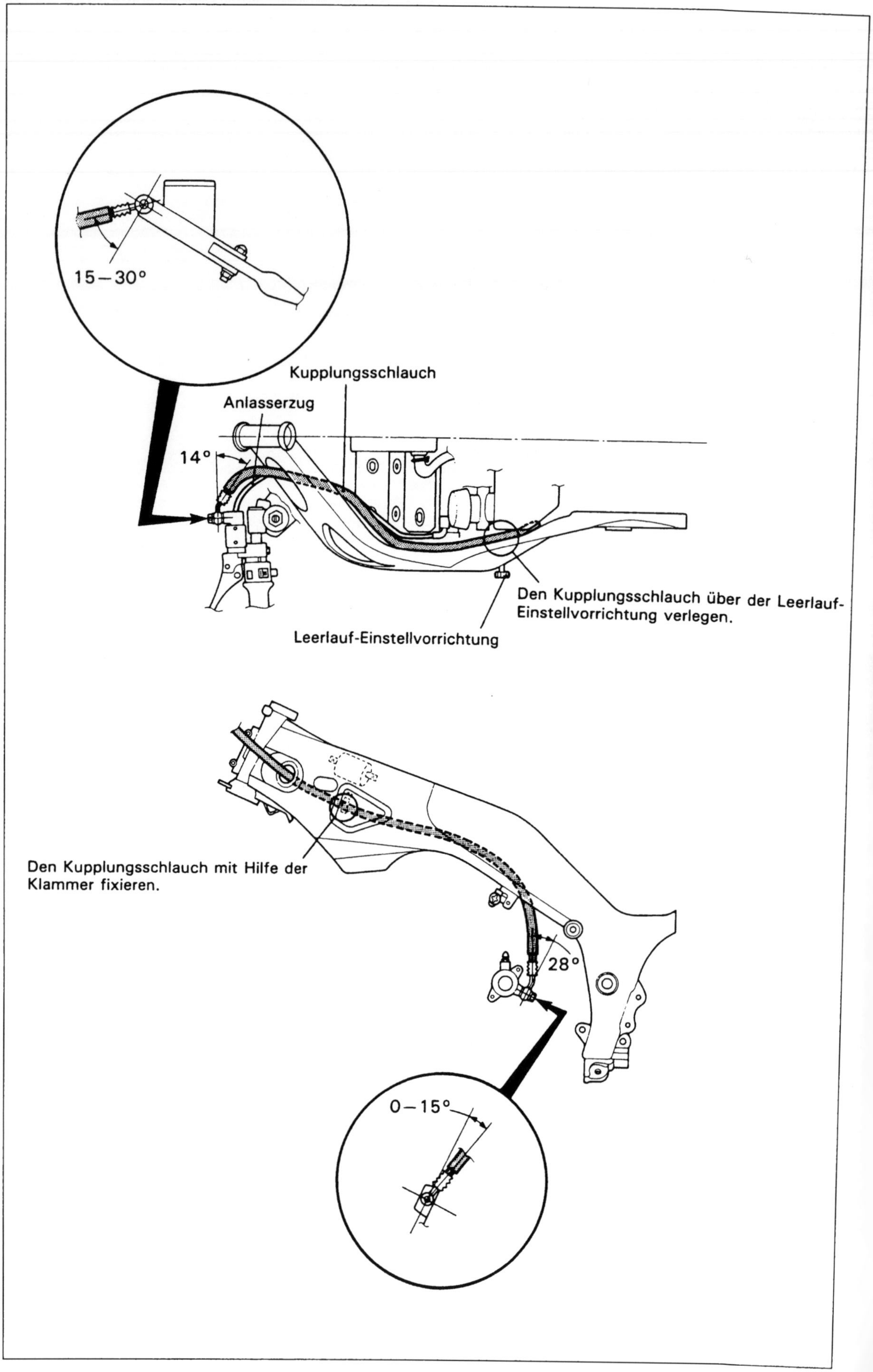

Bild 332
Kupplungsschlauchführung (900 cm³)

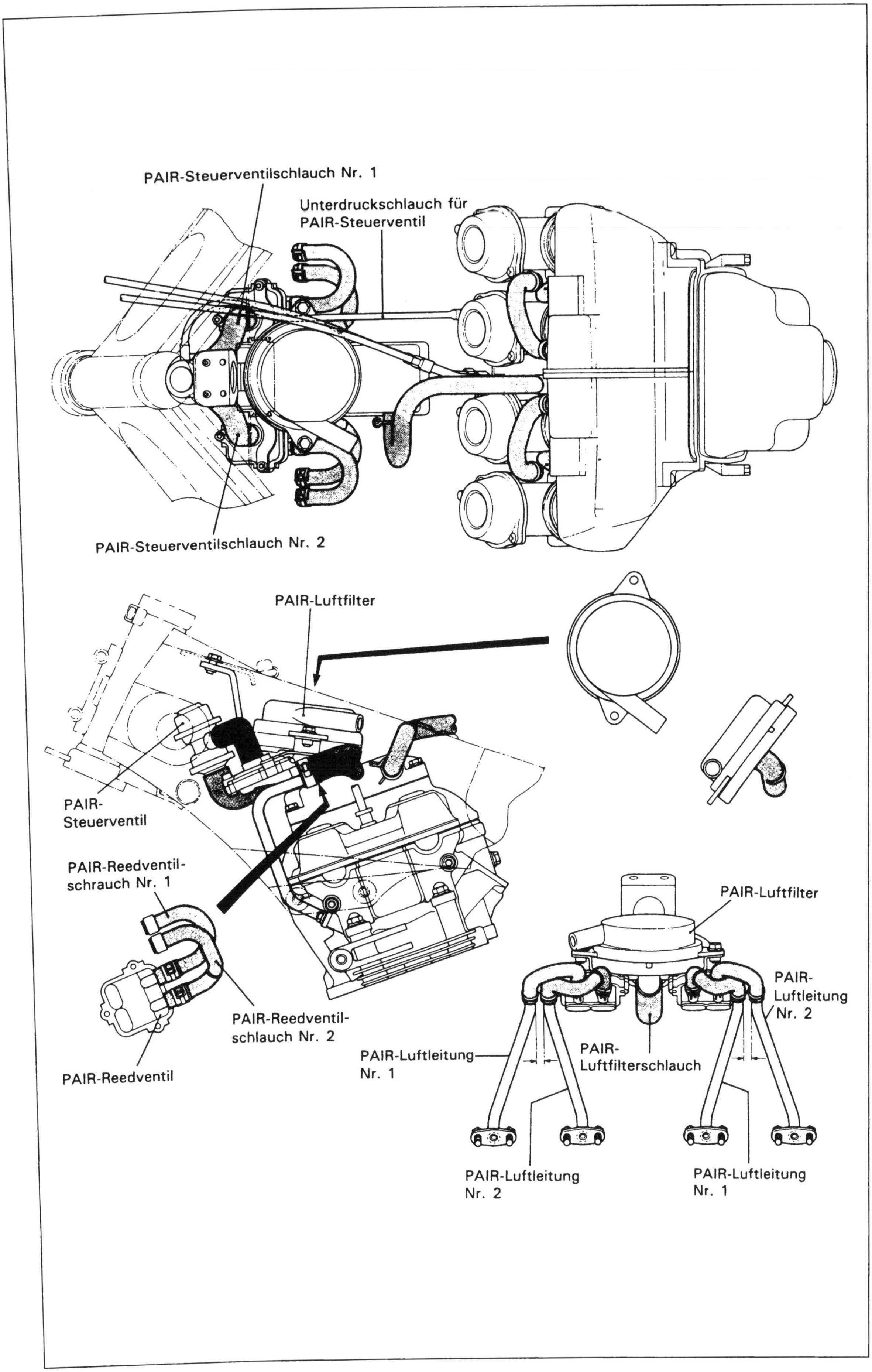

Bild 333
Auspuffgas-Verdünnungs-anlage (für die Schweiz und Österreich)

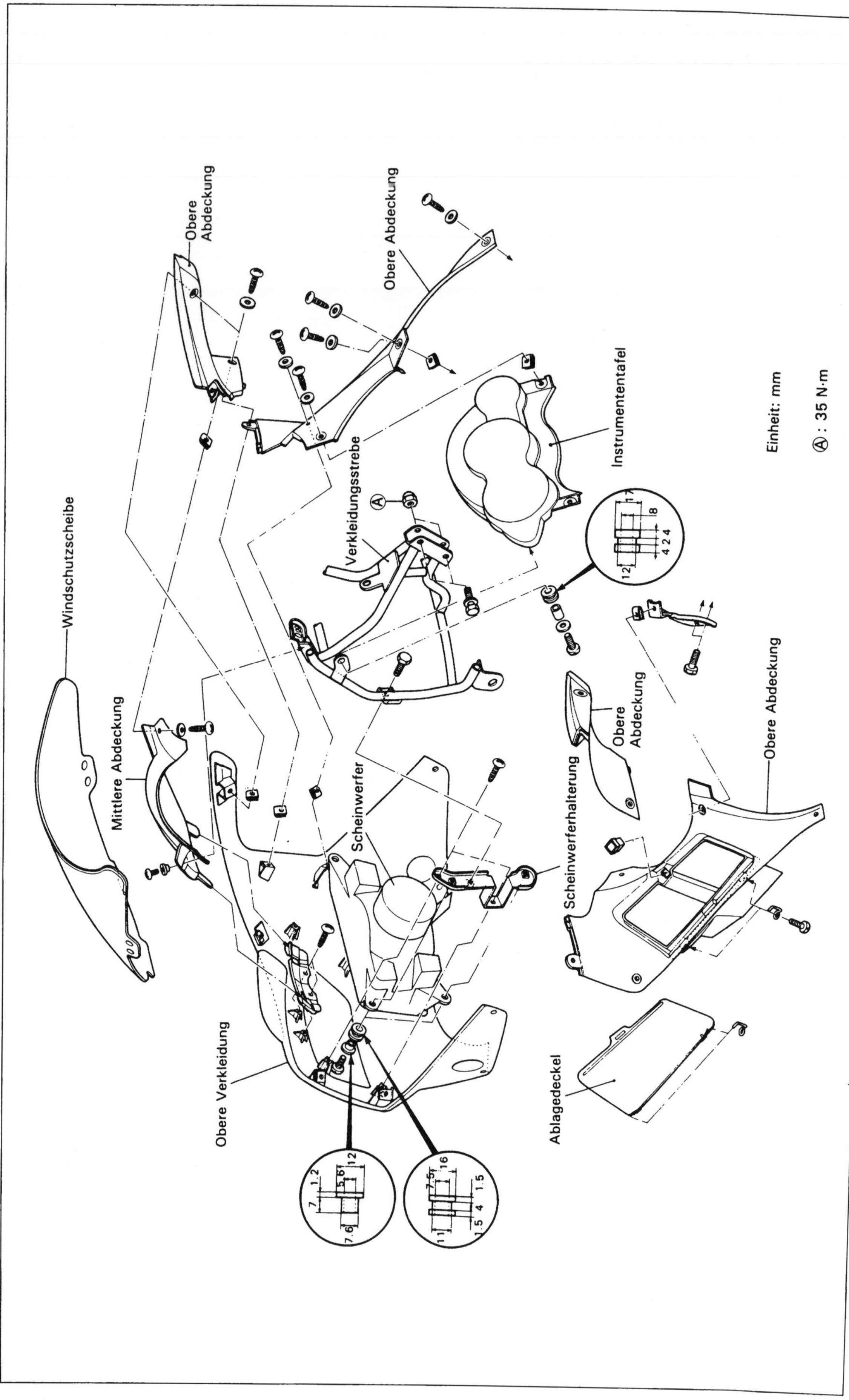

Bild 334
Frontverkleidung

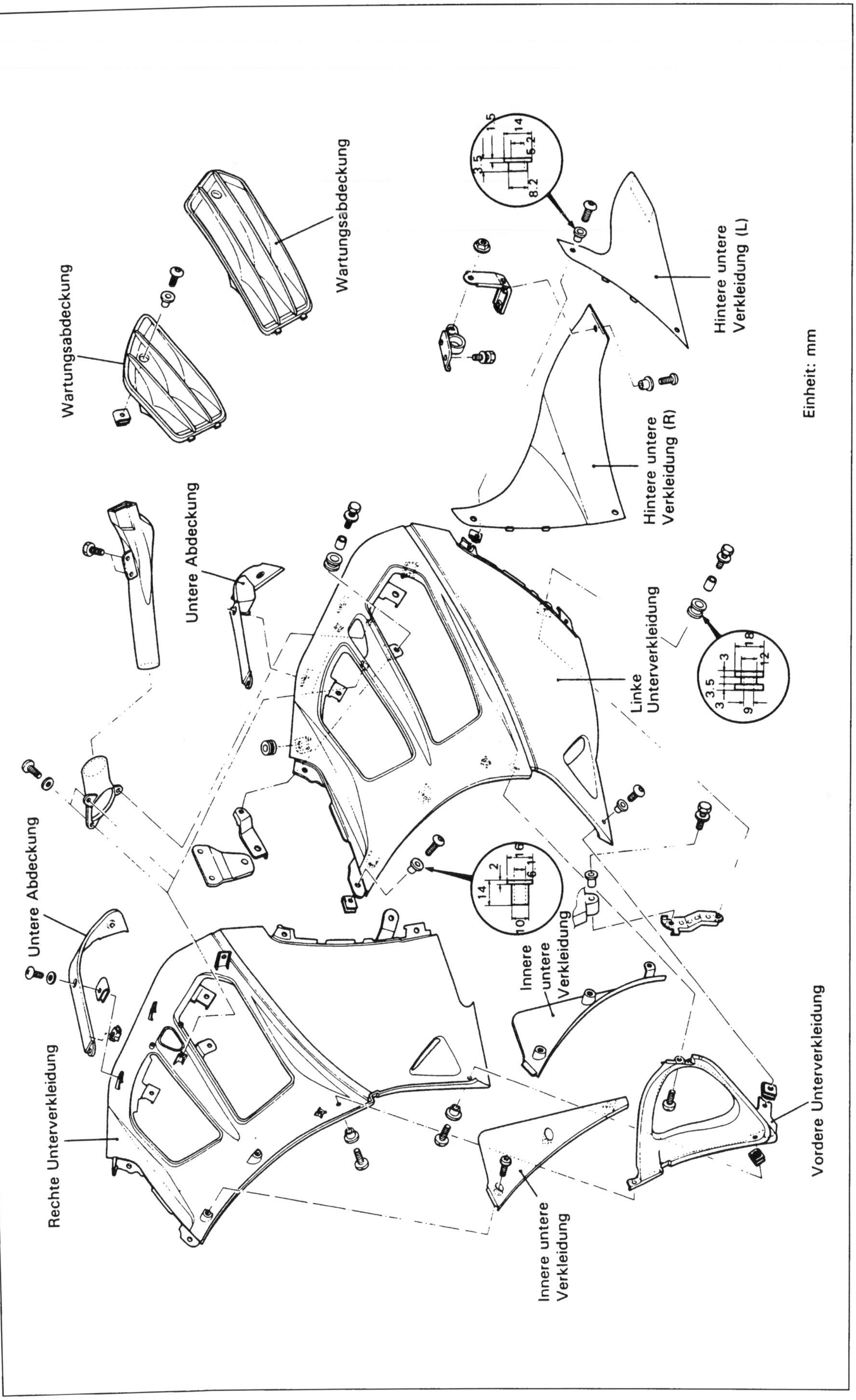

Bild 335
Seitenverkleidung

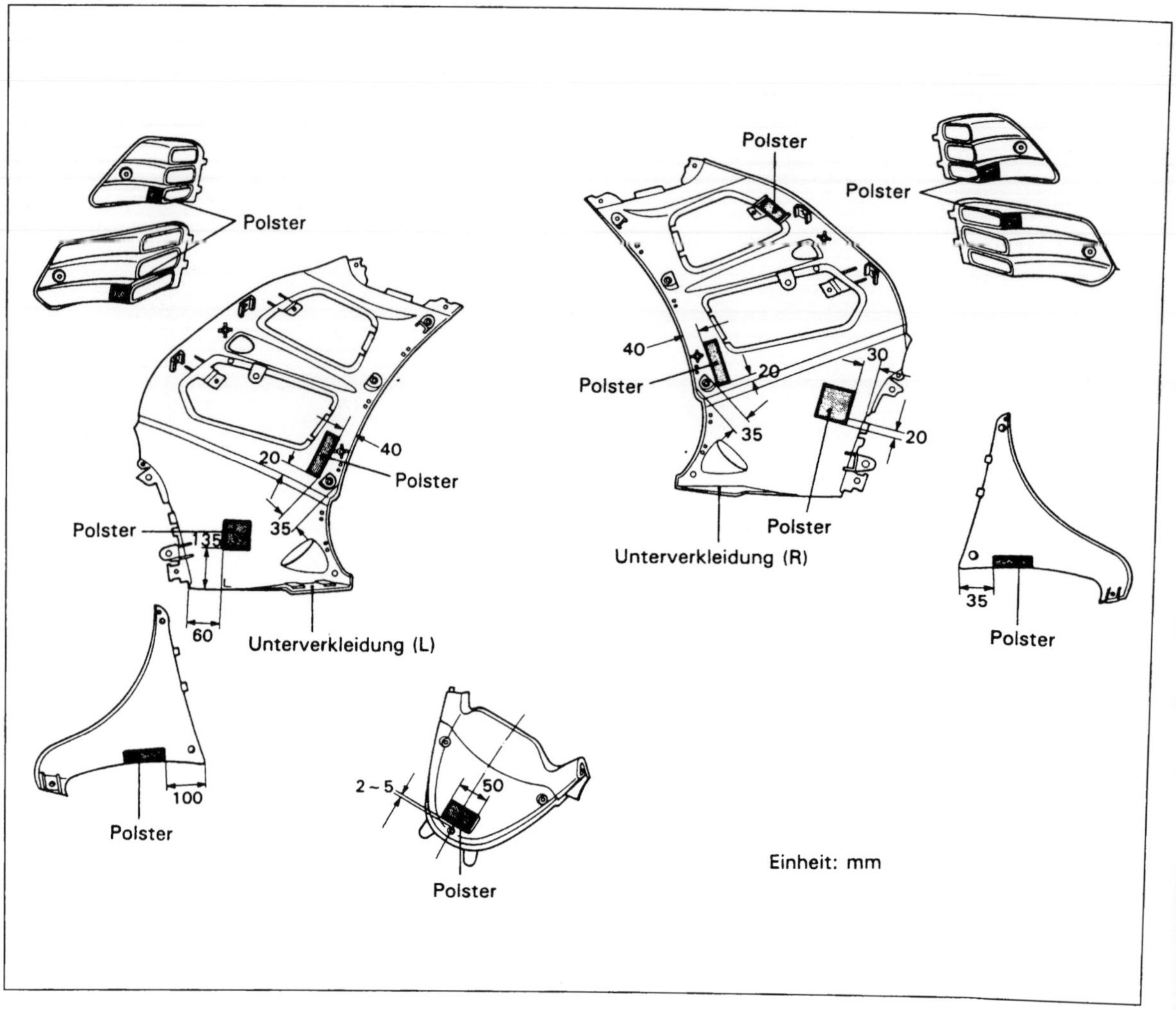

Bild 336
Schalldämpfpolster in Seitenverkleidung

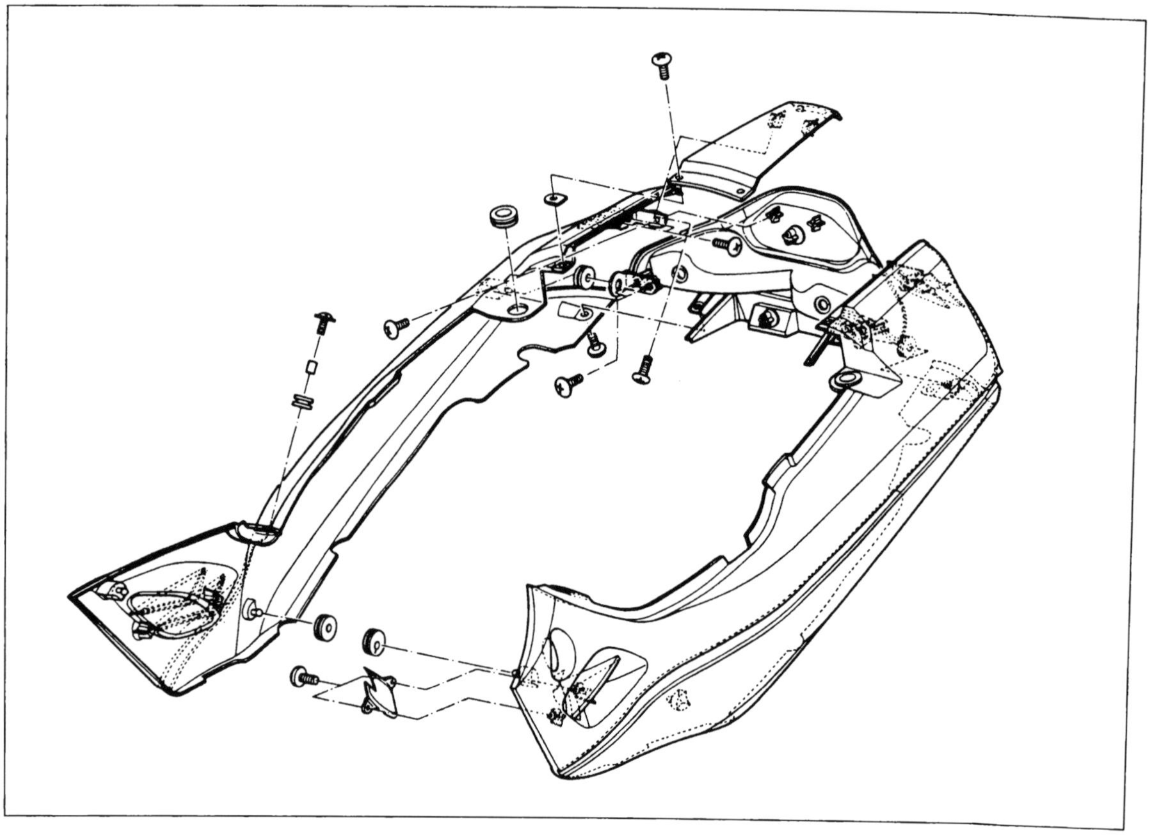

Bild 337
Heckverkleidung

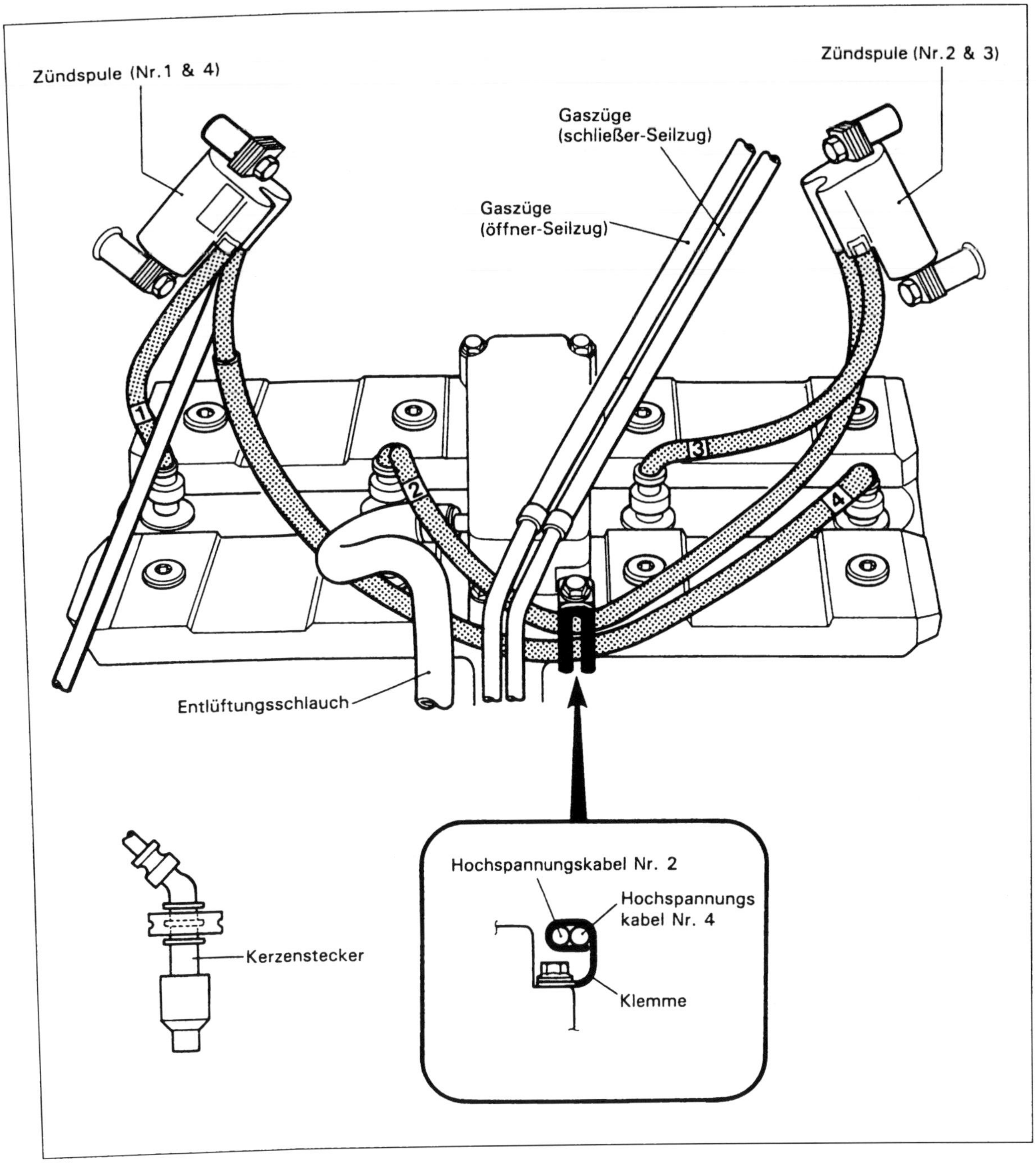

Bild 338
Zündkabelverlegung

MASS- und EINSTELL-DATEN

Technische Daten

Allgemeine Fahrzeugdaten Suzuki RF 600 R / 900 R

Abmessungen und Leergewicht

Gesamtlänge	2160 mm / 2155 mm
Gesamtbreite	710 mm / 730 mm
Gesamthöhe	1175 mm / 1165 mm
Radstand	1430 mm / 1440 mm
Bodenfreiheit	120 mm /115 mm
Leergewicht	196 kg / 203 kg

Motor

Typ	4-Takt, wassergekühlt, DOHC, TSCC
Anzahl der Zylinder	4

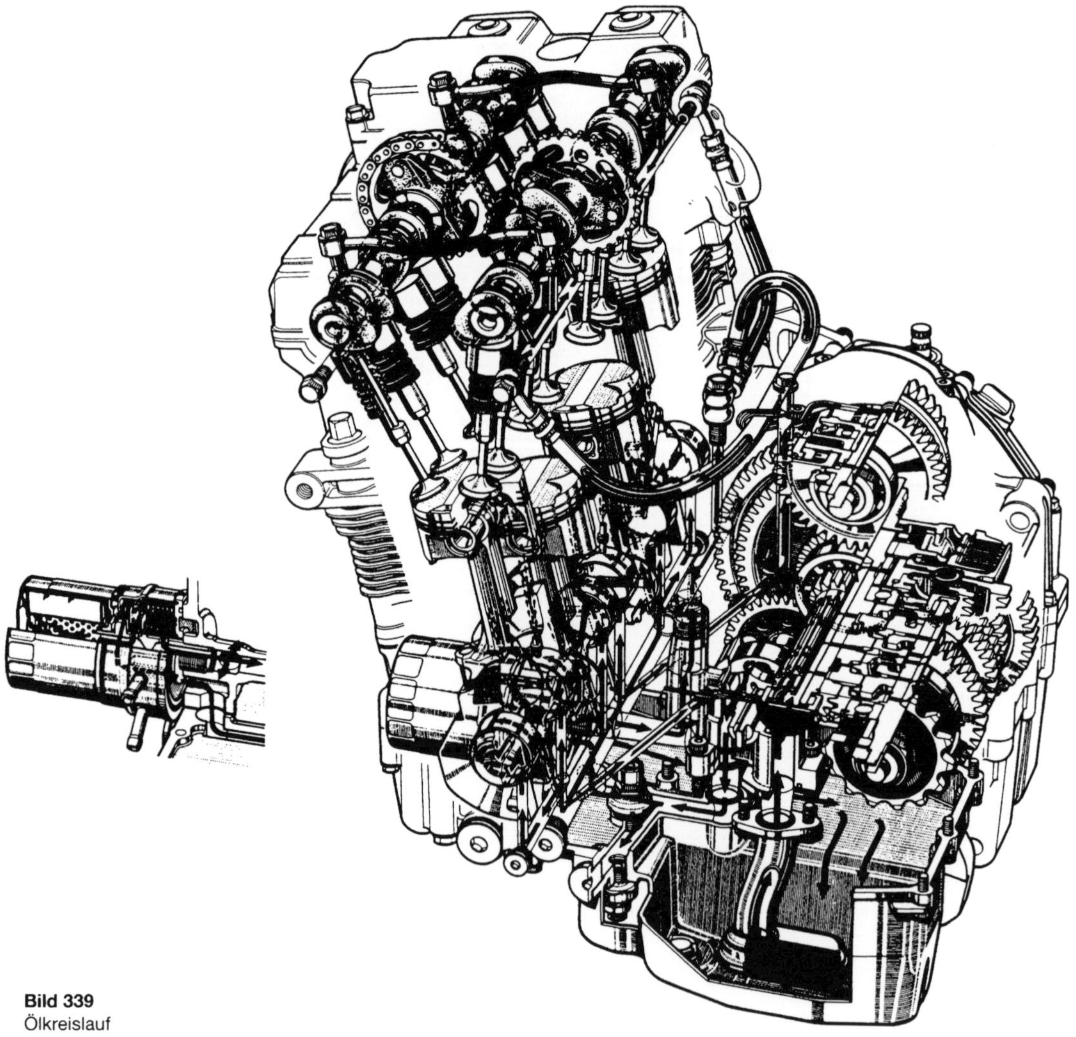

Bild 339
Ölkreislauf

Bohrung	65 mm / 73 mm
Hub	45,2 mm / 56 mm
Hubraum	600 cm³ / 937 cm³
Vergaser:	
– Schweiz	Mikuni BDST 33 – DDST 36
– Deutschland und Österreich	Mikuni BDST 36 – DDST 36
Luftfilter	Element aus Vlies
Starter	Elektrisch
Schmiersystem	Nass-Sumpf
Getriebe	
Kupplung	Mehrscheiben-Nasskupplung
Getriebe	6-Gang-Synchrongetriebe / 5-Gang-Synchrongetriebe
Schaltschema	1 abwärts, 5 aufwärts / 4 aufwärts
Primäruntersetzung	1,744 (75/43) / 1,565 (72/46)
Enduntersetzung	3,071 (43/14) / 2,866 (43/15)
– 600 ab 1995:	
Schweiz	3,071 (43/14)
Deutschland, Österreich	3,000 (42/14)
Gangabstufung:	
– 1. Gang	3,142 (44/14) / 2,714 (38/14)

MASS- und EINSTELL-DATEN

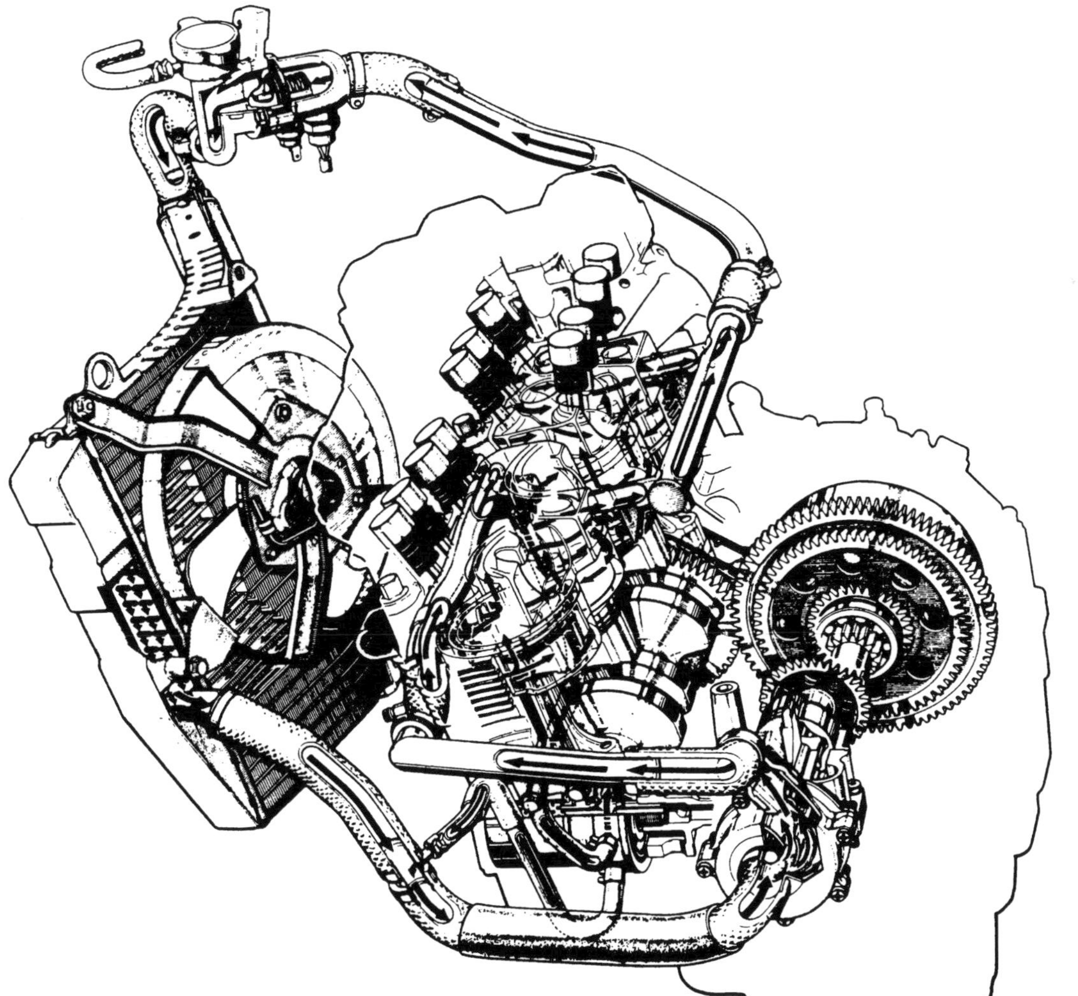

Bild 340
Kühlkreislauf

– 2. Gang	2,058 (35/17) / 1,809 (38/21)
– 3. Gang	1,650 (33/20) / 1,409 (31/22)
– 4. Gang	1,428 (30/21) / 1,181 (26/22)
– 5. Gang	1,260 (29/23) / 1,038 (27/26)
– 6. Gang	1,120 (28/25)
Antriebskette	Takasago RK50GSVZ1, 108 Glieder oder Daido DID 50VA7, 108 Glieder/
– 600 ab 1995:	Takasago RK532 GSV2, 110 Glieder Takasago RK50MFOZ1, 108 Glieder
Fahrgestell	
Vorderradaufhängung	Teleskopgabel, Schraubenfeder, ölgedämpft, Federvorspannung einstellbar
Hinterradaufhängung	Linksystem, Schraubenfeder mit Öldämpfung, Federvorspannung und Rückprall-Dämpfungskraft einstellbar
Lenkwinkel	30° (rechts und links)
Nachlaufwinkel	65° / 65° 30′
Nachlaufbetrag	103 mm / 102 mm
Wendekreis	3,2 m
Vorderbremse	Scheibenbremse links und rechts
Hinterbremse	Scheibenbremse
Vorderreifengrösse	120/70 ZR17, schlauchlos
Hinterreifengrösse	160/60 ZR17, schlauchlos / 170/60 ZR17, schlauchlos
Teleskopgabelweg	120 mm
Hinterrad-Federweg	130 mm
Elektrische Anlage	
Zündung	voll transistorbestückt
Zündzeitpunkt	7° vor OT bei 1500 U/min
RF 900 R – Schweiz, Österreich	4° vor OT bei 1500 U/min
– Deutschland	7° vor OT bei 1500 U/min
Zündkerze	NGK: CR9E, Nippon Denso U27ESR-N
Batterie	12 V 28,8 kC (8 Ah) / 10 Std.
Generator	Drehstrom
Hauptsicherung	30 A
Sicherung	15 / 15 / 15 / 10 / 10 A
Scheinwerfer	12 V 60/55 W
Blinklicht	12 V 21 W
Standlicht vorne	12 V 4 W
Rücklicht	12 V 5 W
Bremslicht	12 V 21 W × 2
Kennzeichenbeleuchtung	12 V 5 W
Tachometerbeleuchtung	12 V 1,7 W × 2
Drehzahlmesserbeleuchtung	12 V 1,7 W × 2
Motorkühlmitteltemperaturmesserbeleuchtung	12 V 1,7 W
Neutralanzeigelämpchen	12 V 3,4 W
Fernlichtanzeigelämpchen	12 V 3,4 W
Öldruckanzeigelämpchen	12 V 3,4 W
Kraftstoffstandanzeigelämpchen	12 V 3,4 W (RF 600 R ab Bj. 95 / RF 900 R)
Blinkeranzeigelämpchen	12 V 3,4 W
Füllmengen	
Kraftstofftank, einschliesslich Reserve	17 Liter / 21 Liter
Motoröl, Ölwechsel	3000 ml
– mit Filterwechsel	3300 ml
– Überholung	3900 ml
Teleskopgabelöl	503 ml / 466 ml
Kühlmittel	2450 ml

Technische Änderungen vorbehalten

MASS- und EINSTELL-DATEN

Ventil und Führung

	Standard	Verschleissgrenze
Ventildurchmesser – Ein	25,5 mm / 28 mm	
Ventildurchmesser – Aus	22,5 mm / 24 mm	
Ventilhub – Ein:		
– Deutschland/Österreich	8,3 mm / 8,7 mm	
– Schweiz	6,6 mm / 7,3 mm	
Ventilhub – Aus:		
– Deutschland/Österreich	7,9 mm / 7,5 mm	
– Schweiz	6,1 mm / 7 mm	
Ventilspiel (bei kaltem Motor):		
– Ein	0,10 – 0,20 mm	
– Aus	0,20 – 0,30 mm	
Ventilführungsspiel – Ein	0,020 – 0,047 mm	
Ventilführungsspiel – Aus	0,030 – 0,057 mm	
Verbiegung des Ventilschafts – Ein und Aus		0,35 mm
Innendurchmesser der Ventilführung:		
– Ein und Aus	4,500 – 4,512 mm	
Aussendurchmesser des Ventilschafts:		
– Ein	4,465 – 4,480 mm	
– Aus	4,455 – 4,470 mm	
Ventilschaftschlag – Ein und Aus		0,05 mm
Ventiltellerstärke – Ein und Aus		0,5 mm
Ventilsitzbreite – Ein und Aus	0,9 – 1,1 mm	
Ventiltellerradialschlag – Ein und Aus		0,03 mm
Ventilfederlänge (unbelastet) – Ein und Aus		43 mm
Ventilfederspannung – Ein und Aus	18,6 – 21,4 kg bei 38 mm Länge	

Nockenwelle und Zylinderkopf

	Standard	Verschleissgrenze
Nockenhöhe		
Ein:		
– Schweiz	34,542 – 35,598 mm / 35,292 – 35,348 mm	34,25 mm / 35 mm
– Deutschland/Österreich	36,312 – 36,368 mm / 36,692 – 36,748 mm	36,02 mm / 36,4 mm
Aus:		
– Schweiz	34,122 – 34,178 mm / 34,952 – 35,008 mm	33,83 mm / 34,66 mm
– Deutschland/Österreich	35,902 – 35,958 mm / 35,522 – 35,578 mm	35,61 mm / 35,23 mm
Nockenwellenlagerspiel – Ein und Aus	0,032 – 0,066 mm	0,150 mm
Innendurchmesser des Nockenwellenlagers		
– Ein und Aus	22,012 – 22,025 mm	
Aussendurchmesser der Nockenwellenlagerstelle		
– Ein und Aus	21,959 – 21,980 mm	
Nockenwellenschlag – Ein und Aus		0,10 mm
Steuerkettenlänge (20 Nietbolzen)		158 mm
Steuerkettennietbolzen (bei Pfeil «3»)	13. Bolzen	
Zylinderkopfverzug		0,20 mm

Zylinder, Kolben und Kolbenring

	Standard	Verschleissgrenze
Kompressionsdruck	10 – 15 kg/cm^2	8 kg/cm^2
Kompressionsdruckunterschied		2 kg/cm^2
Kolbenlaufspiel	0,040 – 0,060 / 0,045 – 0,055 mm	0,120 mm

MASS- und EINSTELL-DATEN

Zylinderbohrung	65,000 – 65,015 / 73,000 – 73,015 mm	65,090 / 73,085 mm
Kolbendurchmesser	64,945 – 64,970 / 72,950 – 72,965 15 mm vom Kolbenhemdende	64,880 / 72,880 mm
Zylinderverzug		0,20 mm
Kolbenringspalt (frei):		
– 1. Ring R	ca. 7,5 / 6,9 mm	6 /5,5 mm
– 2. Ring R	ca. 8 /7,2 mm	6,4 / 5,8 mm
Kolbenringspalt (eingesetzt):		
– 1. Ring	0,25 – 0,40 / 0,10 – 0,30 mm	0,5 mm
– 2. Ring	0,25 – 0,40 / 0,35 – 0,50 mm	0,5 / 1 mm
Abstand Kolbenring/Ringnut:		
– 1. Ring		0,18 mm
– 2. Ring		0,18 mm
Breite der Kolbenringnut:		
– 1. Ring	0,83 – 0,85 / 1,02 – 1,04 mm	
– 2. Ring	0,82 – 0,84 / 1,02 – 1,04 mm	
– Ölabstreifring	1,51 – 1,53 / 2,01 – 2,03 mm	
Kolbenringstärke:		
– 1. Ring	0,77 – 0,79 / 0,97 – 0,99 mm	
– 2. Ring	0,77 – 0,79 / 0,97 – 0,99 mm	
Kolbenauge	16,002 – 16,008 / 19,002 – 19,008 mm	16,030 / 19,030 mm
Aussendurchmesser des Kolbenbolzens	15,996 – 16,000 / 18,996 – 19,000 mm	15,980 / 18,980 mm

Pleuel und Kurbelwelle

Innendurchmesser des Pleuelkopfs	16,010 – 16,018 / 19,010 – 19,018 mm	16,040 / 19,040 mm
Seitenspiel am Pleuelfuss	0,10 – 0,20 mm	0,30 mm
Pleuelfussbreite	20,95 – 21 mm	
Kurbelzapfenbreite	21,10 – 21,15 mm	
Pleuelfuss-Spiel	0,032 – 0,056 mm	0,080 mm
Aussendurchmesser des Kurbelzapfens	33,976 – 34,000 / 35,976 – 36,000 mm	
Kurbelwellenlagerspiel	0,020 – 0,044 mm	0,080 mm
Aussendurchmesser der Kurbelwellenlagerstelle	33,976 – 34,000 mm	
Kurbelwellenaxialspiel	0,055 – 0,110 mm	
Stärke des Kurbelwellenaxiallagers:		
– Rechts	2,425 – 2,450 mm	
– Links	2,350 – 2,500 mm	
Kurbelwellenschlag		0,05 mm

Ölpumpe

Ölpumpenuntersetzungsverhältnis	1,898 (75/43 × 37/34)/ 1,703 (72/46 × 37/34)
Öldruck (bei 60° C)	3 kg/cm² bis 6 kg/cm² bei 3000 U/min

Kupplung RF 600 R

Kupplungszugspiel	2 – 3 mm	
Reiblamellenstärke	2,12 – 2,28 /	1,82 mm
Stahllamellenverzug		0,10 mm
Kupplungsfederlänge (unbelastet)		47,5 mm

Kupplung RF 900 R

Reiblamellenstärke	2,52 – 2,68 mm	2,22 mm
Stahllamellenverzug		0,10 mm
Kupplungsfederhöhe (unbelastet)		3,1 mm
Kupplungshauptzylinderbohrung	14,000 – 14,043 mm	
Kupplungshauptzylinderkolben-Durchmesser	13,957 – 13,984 mm	
Kupplungsausrückzylinderbohrung	35,700 – 35,762 mm	
Kupplungsausrückzylinderkolben-Durchmesser	35,650 – 35,675 mm	

Thermostat, Kühler und Ventilator

	Standard	Verschleissgrenze
Öffnungstemperatur des Thermostatventils	74,5 – 78,5° C	
Thermostatventilhub	Über 7 mm bei 90° C	
Öffnungsdruck des Kühlerdeckelventils	1,1 kg/cm²	
Öffnungstemperatur des Ventilatorthermoschalter:		
– ON	Ca. 105° C	
– OFF	Ca. 100° C	
Widerstand des Wassertemperaturmessers:		
– 50° C	Ca. 153,9 Ω	
– 80° C	Ca. 51,9 Ω	
– 100° C	Ca. 27,4 Ω	
– 120° C	Ca. 16,1 Ω	

Getriebe und Antriebskette

Primäruntersetzung	1,744 (75/43) / 1,565 (72/46) mm	
Enduntersetzung	3,071 (43/14) / 2,867 (43/15) mm	
– ab 1995:		
Schweiz	3,071 (43/14) mm	
Deutschland, Österreich	3,000 (42/14) mm	
Gangabstufung:		
– 1. Gang	3,142 (44/14) / 2,714 (38/14)	
– 2. Gang	2,058 (35/17) / 1,809 (38/21)	
– 3. Gang	1,650 (33/20) / 1,409 (31/22)	
– 4. Gang	1,428 (30/21) / 1,181 (26/22)	
– 5. Gang	1,260 (29/23) / 1,038 (27/26)	
– 6. Gang	1,120 (28/25)	
Abstand Schaltgabel-Laufrille	0,10 – 0,30 mm	0,50 mm
Schaltgabel-Laufrillenbreite	5 – 5,10 mm	
Schaltgabelstärke	4,80 – 4,90 mm	
Antriebskette – Typ	RK50GSVZ1 oder DID50VA7 / RK 532GSV2	
– ab 1995	RK50MFOZ1	
– Glieder	108 Glieder, Endless / 110 Glieder Endless	
– Länge über 20 Abstände		319,4 mm

MASS- und EINSTELL-DATEN

MASS- und EINSTELL-DATEN

Kettendurchhang	30 – 40 mm / 25 – 35 mm
Schalthebelhöhe	5 mm; ab 1995: 70 / 55 mm

Vergaser RF 600 R

	Österreich	Deutschland	Schweiz	Deutschland 50 PS
Vergasertyp	Mikuni BDST36SS	Mikuni BDST36SS	Mikuni BDST33SS	Mikuni BDST36SS
Bohrung	36 mm	36 mm	33 mm	36 mm
Kenn-Nr.	21E0	21E1	21E2	21E3
– ab 1995	21EF	21EJ	21EL	21EK
Leerlaufdrehzahl	1200 ± 100 U/min	1300 ± 100 U/min	1300 ± 100 U/min	1300 ± 100 U/min
Schwimmerhöhe	6,9 mm	6,9 mm	6,9 mm	6,9 mm
Hauptdüse	# 112,5	# 112,5	# 110	# 112,5
Hauptluftdüse	0,6 mm	0,6 mm	0,7 mm	0,6 mm
– ab 1995			0,6 mm	0,7 mm
Düsennadel	5E93-(3)	5E93-(3)	5E93-(4)	5E93-(3)
– ab 1995	5D44-(3)			5D44-(2)
Nadeldüse	0-9 mm	0-9 mm	0-8 mm	0-9 mm
– ab 1995				0-8 mm
Gasschieber	# 125	# 125	# 120	# 125
Leerlaufdüse	# 15	# 15	# 10	# 15
– ab 1995	# 12,5			# 12,5
Bypass	0,8 mm	0,8 mm	0,8 mm	0,8 mm
Leerlaufauslass	0,8 mm	0,8 mm	0,8 mm	0,8 mm
Ventilsitz	1,5 mm	1,5 mm	1,5 mm	1,5 mm
Chokedüse	# 47,5	# 47,5	# 47,5	# 47,5
Leerlaufluftschraube – Voreinstellung	1-1/4 Umdrehungen heraus	1-1/4 Umdrehungen heraus	1-1/2 Umdrehungen heraus	1-1/4 Umdrehungen heraus
Gaszugspiel	0,5 – 1 mm	0,5 – 1 mm	0,5 – 1 mm	0,5 – 1 mm

Vergaser RF 900 R

	Deutschland	Schweiz	Österreich
Vergasertyp	Mikuni BDST36SS	Mikuni BDST36SS	Mikuni BDST36SS
Bohrung	36 mm	36 mm	36 mm
Kenn-Nr.	31E2	31E3	31E8
Leerlaufdrehzahl	1200 ± 100 U/min	1300 $^{+100}_{-50}$ U/min	1300 ± 100 U/min
Schwimmerhöhe	6,9 ±1 mm	6,9 ±1 mm	6,9 ±1 mm
Hauptdüse	# 115	# 107,5	# 105
Hauptluftdüse:			
– Nr. 1 und 4	0,8 mm	0,6 mm	0,6 mm
– Nr. 2 und 3	0,9 mm	0,7 mm	0,7 mm
Düsennadel	5DV1-(3)	5DFT12-(3)	5DFT12-(3)
Nadeldüse	0-9	0-9	0-9
Gasschieber	# 120	# 120	# 120
Leerlaufdüse	# 12,5	# 12,5	# 12,5
Bypass	0,8 0,8 0,8 mm	0,8 0,8 0,8 mm	0,8 0,8 0,8 mm
Leerlaufauslass	0,8 mm	0,9 mm	0,9 mm
Ventilsitz	1,5 mm	1,5 mm	1,5 mm
Anlasserdüse	# 50	# 52,5	# 52,5
Leerlaufschraube – Voreinstellung	1-1/8 Umdrehungen heraus	1-1/8 Umdrehungen heraus	1-1/4 Umdrehungen heraus
Leerlaufluftdüse	# 120	# 130	# 130
Gaszugspiel	0,5 – 1 mm	0,5 – 1 mm	0,5 – 1 mm